作物连作障碍成因
及调控技术原理

董艳 董坤 赵正雄 编著

科学出版社

北京

内 容 简 介

本书从土壤理化性状变化、根际微生物区系失衡和多样性下降、化感自毒作用、土传病害等方面系统阐述了连作障碍形成的原因，在此基础上深入分析了自毒物质–根际微生物–病原菌的互作效应及其在连作障碍形成中的作用。本书以蚕豆连作障碍为实例，分析了蚕豆自毒物质促进枯萎病发生的机制。同时本书还深入分析了间套作、轮作、嫁接、有益生物、有机物添加、土壤灭菌与熏蒸、合理施肥措施缓解作物连作障碍的效果及机制。

本书可供作物栽培学、生态学、土壤学、植物病理学等专业的科研工作者，以及高等农业院校相关专业的教师、研究生、本科生及农业技术人员参阅。

图书在版编目（CIP）数据

作物连作障碍成因及调控技术原理/董艳，董坤，赵正雄编著.—北京：科学出版社，2020.11

ISBN 978-7-03-066434-1

Ⅰ．①作⋯ Ⅱ．①董⋯ ②董⋯ ③赵⋯ Ⅲ．①作物–连作障碍–研究 Ⅳ．①S344.4

中国版本图书馆 CIP 数据核字（2020）第 201074 号

责任编辑：马 俊 李 迪 郝晨扬 / 责任校对：郑金红
责任印制：赵 博 / 封面设计：无极书装

科学出版社 出版
北京东黄城根北街 16 号
邮政编码：100717
http://www.sciencep.com

北京科印技术咨询服务有限公司数码印刷分部印刷
科学出版社发行　各地新华书店经销
*
2020 年 11 月第 一 版　开本：787×1092 1/16
2021 年 1 月第二次印刷　印张：13 3/4
字数：323 000
定价：138.00 元
（如有印装质量问题，我社负责调换）

前　　言

　　近几十年来，随着农业现代化水平的提高，以高投入与高产出、种植品种单一、复种指数高、大量施肥和施药等为特点的集约化种植已成为我国重要的农业生产模式。这一模式的不断推广与发展导致我国农田土壤的大面积退化，表现为土壤酸化、次生盐渍化、养分失衡和土传病害频发，且退化面积逐年增加。在土地复种指数高、作物连作严重的条件下，连作障碍已成为农业可持续发展中的重大问题之一。可发生连作障碍的作物种类较多，如玉米、小麦、水稻、大豆、棉花、甘蔗、中草药、蔬菜、瓜果、花卉等均会发生连作病害。目前，我国危害程度高的连作地块面积占耕地面积的比例大于 10%，其中规模化种植区的发生面积一般超过 20%；连作障碍导致当季作物损失巨大，占 20%～80%，严重的几乎绝产，每年造成的经济损失可达数百亿元。连作障碍是长期以来困扰农业生产的复杂问题，作物连作障碍形成机制与缓解技术一直是国内外学者的研究热点。

　　不同作物连作障碍发生的原因差别很大，但主要来自土壤，具体可归纳为 5 个方面：①土壤养分失衡；②土壤有害生物积聚；③土壤理化性状恶化；④来自植物的对土壤有害物质的积累；⑤土壤微生物群落结构失衡等。土传病害一直是连作障碍的研究重点，多年来被认为是大多数作物产生连作障碍的主要原因之一。无论是发病面积还是相对比例，我国都是目前世界上作物土传病害发生率最高和最严重的国家。土传病害的严重发生是我国农药使用量持续增加的重要动因。在寻求连作障碍防治措施中，研究者发现单纯的土壤灭菌只能在短期内控制某些病害的蔓延，并不能从根本上解决作物连作障碍问题，表明连作障碍的发生不仅仅是由单一因素导致的，而是多种因素综合作用的结果。因此深入认识连作障碍的成因及各要素间的互作机制是防控作物土传病原微生物生长、缓解连作障碍、实现农药使用量零增长的基础。

　　尽管人们很早就在农业生产中认识到连作障碍问题，采用轮作倒茬的耕作方式来避免或减少这一现象的发生，然而由于地质特点、气候条件、种植习惯及经济利益驱动等因素的影响，经济作物的连作现象仍有加剧的趋势。加深连作障碍生态过程的认识、探索有效缓解连作障碍的调控技术，成为一个现实且有潜力的研究方向。

　　《作物连作障碍成因及调控技术原理》是基于国家自然科学基金项目的研究成果。本书系统总结了大田作物、经济作物和中药材等作物连作障碍的发生现状及连作障碍危害。在此基础上，进一步系统阐述了土壤理化性状变化、根际微生物区系和群落结构变化、化感自毒作用、土传病害发生在连作障碍形成中的作用，并分析了连作障碍各形成因素间的相互关系，尤其是明确了在产生连作障碍的众多因子中，化感自毒物质对土传病害的发生具有重要影响，而化感自毒物质和土传病害的共同作用才是导致连作障碍产生和加重的主要因子。在阐明连作障碍发生的基础上，深入分析了间套作、轮作、嫁接、有益生物、有机物添加、土壤灭菌与熏蒸和合理施肥措施缓解作物连作障碍的效果及机制。本书以"根–土"互作为特色，立足根际调控理念，从自毒物质–根际微生物–病原菌的互作机制出发，综合应用土壤学、微生物学、植物病理学、作物栽培学、生态学等多学科知识来揭示连作障碍形成机制及防控技术原理，对进一步深入认识连作障碍发生原因及形成机制具有重要作用，为解决单一化学防治所带来的环境及农产品污染问题提供理论基础和新途径，同时本书的出版不仅可以丰富连作障碍理论，还将极大地促进土壤科学及相关学科的发展，特别是土壤生物学的发展。

作者从 2005 年开始进行连作障碍方面的研究工作，在获得云南省自然科学基金资助的基础上，随后获得 4 项国家自然科学基金项目的资助。项目组以蚕豆为研究对象，系统研究了蚕豆根系分泌物和根际微生物多样性变化与枯萎病发生的关系，连作化感自毒物质与病原菌生长和蚕豆抗性变化、枯萎病发生与蚕豆产量损失等方面的关系，揭示了根际微生态变化与蚕豆连作障碍形成的关系。本书编写的目的是系统总结该领域的最新研究成果，期望对同行的研究工作具有一定的参考作用。

在本书即将出版之际，我们要感谢国家自然科学基金项目的资助（项目编号：31860596、31560586、31360507、31060277）。同时在本书编写过程中，借鉴了多位同行已经发表的研究成果，以使本书能更好地反映该领域的最新研究进展，在此对被引用成果的研究人员表示衷心的感谢。此外，课题组硕士研究生不畏辛劳开展了大量研究工作，并做出了较好的成绩，在此一并致谢！

鉴于我们的能力、水平和知识结构的差异，研究工作中还存在许多不完善之处，敬请各位专家、同行指教，书中难免有不足之处，恳请读者提出宝贵批评意见。

董 艳

2020 年 3 月

目　　录

第1章　连作与连作障碍

1.1　连作障碍发生与危害

1.1.1　连作障碍发生现状

在同一块土壤中连续栽培同种或同科作物时，即使在正常的栽培管理状况下，也会出现生长势变弱、产量降低、品质下降、病虫害严重的现象，即连作障碍（continuous cropping obstacle）。在日本称为"忌地"现象、连作障害或连作障碍，欧美国家称之为再植病害（replant disease）或再植问题（replant problem），我国常称"重茬"问题。无论是粮食作物、油料作物、蔬菜、药用植物还是人工林和园艺作物都不同程度地存在连作障碍和"茬口"问题。早在公元前 300 年，人们就已经发现了连作障碍，但由于传统农业的轮作倒茬与精耕细作，并未造成严重损失。进入现代农业，长期连作引发的作物大面积减产、土传病害发生等在全国各地普遍存在（李锐等，2015）。

设施农业栽培改变了土壤环境，其温度、湿度、光照等都发生了很大变化，土壤经常处于高温、高湿、蒸发大、无雨水淋溶的环境中。在这种生态环境条件下，如多年连作、水肥管理不合理等，容易造成某些土壤理化和生物学性状恶化、连作障碍明显、土传病虫害增多等问题，严重影响设施农业可持续发展（何文寿，2004）。我国设施栽培土壤连续种植 3～5 年即出现程度不同的连作障碍现象，表现为土壤酸化、次生盐渍化、养分失衡和自毒物质积累、病虫害发生频率升高、作物产量和品质下降甚至绝收（蔡祖聪，2019）。西洋参为多年生药用植物，随着栽培年限的增加，其释放的化感物质在其根区不断聚集，特别是根系分泌及植株残体产生的对植株有毒害作用的代谢产物，连同病原微生物产生的有毒物质一起影响植株的代谢，最终导致自毒作用的发生，重茬种植的自毒作用会更加严重（焦晓林等，2012）。

1.1.2　连作障碍的危害

可发生连作障碍的作物种类较多，玉米、小麦、水稻、大豆、棉花、甘蔗、中草药、蔬菜、瓜果、花卉等均会发生连作病害（李天来和杨丽娟，2016）。重茬地黄线虫病的发病率较正茬高，影响了地黄的正常膨大，加剧了地黄的连作障碍（杜家方等，2009）。人参是宿根植物，"忌地"性极强，栽过一茬人参的土壤要 30 年后才能再栽人参，这已成为参业发展的限制因子，在重茬地继续栽种人参一般于第二年以后其存苗率降至 30.0%以下，有大约 70.0%土地上的人参须根脱落、烧须，根周皮烂红色、长满病疤，致使人参地上部分死亡，有的地块几乎全部绝苗（董林林等，2017）。连作增加了玄参的病情指数、收获期烂根率，降低了其单株块根和子芽的质量，严重地影响了玄参的生长和产量，加剧死苗、烂根等，且连作年限越长对其影响越严重，表现出了严重的连作障碍现象（宋旭红等，2017）。三七的栽培周期一般为三年，育苗期为一年；种苗移栽以后，需再生长两年即连作两年，其中移栽后生长一年的三七称为二年七，生长两年的三七称为三年七。在生产上，连作后种植的二年七（图1.1A）特别是三年七（图1.1B）植株病虫害发生严重、植株存活率低，这是三七连作障碍表现特征之一。另外，三年七收获后的土地如接着再次移栽（重茬）三七种苗，则三七发病率达90%以上，一年后几乎无健康三七植株存在（图1.2），这是三七连作障碍的另一表现特征。因此，三七表现出典型的连作障碍特征——病害严重（孙雪婷，2016）。

图1.1　三七连作障碍的田间表现特征（孙雪婷，2016）（彩图请扫封底二维码）
A. 二年七，其中红色箭头指示的为发病植株，种苗移栽时的株行距为10 cm×10 cm，由于病株的拔除，剩下的植株显得稀疏；B. 三年七，红色箭头指示的是发病植株，红色圆圈内指示的是由于病株拔除裸露的空地

图1.2　同一地块头茬（A）和重茬（B）三七田间生长表现（孙雪婷，2016）（彩图请扫封底二维码）
在采用相同管理措施的条件下，头茬二年七长势良好，符合生长要求；重茬二年七发病率特别高，植株存活率低，只有少数幸存的植株（红色圆圈内所示），表现出严重的连作障碍现象

枸杞园死树苗的原位补种及连作果园老树更新时均存在再植苗成活率低和生长势弱等特点，连作障碍已经成为制约枸杞产量和品质提高以及区域经济发展的重要因素之一（纳小凡等，2017）。豇豆营养价值高，富含维生素和植物蛋白，且适应性强，是我国重要的蔬菜之一，种植面积约为 226 万亩①。为了追求经济效益，并且因为土地种植面积有限，连年单一种植豇豆不可避免，连作障碍问题日益严重（陈昱等，2018）。由于茄子栽培面积不断增加及连作障碍，患枯萎病茄子根部病菌不断积累，导致茄子枯萎病发病率逐年上升，现已成为影响茄子产量的重要病害，该病在世界范围内广泛分布，造成茄子主产区产量的下降，包括中国、日本、肯尼亚、美国、荷兰、意大利、韩国等（胡海娇等，2018）。甜瓜连作导致甜瓜枯萎病发病程度逐年上升，连作两年甜瓜枯萎病的发病率为 38.6%，连作三年甜瓜枯萎病的发病率为 53.8%，均显著高于 2011 年首次种植甜瓜的发病率（图 1.3）（杨瑞秀，2014）。

图 1.3　甜瓜连作试验田间枯萎病的发生（杨瑞秀，2014）（彩图请扫封底二维码）

A、B、C 分别为 2011 年、2012 年和 2013 年田间发病情况

1.2　连作障碍成因

植物连作障碍产生的原因非常复杂，至今也没有非常明晰的界定。近几十年来，很多学者从土壤学、作物营养学、肥料学、微生物学、栽培学等多个学科入手，对大豆、花生、黄瓜等多种作物的连作障碍问题进行了多方面研究，取得了阶段性进展，总结多年来许多学者对作物连作障碍的研究，造成连作障碍的主要原因可概括为 3 个方面：①土壤理化性状改变和土壤肥力亏缺。不同的作物对土壤中矿质营养元素的需求种类及吸收的比例存在差异，同一种作物若长期连作，必然导致土壤中某些元素消耗过多，在得不到及时补充的情况下，便会严重影响下茬作物的正常生长，从而导致植物的抗逆性降低、病虫

---

① 1 亩≈666.7 m²

害严重发生、产量和品质下降（李孝刚等，2015）。②病原微生物数量增加，病虫害加剧（王兴祥等，2010；滕应等，2015）。同一种作物长期连作，作物与微生物适应性选择的结果导致土壤微生物区系发生改变，致使有益微生物种群密度降低以及某些病原菌大量增殖，从而影响植物的正常生长发育。③作物的化感自毒作用（张重义和林文雄，2009；孙雪婷等，2015a）。作物在正常的生长代谢过程中，根系会不断地向周围土壤分泌一些有机或无机物质，这些分泌物中的有机酸、酚类等物质在土壤中不断积累，对作物自身造成毒害。连作加重了化感自毒物质在作物根际的积累，改变了土壤微环境，尤其是作物残体与病原微生物的降解或代谢产物对作物有自毒作用，连同作物根系分泌的自毒物质共同影响植株代谢，对作物生长造成严重影响，最终导致自毒作用的发生（杨敏，2015；李孝刚等，2015）。

众所周知，土壤为植物生长发育提供所需的养分、水分，同时也是各种物质的转化场所，良好的土壤环境能满足植株的正常生长发育。一般而言，土壤质量可以从物理性状、化学性状、生物性状等方面进行评价，如土壤理化性质、酶活性、微生物数量及其多样性等指标（徐小军等，2016）。

1.2.1 土壤化学性状恶化

1.2.1.1 土壤养分不平衡

土壤营养元素的不平衡是导致连作障碍的主要原因之一（魏薇，2018）。无论是大棚还是日光温室，养分失衡均是发生率最高的连作障碍因子。在设施栽培中，由于大量施用氮磷钾复合肥，短时间内土壤中氮、磷、钾以及伴随着磷、钾一起施入的硫同步大量积累。但这并不等于氮、磷、钾、硫养分供应达到了平衡状态。况且，土壤养分平衡，不仅仅是氮、磷、钾大量元素之间的平衡，还包括中量元素之间和微量元素之间的平衡，如大量元素与中量元素的平衡、大量元素与微量元素的平衡、中量元素与微量元素的平衡等。由于设施栽培中大量施用氮、磷、钾，普遍忽视对中量和微量元素的补充，既有可能由于中、微量元素补充不足引起养分不平衡，还有可能大量元素过分积累，导致中、微量元素相对不足的养分不平衡，因此养分失衡是必然的结果（蔡祖聪，2019）。不同于大田土壤，设施栽培土壤中大量积累的氮、磷、钾和硫对作物生长可产生严重的不利影响，是设施栽培土壤生产力退化的主要因素。土壤中积累的氮和硫分别以硝酸盐和硫酸盐形态存在，导致设施栽培土壤次生盐渍化，不仅直接抑制作物生长，而且可能诱发作物土传病害（蔡祖聪，2019）。随着种植年限的增加，北京设施菜地土壤有机质、NH_4^+-N、NO_3^--N、HCO_3^-、Cl^-、SO_4^{2-}、K^+、Na^+、Ca^{2+}、Mg^{2+}浓度均升高。这主要是因为：①设施蔬菜生产过程中化肥的大量施用和较低的养分利用率；②设施蔬菜生产环境封闭，高温、高湿、少雨的条件下，淋洗程度低，使得大部分养分残留于土壤中并逐年累积，造成设施菜地土壤养分和离子含量较高（王学霞等，2018）。

土壤的理化性状是评价土壤生态环境质量的重要指标之一（王学霞等，2018）。不同植物在生长过程中对矿质营养元素的吸收有所不同，同种植物在不同生长时期对矿质离子的吸收也存在差异。多年在同一地块种植单一作物时，就会导致植物对某几种矿质元素的过度偏耗，致使土壤出现营养亏缺，作物极易发生生理病害（孙雪婷等，2015a）。例如，大棚番茄缺钙易出现脐腐病、白菜缺钙出现心腐病、番茄氮多缺钾引起筋腐病、黄瓜高湿缺钾引起真菌性霜霉病、番茄磷多缺硼出现裂果病等缺素症状（何文寿，2004）。随着大蒜连作年限的增加，土壤 pH 升高，土壤养分含量失衡，大蒜产量降低（李奉国等，2019）。随着设施蔬菜种植年限延长，虽然设施土壤的钙素总量与氮、磷、钾养分均大幅度提高，但是有效态钙与氮、磷、钾的比例却显著降低了，土壤中氮、磷、钾的不断积累导致设施土壤的钙素养分平衡问题越来越严重，有效态钙素的相对缺乏，进而引起植物对钙的吸收受阻，导致设施土壤中蔬菜的土传病害和生理病害发病率显著上升（韩巍等，2018）。辣椒连作土壤有机质和全氮都明显高于对照土壤，连作土壤全磷、全钾及速效养分都有不同程度的富集，大量元素高度富集，锰含量下降，铜含量明显增加，且土壤盐渍化现象随连作年限增加而增多（郭红伟等，2012）。大豆连作两年的土壤碳、氮、碱解氮、速效磷及速效钾降低最多，分别比正茬降低了 18.0%、35.3%、40.0%、53.6%、41.3%（王树起等，2009）。随着芦笋种植年限增加，土壤速效氮、速效钾和有机质含量持续增加，其中速效钾含量增长迅速，种植 3 年后，速效钾由 120 mg/kg 迅速上升至 500～600 mg/kg；土壤持续酸化，次生盐渍化逐渐加重（周德平等，2012）。

花生为固氮作物，施用有机肥相对较少，在相近的施肥体系下长期连作，由于作物对养分的选择性吸收，加剧了土壤有效养分的非均衡化。某些有效养分，特别是微量元素的缺乏，一方面降低了植物的抗病性能，诱导根系分泌物质的增加，其中可能包括抑制花生生长的化感物质；另一方面有效养分的缺乏也会引起微生物区系的变化，因为有效养分与土壤微生物区系密切相关（王兴祥等，2010）。马铃薯连作 6 年时土壤有机质含量、速效磷含量和土壤 pH 分别比对照下降了 50.7%、34.1%和 8.7%；碱解氮含量上升，在连作 3 年和 6 年时分别比对照升高了 84.6%、169.2%，这些指标的变化使得土壤的养分比例失调，理化性质变劣，土壤健康状况下降，尤其在连作 6 年时较为严重（焦润安等，2018）。马铃薯连作引起了土壤氮、磷、钾养分比例失衡，马铃薯生长发育减弱，病虫害现象加剧等一系列问题；连作对土壤的影响为其根本原因，导致根系生长的环境即土壤恶化，根系生长不良，从而使矿质养分吸收受到影响，因而导致叶绿素含量下降。叶绿素含量降低会影响马铃薯在生长过程中叶片对光能的吸收、转换、利用，导致光合能力下降，从而使马铃薯叶片成熟较早、同化物积累量下降，造成植株生长下降，这是连作减产的原因之一，连作后马铃薯幼苗叶片的净光合速率下降，叶绿素相对含量、气孔导度也随之下降（焦润安等，2018）。

果树为多年生植物，根系分布深而广，同类果树根系在土壤中吸收的营养成分基本相同，往往造成土壤中某些元素的积累或缺乏（尹承苗等，2017）。连作显著抑制再植枸杞苗的生长，并导致土壤酸化和土壤碱解氮及有效磷的积累（纳小凡等，2017）。

怀牛膝连作会使大部分大量元素（全磷、碱解氮、速效磷和速效钾）含量上升，而全氮、全钾的变化并无明显趋势。全钙、全镁、全锰和有效锌的含量也会随着连作年限的增加而增加（王娟英等，2017）。在三七生产过程中，多用遮阴棚进行设施栽培，土壤中的无机元素容易富集于土壤表层，加之化学肥料的过度施用，更容易导致土壤表层某些元素的集聚或缺乏，随着三七种植年限的增加，种植三七1年、2年和3年的土壤与未种植过三七的土壤相比有机质含量分别下降73.0%、87.0%和83.0%。与生土和健康土相比，大量元素氮和磷含量在种植三七的土壤及发病土壤中显著下降，铁、硼、铝等元素含量在种植三七的土壤中却显著升高，种植三七3年的土壤与生土相比，铁、硼、铝分别上升29.0%、31.0%、32.0%（孙雪婷等，2015b）。营养元素富集还会促进病原真菌积累，导致土壤病害加重，进一步加剧连作障碍的发生（孙雪婷等，2015b）。刘莉等（2013）研究表明，三七连作土壤中速效钾和速效硫含量呈降低趋势，有效磷、有效钙和有效镁含量呈上升趋势；而土壤 pH、阳离子交换量、有机质和腐殖质含量却呈现先降后升的趋势；并且随着连作年限增加，土壤盐渍化及酸化程度加重（孙雪婷等，2015a）。

1.2.1.2 土壤盐渍化

不论是全年性覆盖还是季节性覆盖的大棚、温室，土壤表层都有不同程度的积盐（何文寿，2004）。随着棚室使用年限不断延长，土壤中盐分的累积量不断增加，土壤中积累的氮和硫分别以硝酸盐和硫酸盐形态存在，导致设施栽培土壤次生盐渍化（蔡祖聪，2019）。山东省约39.73%的设施菜地出现不同程度的次生盐渍化现象，其中，轻度盐渍化为28.64%、中度盐渍化为8.37%、重度盐渍化为2.29%、盐土为0.43%，肥料投入量大和设施栽培年限增加是发生次生盐渍化的重要原因（李涛等，2018）。造成设施土壤盐渍化加重的原因是多方面的：①水分蒸发强烈。设施栽培与露地栽培不同，长年覆盖或季节性覆盖改变了自然状态下土壤水分的运动方向，因设施棚室内温度较高而蒸发量大，水分的运动方向总是由下向上移动，使深层水分不断通过毛细管作用上移，溶解在其中的盐分随之移至土壤表层而聚积。②灌溉方法不当。在设施栽培条件下，为了保持土壤湿度和降低地温，人们习惯采用"小水勤浇"的灌溉方法，不但不能把土壤表层盐分带到土壤深层，而且易将盐分聚集在表层。③施肥量大且不合理。设施栽培条件下，复种指数高，产出量大，往往施肥量大，特别是氮肥施用量大，而且施肥次数多，土壤极易累积硝酸盐和加剧次生盐渍化。过量施用未腐熟的有机肥料，因其在土壤耕层中分解后易残留各类无机盐和有机盐，也易造成土壤盐渍化。④缺少雨水淋洗。长年覆盖的温室和大棚，没有雨水淋洗；季节性覆盖的设施缺少雨水淋洗（何文寿，2004）。另外，设施栽培条件下土壤水分向上运动即土壤蒸发比露地强烈，灌溉后向下渗漏排水受阻，地表容易积盐。若经常种植不耐盐的蔬菜，如豆类、黄瓜等，会加重土壤盐渍化（何文寿，2004）。

土壤盐分聚集的危害性极大，土壤盐渍化危害表现在以下几个方面：①土壤盐分积累，造成土壤溶液浓度增加，使土壤的渗透势加大，作物根系的吸水、吸肥能力减弱，容易出现生理性干旱和生长发育不良，轻则植株生长矮小，发育迟缓；重则叶片变褐、边缘变枯黄，根毛变褐或腐烂，最终导致死苗。②土壤次生盐渍化导致土壤动物和微生物种群数量改变、功能多样性降低、群落结构失衡，土壤酶活性改变，土壤周转氮库减少，不仅直接危害作物的正常生长，也造成土壤质量的快速退化（王学霞等，2018）。③土壤溶液浓度过高，营养元素之间的拮抗作用明显，影响到作物对某些元素的吸收，存在潜在离子危害。例如，氮施用过量，产生过多的 NH_4^+，抑制作物对 K^+、Ca^{2+} 和 Mg^{2+}

的吸收，造成养分吸收不平衡，不仅作物生长受到危害，而且农产品品质下降（何文寿，2004）。④土壤盐渍化及酸渍化加重也进一步为病原菌的大量滋生提供了良好的条件，加重了连作过程中病虫害的发生（孙雪婷等，2015a）。

1.2.1.3 土壤酸化

土壤酸化指土壤 pH 不断降低、土壤交换性酸不断增加的过程，它是伴随土壤发生的一个自然过程，主要由碳酸和有机酸离解产生 H^+ 驱动。土壤的自然酸化过程比较缓慢，但近几十年来由于高强度人为活动的影响，土壤酸化的进程大大加速，对生态环境和农业生产造成严重危害，我国南方热带和亚热带地区的酸化问题尤为突出（徐仁扣等，2018）。我国施用的氮肥基本都是铵态氮肥或产铵态氮肥，如尿素，铵态氮被作物吸收或发生硝化作用释放质子是设施栽培土壤酸化的主要成因，并且土壤酸化是一个持续进行的过程（图 1.4）（徐仁扣等，2018；蔡祖聪，2019）。长期连作会造成土壤 pH 显著下降，引起土壤酸化（焦润安等，2018）。

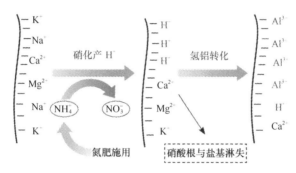

图 1.4 土壤酸化与铝活化示意图（徐仁扣等，2018）

土壤酸化通过营养元素缺乏来影响植物的正常生长，酸化土壤的肥力差等众多因素限制植物生长，亚耕层土壤酸化会更为严重地影响植物生长，通过持续限制根系扩展的深度，导致细根减少以及根系分布上移，影响养分和水分的吸收。土壤酸化也可导致土壤中微生物群落发生变化，在强酸性土壤中，硝化细菌、固氮菌、硅酸盐细菌、磷细菌等的活性受到抑制，不利于 C、N、P、K、S、Si 等的转化（尹承苗等，2017）。这种逆境状态使土壤环境中寄居的微生物群落多样性水平下降，导致土壤中与拮抗相关的微生物含量降低，而土传病菌含量增加，加重连作障碍的发生（魏薇，2018）。随着种植年限的延长，北京设施菜地土壤酸化越明显，连续种植 12 年的设施大棚，土壤 pH 由 7.10 下降至 6.18，下降了 0.92，pH 降低的主要原因可能是随着种植年限的延长，施用大量肥料导致 NO_3^-、SO_4^{2-}、Cl^- 等在土壤中残留，促进土壤酸化，导致土壤环境恶化（王学霞等，2018）。三七连作后导致土壤酸化、板结现象加重及土壤矿质元素组成失衡和某些元素的富集，这可能是诱导三七连作障碍发生的原因之一（孙雪婷等，2015b）。随着连作时间延长，土壤中的有机质被大量消耗，加之营养物质施用不平衡，导致土壤胶体吸收性能减弱，土壤趋于酸化；微量元素含量显著降低，明显削弱了作物的抗病性（王韵秋，1979）。草莓连作降低了根际土壤 pH，随着连作年限增加，土壤酸化进一步加剧，为病原真菌的繁殖创造了有利条件（图 1.5）（Li et al., 2016）。

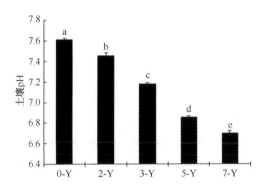

图 1.5　草莓连作对根际土壤 pH 的影响（Li et al., 2016）

0-Y 为非连作土壤；2-Y 为连作 2 年土壤；3-Y 为连作 3 年土壤；5-Y 为连作 5 年土壤；7-Y 为连作 7 年土壤。柱上不同字母表示处理间差异显著（$P < 0.05$）

氮、磷肥料施用适宜时，不仅有利于三七植株的生长，而且可以明显减轻下茬三七的连作障碍；但是如果氮、磷肥施用不足或过量会导致下茬三七出现严重的连作障碍（杨敏，2015）。氮肥浓度 0～225 kg/hm² 时，随着施氮量的增加，三七生物量和皂苷的累积、养分的吸收显著增加；但当氮肥施用量达到 450 kg/hm² 时，三七的出苗和生长以及对养分的吸收受到显著抑制，主根中皂苷含量下降，土传病菌尖孢镰刀菌（*Fusarium oxysporum*）在土壤中的积累增加，根部病害发病加重（魏薇，2018）。过量施氮会改变土壤理化性质，使电导率上升，碳氮比（C/N）下降，土壤处于一个碳氮比失衡的退化状态（魏薇，2018）。氮和磷的大量施用很容易导致土壤酸化，在碱性土壤中 pH 的下降有助于提高微量元素的利用率，但在酸性土壤中 pH 下降则使锌、钙、镁等相对缺乏，作物容易得缺素症。

1.2.2　土壤物理性状恶化

土壤的物理性质包括土壤密度、容重、孔隙度以及团聚体结构和机械组成等物理性状。土壤团聚体是土壤结构的基本单位和决定土壤肥力的重要因素之一（魏薇，2018），其大小、形状和稳定性直接影响土壤中水和空气的关系，决定土壤孔隙的分布，并由此影响土壤的许多属性和作物生长。土壤物理性质与其水分、空气、热量状况以及对农田灌排的要求和耕作效果密切相关，对于调节水、肥、气、热矛盾，进行土壤管理的基础工作，具有非常重要的意义（魏薇，2018）。

作物连作后会出现土壤物理性状的恶化，如土壤板结、固液比变大、透气性下降等。设施土壤连续栽培 5 年后，由于设施栽培管理精细，踩踏镇压频繁，土壤结构破坏严重，存在不同程度的土壤板结，主要表现为土壤容重增大，土壤通气孔隙比例相对降低，耕作层变浅，土壤通气、透水性变差，物理性状不良（何文寿，2004）。设施甜瓜连作导致土壤容重不断下降，含盐量不断上升；这可能是由于相对封闭的设施栽培环境阻隔了设施内外水分的交换，改变了自然条件下土壤水分的平衡，致使土壤透气性变差，逐年板结（徐小军等，2016）。药用植物大多为宿根植物，生长周期多为几年或十几年，由于施肥和灌溉的影响,极易出现土壤理化性质恶化、肥力降低、有毒物质大量积累、有机质分解缓慢、有益微生物种类和数量减少等问题(杨敏,2015)。玉米连年耕作,使肥沃土壤表层风蚀严重,土壤板结,降低了土壤的抗逆性能,制约了玉米根系的生长,增产不增收现象日益突显(袁静超等,2018)。随着种植年限的增加,设施土壤 0.25~2 mm 水稳性团粒增加,土壤毛管孔隙发达,持水性较好,但由于连作引起的盐类积聚会使土壤板结,土壤的非活性孔隙比例相对降低,通气、透水性变差(张子龙和王文全,2010)。随着栽参年限的增加,土壤中大于 0.01 mm 的物理性砂粒比例降低,而小于 0.01 mm 的物理性黏粒增加,从而导致土壤板结,通气、透水性变差(王韵秋,1979;杨敏,2015)。土壤理化性质对三七生长及锈腐病(锈裂症状)的发生具有显著影响。三七种苗根部锈裂口的形成与土壤容重、通气孔隙度、毛管孔隙度、田间持水量、电导率、pH、养分含量具有相关性。容重与种苗根部的锈裂口形成具有正相关性。当容重小于 0.9 时,锈裂口发生率很低,当容重大于 0.9 时,容重和锈裂口的发生呈正相关。土壤通气孔隙度、毛管孔隙度、田间持水量和电导率与锈裂口的发生呈负相关(尹兆波,2014)。

1.2.3 土壤生物群落和土壤酶活性失调

1.2.3.1 土壤微生物区系对作物连作的响应

自然土壤条件下,真菌生物量远远高于土壤中其他生物种群,并且包含着多种生物功能团体,如分解者、菌根真菌或植物病原菌(李孝刚等,2015)。植物根际微生物结构与功能多样性对植物的健康生长有着极其重要的作用(王娟英等,2017)。土壤微生物在长期协同演化过程中,致病菌占优势的农田土壤能够自主富集一种或多种对致病菌具有抑制作用的微生物,长期连作不仅可为病原微生物的增殖提供充分的时间,而且为病原菌与拮抗菌提供了协同演化的生活环境(李锐等,2015)。种植年限短的大棚土壤生态环境较好,有利于细菌和放线菌的快速增长,而种植年限较长后,大棚土壤老化,微生物的生存环境趋于恶劣,导致细菌数量下降和放线菌数量增长变慢,而真菌对外界胁迫的忍耐能力较强,随种植年限的增长其数量持续稳定增长(高新昊等,2015)。连作导致的土壤真菌数量的增加,使得以植物体为营养的各种腐生菌和病原菌数量增加,直接改变了作物原本的土壤微生物环境,影响作物的发芽与生长,导致植物病害加重,连作损坏的土壤生态系统难以自我恢复(黄春艳等,2016)。

王晓宝等(2018)的研究表明,土壤理化性质等非生物因素并不是导致苹果连作障碍的主要原因,微生物群落结构改变等生物因素才是苹果连作障碍的主要诱因。

不同连作年限棉田的枯萎病菌和黄萎病菌具有相似的变化特征,即在 5~20 年连作年限内,土壤中病原菌数量随着连作年限的延长而增加,20 年连作土壤病原菌数量达到最高峰。新疆长期实行棉花秸秆还田,所带入的大量病株残体可能是导致枯萎病、黄萎病菌源量随着连作年限的增加而逐年增加的重要原因(刘小龙等,2015)。棉花连作土壤细菌的多样性、丰富度和均匀度指数均呈现下降趋势,连作年限越长该趋势越突出。常年单一种植棉花,植株残茬分解物与根系分泌物导致土壤环境恶化,某些土壤微生物大量富集或消失,其中一些可以抑制病原菌生长以及促进植物生长的有益种群的消失或减少会导致植株根际微生态失衡，病害加重，生长受阻（张海燕等，2010；刘小龙等，2015）。马铃薯连作使土壤性质恶化，形成了特定土壤环境和根际条件，从而影响了土壤及根际微生物的生殖和活动，造成有益微生物数量减少，病原微生物数量增加，病虫害加剧，引发连作障碍（谭雪莲等，2012）。马铃薯连作增加了镰刀菌（*Fusarium* spp.）和大丽轮枝菌（*Verticillium dahliae*）的种群或个体数量，这些真菌是导致马铃薯土传病害的主要致病菌（李锐等，2015）。随着连作年限的增加，芝麻根际土壤中细菌和放线菌的数量下降，而真菌的数量则呈上升趋势。连作导致土壤微生物环境恶化，引起根际微生物区系结构发生定向改变（华菊玲等，2012）。随着花生连作年限的增加，土壤中细菌减少、霉菌增加，细菌与真菌的比值显著变小，连作使细菌型土壤向真菌型土壤转化。不少学者认为，细菌型土壤是土壤肥力提高的一个生物指标，真菌型土壤是地力衰竭的标志。土壤真菌的增加，特别是霉菌的增加反过来影响花生的发芽与生长。植物病原菌以真菌为主，真菌的增加导致以植物体为营养的腐生菌和病原菌增加，因此往往使花生病害增加（王兴祥等，2010）。

随着豇豆连作年限增长，土壤中微生物群落结构由高肥的"细菌型"向低肥的"真菌型"转化，会破坏根际土壤微生物种群平衡，有害菌大量繁殖，有益菌明显减少，最终表现出连作障碍（陈昱等，2018）。

西洋参在生长过程中对其根际土壤细菌群落结构的组成及分布有很大影响，西洋参根腐病株根际土壤有益菌数量较少，病原菌大量滋生，而西洋参健株根际土壤中却聚集较多的有益菌（蒋景龙等，2018）。三七连作会使土壤由"细菌型"向"真菌型"转变，且根际土壤中病原菌（如镰刀属真菌）数量上升，但木霉属真菌、芽孢杆菌属细菌及其他对病原菌具有拮抗潜力的微生物数量却下降，这可能是三七连作障碍形成的重要原因之一（图1.6）（罗丽芬，2018）。

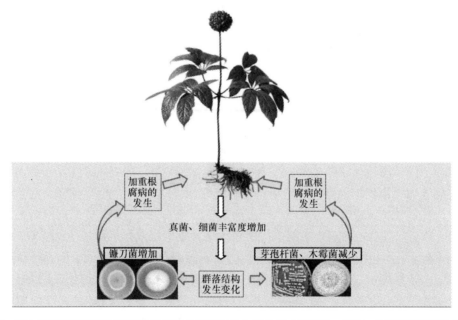

图1.6　三七连作对根际微生物的影响及其与根腐病发生的关系（罗丽芬，2018）（彩图请扫封底二维码）

1.2.3.2 土壤微生物群落结构对作物连作的响应

由于西瓜连作障碍，土壤中每年不断有西瓜根系分泌物和腐解物的刺激，西瓜尖孢镰刀菌数量不断上升，病原菌通过空间竞争和营养竞争以及分泌化学物质抑制土壤中其他微生物的生长繁殖，致使连作土壤中微生物生态失衡，微生物多样性发生显著改变（吴洪生，2008）。长期连作棉田的土壤微生物群落多样性总体呈下降趋势，长期连作对棉田土壤生物性状有明显负面影响（李锐等，2015）。随着设施菜地种植年限的延长，土壤速效养分积累，pH 下降，土壤微生物量及微生物群落组成发生明显改变。设施菜地种植 3 年时土壤微生物量和群落功能多样性最高；但若继续延长利用时间，则因速效养分显著积累，土壤酸化明显而使土壤微生物活性降低，功能衰减，群落结构多变而不稳（宋蒙亚等，2015）。

李孝刚等（2015）选择不同花生种植历史的地块，在花生生长的几个关键生育期采集土壤样品，采用 454 高通量测序技术研究了花生连作对土壤真菌群落组成的影响，结果发现红壤旱地中真菌组成丰富、多样性高，花生长期连作显著增加了土壤病原菌的丰度。冯翠娥等（2019）采用 Illumina MiSeq 高通量测序技术，探讨硒砂瓜连作对土壤真菌群落结构的影响。研究发现，导致硒砂瓜连作障碍的主要原因不是土壤理化性质变化，而是土壤真菌群落结构的改变。硒砂瓜连作土壤中真菌群落多样性指数和丰富度指数随着连作年限的增加先上升后下降。与对照（未种植硒砂瓜土壤）相比，硒砂瓜连作 30 年土壤中子囊菌门丰度下降 32.51%，接合菌门丰度上升 29.89%。土壤中真菌的主要优势属为被孢霉属（*Mortierella*）、绿僵菌属（*Metarhizium*）、假霉样真菌属（*Pseudallescheria*）、镰刀菌属（*Fusarium*）和青霉属（*Penicillium*）。与对照相比，连作 5 年土壤中假霉样真菌属丰度增加 45.81%，连作 10 年土壤中镰刀菌属丰度增加 26.74%，连作 15 年土壤中绿僵菌属丰度下降 26.83%，连作 20 年土壤中青霉属丰度增加 29.68%，连作 25 年土壤中绿僵菌属丰度减少 18.30%，连作 30 年土壤中被孢霉属丰度上升 29.89%。

杨桂丽等（2015）采用群落水平生理图谱（community-level physiological profile，CLPP）法，对不同连作年限马铃薯根际土壤微生物群落功能多样性进行研究，结果表明，连作 10 年的土壤微生物群落对各类碳源的利用能力都较弱，反映出随着连作年限的延长，自毒物质的逐步积累对各类群微生物利用土壤碳源基质的能力产生了抑制作用，土壤微生物的种类和数量也相应有所改变，其中受影响最大的是以碳水化合物和芳香化合物为代谢基质的微生物类群，这些碳源与根系分泌物关系密切，说明持续连作引起的植物根系分泌物的变化、残茬分解等产生的化学物质会对微生物功能多样性产生较大影响。芦笋多年设施种植导致土壤微环境发生改变，这种改变不同程度地抑制了土壤微生物代谢活性、减少了土壤微生物碳源代谢类群的多样性，土壤微生物单孔平均颜色变化率（average well color development，AWCD）值、物种丰富度及 Shannon-Wiener 多样性指数均呈下降趋势（周德平等，2014）。

滕应等（2015）的研究发现硝化细菌随着连作年限的增加而减少，而反硝化细菌随之增加，通过对花生不同生育期土壤微生物的变性梯度凝胶电泳（denaturing gradient gel electrophoresis，DGGE）图谱进行分析，发现细菌种群出现单一性趋势，主要以鞘氨醇单胞菌属（*Sphingomonas*）为主。鞘氨醇单胞菌能够耐受高度贫瘠营养环境和恶劣环境，它们有着特殊的代谢调控机制以适应多变的环境（尤其是营养物缺乏的环境），能够高效调整自身的生长来抵抗许多不利的环境变化。而土壤中硝化细菌、促进磷酸盐水解的细菌、固氮菌、根瘤菌和一些假单胞菌等，对促进植物生长和增强植物对土壤中微量元素的吸收有着积极的作用，所以土壤中有益细菌数量减少及种类变化会影响土壤中有机质的分解和花生对微量元素的吸收利用，从而引起或加重花生的连作障碍。

磷脂脂肪酸（phospholipid fatty acid，PLFA）作为土壤微生物种群变化的监测指标，其谱图分析方法能准确客观地反映土壤中微生物量和群落结构的差异。谷岩等（2012）利用 PLFA 分析方法对连作大豆根际土壤微生物群落结构进行定量分析，同时进行土壤微生物生物量的测定，结果发现大豆重迎茬使土壤 PLFA 总量、土壤微生物生物量碳含量均显著降低，真菌和细菌 PLFA 比例显著增加。随着马铃薯连作栽培年限的延长，磷脂脂肪酸所表征的土壤微生物生物量及微生物群落结构发生了显著变化，连作栽培 4 年时土壤革兰氏阴性菌与革兰氏阳性菌生物量比值最高，说明此时微生物受外源压力胁迫程度最大，因此连作 4 年是马铃薯连作栽培障碍的一个临界点，土壤微生物群落结构与功能会发生显著改变，导致明显的连作障碍现象出现（杨桂丽等，2015）。在连作条件下，一些细菌在再植枸杞根际/非根际土壤中的分布规律受到影响，如疣微菌门和浮霉菌门的相对丰度在连作地再植枸杞根际较对照样地明显降低，连作能够干扰再植枸杞与土壤微生物间的相互作用，影响枸杞根际益生菌和致病菌群间的平衡关系（纳小凡等，2017）。

吴林坤等（2015）通过 PLFA 和末端限制性片段长度多态性（termined restriction fragment length polymorphism，T-RFLP）技术分析不同连作年限野生地黄的根际微生物生物量和群落结构变化。PLFA 分析结果表明，不同处理情况下地黄根际土壤微生物群落结构存在明显差异，与头茬地黄根际土壤相比，重茬地黄土壤微生物总生物量显著下降，并且细菌与真菌比例下降。T-RFLP 分析结果表明，不同连作年限地黄根际土壤细菌群落结构存在一定差异，野生状态地黄土壤和头茬土壤菌群较为相似，变形菌门和厚壁菌门占据优势地位。甘薯连作后，土壤总 PLFA 含量有所升高，即甘薯根际土壤总微生物含量有所升高，真菌含量增加显著，微生物群落结构失衡（高志远等，2019）。杨宇虹等（2012）应用 T-RFLP 技术研究连作烟草根际土壤微生物的区系变化，结果表明，烟草连作障碍源于土壤营养循环相关的微生物数量显著下降而病原菌数量显著上升。叶雯等（2018）采用高通量测序技术分析了种植 5 年、10 年和 15 年的香榧根际土壤细菌、真菌的群落结构和多样性特征，结果表明：长期人工种植香榧导致土壤微生物多样性出现不同程度的下降，香榧根际微生态环境遭到一定程度的破坏，可能原因是在香榧长期种植过程中，根际分泌物的积累改变了土壤微生态环境，不利于根瘤菌目、粪壳菌目等微生物的生长，导致土壤微生物多样性下降。实时荧光定量 PCR（quantitative real-time PCR，qRT-PCR）分析显示，野生状态地黄和头茬地黄土壤中假单胞菌数量都显著高于重茬地黄土壤。总之，野生地黄存在连作障碍问题，导致野生地黄根际有益菌数量减少而病原菌大量滋生，从而降低了野生地黄抵御病害的能力。随着枸杞连作年限的增加，化感物质的不断输入和/或积累可能导致连作地再植枸杞根际土壤微生物物种数量和群

落 α 多样性的下降，由于土壤微生物群落遗传多样性与其功能多样性间存在显著相关关系，由连作导致的群落多样性和结构的变化必然引起群落功能改变，使枸杞-土壤-土壤微生物间形成负调控，诱发连作障碍（纳小凡等，2017）。

1.2.3.3　土壤线虫群落组成对作物连作的响应

土壤线虫以多种土壤有机体为食，根据其食性可以分为四大营养类群：植物寄生线虫、食细菌线虫、食真菌线虫和杂食类线虫（陈威等，2015）。线虫群落变化主要受资源有效性及所处生境微环境变化的调控，因而土壤线虫的群落动态可反映土壤的健康状况（王学霞等，2018）。随着连作种植年限的增加，不断施用有机肥、化肥等农业耕作以及植物根系在土壤中积累，为植物寄生线虫提供生存环境，使得植物寄生线虫大量增加，进而增加线虫总数，而温室种植年限超过 10 年后，随着连作年限的增加，土壤食物网中微生物捕食者的数量随之降低，从而破坏了土壤微生态环境，线虫总数也有所减少（张雪艳等，2017）。

连作条件下土壤细菌繁殖速率和微生物量降低，引起了食真菌线虫和食细菌线虫等有益线虫相对丰度的降低，进而导致植物寄生线虫相对丰度的增加。因此，植物寄生线虫丰度增加是连作栽培引起线虫生境改变的结果，也是引起连作障碍的重要原因之一（张亚楠等，2016）。线虫群落的多样性和稳定性随着种植年限延长逐渐变差，当温室种植年限达到 10 年时，虽然土壤中线虫总数最多，但其线虫属数最少，丰富度低，群落单一，多样性和稳定性最差，土壤环境已受到胁迫（张雪艳等，2017）。土壤 pH、孔隙度、容重、EC、SO_4^{2-}、有机碳、NO_3^--N、NH_4^+-N 是决定设施菜地土壤线虫、细菌和真菌数量变化的关键因子，连续种植导致京郊设施菜地盐分含量显著升高、养分失衡、土壤酸化。土壤理化性状的变化改变了细菌和真菌数量，进而导致土壤线虫总数、植物寄生线虫比率逐渐增加，根结线虫属比率增加尤其显著，食细菌、真菌和杂食/捕食线虫比率逐渐降低，连续种植 12 年的菜地土壤生态系统扰动最强烈，土壤健康状况变差（王学霞等，2018）。土壤线虫群落结构可有效反映连作蕉园土壤的健康状况，土壤线虫可作为土壤中重要的指示生物，植物寄生线虫是造成作物连作障碍的原因之一，随着香蕉连作年限增加，植物寄生线虫数量先增加后降低，在香蕉苗期、营养生长期和成熟期，随着连作年限增加，杂食/捕食线虫数量逐渐降低（钟爽等，2012）。大豆连作 7 年后根际土壤线虫营养类群中杂食/捕食线虫的相对丰度下降明显，植物寄生线虫的相对丰度显著提高（王笃超等，2018）。

1.2.3.4　土壤酶活性对作物连作的响应

除了直接测定土壤微生物种群组成及其数量变化外，分析土壤酶活性亦能衡量土壤生态系统养分转化能力和土壤生物活性（孙雪婷等，2015a）。土壤酶是土壤肥力监测的敏感指标，作物连作会引起土壤酶活性的变化，连作后棉田土壤蛋白酶、过氧化氢酶、多酚氧化酶等都出现了先降后升的现象，这是因为棉花根系分泌物及残茬降解物的积累产生了自毒物质并导致土壤微生物群落结构发生变化，从而抑制了土壤酶的活性；而连作后期，由于生物具有协调和适应环境的能力，土壤酶的保护容量又逐渐升高（孙雪婷等，2015a）。随着花生连作年限的增加，根际土壤过氧化氢酶活性下降，土壤中氧化作用降低，使过氧化氢分解减慢，导致过氧化氢在土壤中大量积累，容易使根系的毒害作用加重而引起连作障碍（黄玉茜等，2012）。地黄连作导致土壤脲酶、蔗糖酶和过氧化氢酶的活性随着种植年限的增加而下降，土壤多酚氧化酶、纤维素酶和蛋白酶的活性随着种植年限的增加而增加，但土壤磷酸酶活性随着种植年限增加在不同产区土壤中呈现相反的变化趋势。可以推测，地黄连作障碍表现出的营养物质的利用下降与自毒物质所引起的根际土壤酶活性等微生态因子变化相关（李振方等，2012）。随着种植年限的增加，土壤蛋白酶、过氧化氢酶、蔗糖酶、磷酸酶和脲酶的活性均呈显著下降趋势，三七连作后土壤中关键酶活性下降，将影响三七对某些营养元素的吸收，并削弱土壤对自毒物质的代谢，可能诱导连作障碍发生（孙雪婷等，2015b）。连作可降低玄参根际土多酚氧化酶和酸性磷酸酶活性，对过氧化氢酶、蔗糖酶、脲酶、酸性蛋白酶和纤维素酶的活性无显著影响，多酚氧化酶和酸性磷酸酶可能是影响玄参产生连作障碍的关键酶（宋旭红等，2017）。

1.2.4 自毒物质和寄主抗性对作物连作的响应

1.2.4.1 自毒物质累积效应

随着连作年限的增加，酚酸类自毒物质在土壤中累积，导致作物品质下降、产量降低、病虫害频发等，对农业生产实践产生严重负面影响（李敏等，2019）。张淑香等（2000）以黑龙江省大豆重茬 5 年与正茬土壤和根系为主要研究对象，采用高效液相色谱法，研究土壤和根系浸提液中酚酸类物质的含量及其生物学效应。结果表明，重茬土壤中对羟基苯甲酸和香草酸的含量（1 mol/L NaOH 提取）高于正茬土壤；重茬大豆根系水提液中对羟基苯甲酸、香草酸、阿魏酸、香草醛、香豆素的含量均高于正茬。战秀梅等（2004）在重茬种植的大豆根系分泌物浓缩液中检测到香草醛、对羟基苯甲酸、阿魏酸、香草酸和苯甲酸 5 种酚酸类物质，并且这 5 种酚酸的含量均高于正茬种植的大豆根系分泌物中的含量。连作会增强根系分泌酚酸类物质的能力，且连作年限越长，分泌的酚酸类物质越多，表明连续多年在同一地块上种植大豆，所产生的不良影响在土壤中叠加，如根系分泌物中有害物质的积累，重茬种植后根系分泌出较多的有害物质是导致连作障碍的一个重要因子。

李培栋等（2010）对南方红壤区花生不同连作年限土壤中酚酸类物质的种类、含量及其对花生生长的影响研究结果表明：花生连作土壤中对羟基苯甲酸、香草酸和香豆酸的含量随着连作年限的增加而增加，连作 10 年后 3 种酚酸类总量达 11.09 mg/kg 干土，显著高于连作 3 年和 6 年的土壤。马云华等（2005）的研究表明，随着连作年限的增加，日光温室黄瓜连作土壤中酚酸类物质（对羟基苯甲酸、阿魏酸、苯甲酸）明显积累，连作 5~9 年的土壤酚酸类物质含量显著高于连作 1~3 年的土壤。吴宗伟等（2014）从重茬地黄土壤中检测到了阿魏酸、香草酸、香草醛和对羟基苯甲酸 4 种酚酸类物质的积累，并且发现在整个地黄生长发育期，除对羟基苯甲酸外，阿魏酸、香草酸和香草醛的积累量均呈增加趋势。杨敏（2015）利用高效液相色谱-质谱（HPLC-MS）从连作土壤中鉴定出 7 种皂苷（R1、Rg1、Re、Rb1、Rb3、Rg2 和 Rd），从三七根系分泌物中鉴定出 4 种人参皂苷（Rg1、Re、Rg2 和 Rd），随着连作年限的延长，皂苷含量增加，每克连作土壤中总皂苷的含量从 2.04 μg 增加到 5.87 μg。

在草莓不同连作年限土壤中均检测出对羟基苯甲酸、阿魏酸、肉桂酸和对香豆酸，其中以对羟基苯甲酸的含量最高，肉桂酸的含量最低，随着草莓连作年限增加，对羟基苯甲酸、阿魏酸、对香豆酸和肉桂酸含量均明显增加，且不同连作年限之间的对羟基苯甲酸和阿魏酸含量差异显著，随着种植年限的增加，大棚土壤中酚酸类的总量明显增加（图 1.7）（李贺勤等，2014；Li et al.，2016）。黄瓜连作土壤中主要含有对羟基苯甲酸、丁香酸、香草酸、香草醛、对香豆酸和阿魏酸，其中对羟基苯甲酸和对香豆酸含量较高（图 1.8）（Zhou et al.，2016）。

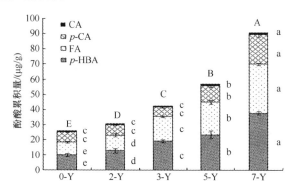

图 1.7　连作年限对草莓根际土壤中酚酸类累积的影响（Li et al.，2016）

CA 为肉桂酸；p-CA 为对香豆酸；FA 为阿魏酸；p-HBA 为对羟基苯甲酸。0-Y 为非连作土壤；1-Y 为连作 1 年土壤；2-Y 为连作 2 年土壤；3-Y 为连作 3 年土壤；5-Y 为连作 5 年土壤；7-Y 为连作 7 年土壤。相同酚酸后不同小写字母表示不同连作年限处理间差异显著（$P < 0.05$），总酚酸柱上不同大写字母表示不同连作年限处理间差异显著（$P < 0.05$）

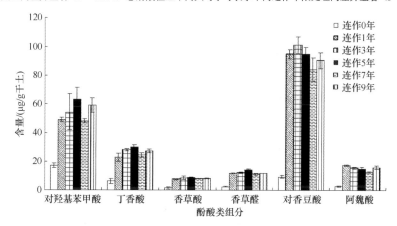

图 1.8　黄瓜连作对根际土壤中酚酸类组分及其含量的影响（Zhou et al.，2016）

梨园连作土壤中主要化感成分为烷烃、酯类及酚类等物质，这些物质在根际土壤中逐渐积累，并且与梨园连作障碍紧密相关（陈艳芳和曾明，2016）。无论非更替连作还是更替连作，杨树连作人工林根际土壤中 5 种酚酸类化感物质（对羟基苯甲酸、苯甲酸、香草醛、阿魏酸、肉桂酸）总含量均高于一代林，说明酚酸类物质在不同连作模式的杨树人工林土壤中呈现累积趋势（谭秀梅等，2008）。

1.2.4.2 寄主抗性下降

太子参连作导致叶片致病性或衰老相关蛋白表达量上调，是太子参连作病害频发和提前退黄的主要原因，同时连作还导致抗性相关蛋白以及能量代谢和细胞分裂相关蛋白表达紊乱，是太子参连作障碍在蛋白质水平的表现，连作还导致重要的光合相关蛋白表达量下调，是连作太子参光合作用能力下降的分子基础（林茂兹等，2010）。林茂兹等（2012）采用石蜡包埋切片法研究了连作对太子参叶片显微结构的影响，结果表明：连作导致太子参叶片单位面积内细胞密度降低，叶片细胞排列更为疏松，在显微镜观察视野中还可以发现有些视野内细胞缺失。这是由于连作导致太子参叶片部分细胞死亡，大量的叶片细胞死亡，使得太子参叶片发黄（枯萎病），最终脱落，即连作导致太子参植株死亡。另外，部分叶片细胞死亡必然导致叶片光合同化效率降低，最终将导致连作太子参的产量和品质降低。

1.2.5 根际微生态变化

有关作物连作障碍的成因，目前多数研究集中于病害、营养失衡、自毒物质等单因素方面，对于多因素协同引起连作障碍的机制研究较少（杨敏，2015）。根际作为作物、土壤和微生物相互作用的重要界面，是物质和能量交换的节点，是土壤中活性最强的小生境。根际微生态系统是一个以植物为主体，以根为核心，以作物-土壤-微生物及其环境条件相互作用过程为主要内容的生态系统（尹承苗等，2017）。作物-土壤-微生物的相互关系维持着根际微生态系统的生态功能，当其中任何组分感受外界干扰时，就会在系统内部引起相应的物质和能量流动，通过一系列的生理生化反应和系统内部的调控，产生对外界干扰的适应性反应。

同时，当作物连作后，作物对养分的特异性吸收导致土壤中某些养分的缺乏，进而影响作物生长发育，而且作物会不断向土壤中分泌根系分泌物，一部分分泌物对作物植株本身具有自毒作用，导致作物生长发育受阻（滕应等，2015）。土壤中养分的缺乏以及根系分泌物的成分和含量共同导致根际土壤微环境的改变，从而造成根际土壤微生物的选择性适应，可以使某些特定微生物类群得到富集，从而改变土壤中微生物种群的平衡（滕应等，2015）。微生物群落的改变反过来又会影响根系分泌物的组分和数量，而且有害微生物的富集也会使作物植株产生病害，从而导致作物生长发育受到不同程度的影响（滕应等，2015）。苹果连作障碍的形成过程涉及苹果根系、土壤、微生物等多个因素，并且受环境因子的调控，苹果根际微生态系统综合功能失调是造成苹果连作障碍的主要原因（尹承苗等，2017）。因此对作物连作障碍机制的研究必须建立在系统功能的水平上，若仅从作物植株、土壤微生物和根系分泌物等某一个侧面进行探讨，很难真正反映连作障碍的成因，各因子与连作障碍之间的关系见图1.9（滕应等，2015）。

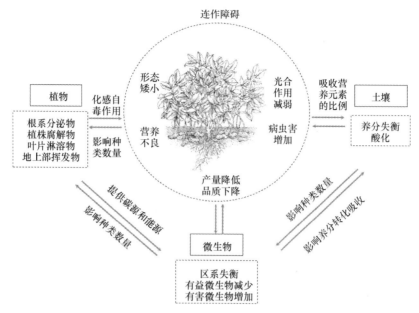

图 1.9　花生连作障碍发生机制示意图（滕应等，2015）

参 考 文 献

白羽祥, 杨成翠, 史普酉, 等. 2019. 连作植烟土壤酚酸类物质变化特征及其与主要环境因子的 Mantel Test 分析[J]. 中国生态农业学报, 27(3): 369-379.

毕艳孟, 孙振钧. 2018. 蚯蚓调控土壤微生态缓解连作障碍的作用机制[J]. 生物多样性, 26(10): 1103-1115.

蔡祖聪. 2019. 我国设施栽培养分管理中待解的科学和技术问题[J]. 土壤学报, 56(1): 36-43.

陈威, 胡学玉, 张阳阳, 等. 2015. 番茄根区土壤线虫群落变化对生物炭输入的响应[J]. 生态环境学报, 24(6): 998-1003.

陈艳芳, 曾明. 2016. 梨园根际土壤的连作化感作用及化感物质成分分析[J]. 果树学报, 33(增刊): 121-128.

陈昱, 张福建, 杨有新, 等. 2018. 伴生芹菜和紫背天葵对连作豇豆生长发育及根际土壤环境的影响[J]. 植物营养与肥料学报, 24(5): 1406-1414.

董林林, 牛玮浩, 王瑞, 等. 2017. 人参根际真菌群落多样性及组成的变化[J]. 中国中药杂志, 42(3): 443-449.

杜家方, 尹文佳, 李娟, 等. 2009. 连作地黄根际土壤中酚酸类物质的动态变化[J]. 中国中药杂志, 34(8): 948-952.

封海胜, 张思苏, 万书波, 等. 1993. 连作花生土壤养分变化及对施肥反应[J]. 中国油料, (2): 55-59.

冯翠娥, 岳思君, 简阿妮, 等. 2019. 硒砂瓜连作对土壤真菌群落结构的影响[J]. 中国生态农业学报(中英文), 27(4): 537-544.

高新昊, 张英鹏, 刘兆辉, 等. 2015. 种植年限对寿光设施大棚土壤生态环境的影响[J]. 生态学报, 35(5): 1452-1459.

高志远, 胡亚亚, 刘兰服, 等. 2019. 甘薯连作对根际土壤微生物群落结构的影响[J]. 核农学报, 33(6): 1248-1255.

谷岩, 邱强, 王振民, 等. 2012. 连作大豆根际微生物群落结构及土壤酶活性[J]. 中国农业科学, 45(19): 3955-3964.

郭红伟, 郭世荣, 刘来, 等. 2012. 辣椒连作对土壤理化性状、植株生理抗性及离子吸收的影响[J]. 土壤, 44(6): 1041-1047.

韩巍, 赵金月, 李豆豆, 等. 2018. 设施蔬菜大棚土壤氮磷钾养分富积降低土壤钙素的有效性[J]. 植物营养与肥料学报, 24(4): 1019-1026.

何文寿. 2004. 设施农业中存在的土壤障碍及其对策研究进展[J]. 土壤, 36(3): 235-242.

胡海娇, 魏庆镇, 王五宏, 等. 2018. 茄子枯萎病研究进展[J]. 分子植物育种, 16(8): 2630-2637.

华菊玲, 刘光荣, 黄劲松. 2012. 连作对芝麻根际土壤微生物群落的影响[J]. 生态学报, 32(9): 2936-2942.

黄春艳, 卜元卿, 单正军, 等. 2016. 西瓜连作病害机理及生物防治研究进展[J]. 生态学杂志, 35(6): 1670-1676.

黄玉茜, 韩立思, 韩梅. 2012. 花生连作对土壤酶活性的影响[J]. 中国油料作物学报, 34(1): 96-100.

蒋景龙, 余妙, 李丽, 等. 2018. 西洋参根腐病发生与根际上壤细菌群落结构变化关系研究[J]. 中草药, 49(18): 4399-4406.

焦润安, 徐雪风, 杨宏伟, 等. 2018. 连作对马铃薯生长和土壤健康的影响及机制研究[J]. 干旱地区农业研究, 36(4): 94-100.

焦晓林, 杜静, 高微微. 2012. 西洋参残体对自身生长的双重作用[J]. 生态学报, 32(10): 3128-3135.

康亚龙, 景峰, 孙文庆, 等. 2016. 加工番茄连作对土壤理化性状及微生物量的影响[J]. 土壤学报, 53(2): 533-542.

李奉国, 马龙传, 孔勇, 等. 2019. 连作对大蒜土壤养分、微生物结构和酶活的影响[J]. 中国农业科技导报, 21(1): 141-147.

李贺勤, 刘奇志, 张林林, 等. 2014. 草莓连作土壤酚酸类物质积累对土壤线虫的影响[J]. 生态学杂志, 33(1): 169-175.

李敏, 张丽叶, 张艳江, 等. 2019. 酚酸类自毒物质微生物降解转化研究进展[J]. 生态毒理学报, 14(3): 72-78.

李培栋, 王兴祥, 李奕林, 等. 2010. 连作花生土壤中酚酸类物质的检测及其对花生的化感作用[J]. 生态学报, 30(8): 2128-2134.

李锐, 刘瑜, 褚贵新, 等. 2015. 棉花连作对北疆土壤酶活性、致病菌及拮抗菌多样性的影响[J]. 中国生态农业学报, 23(4): 432-440.

李涛, 于蕾, 吴越, 等. 2018. 山东省设施菜地土壤次生盐渍化特征及影响因素[J]. 土壤学报, 55(1): 100-110.

李天来, 杨丽娟. 2016. 作物连作障碍的克服——难解的问题[J]. 中国农业科学, 49(5): 916-918.

李孝刚, 张桃林, 王兴祥. 2015. 花生连作土壤障碍机制研究进展[J]. 土壤, 47(2): 266-271.

李艳春, 李兆伟, 林伟伟, 等. 2018. 施用生物质炭和羊粪对宿根连作茶园根际土壤微生物的影响[J]. 应用生态学报, 29(4): 1273-1282.

李振方, 杨燕秋, 谢冬凤, 等. 2012. 连作条件下地黄药用品质及土壤微生态特性分析[J]. 中国生态农业学报, 20(2): 217-224.

林茂兹, 黄少华, 陈巧巧, 等. 2012. 太子参连作障碍及其根际土壤尖孢镰刀菌数量变化[J]. 云南农业大学学报, 27(5): 716-721.

林茂兹, 张志兴, 林争春, 等. 2010. 太子参连作障碍蛋白差异表达分析[J]. 草业学报, 19(6): 197-206.

刘莉, 赵安洁, 杨雁, 等. 2013. 三七不同间隔年限种植土壤的理化性状比较分析[J]. 西南农业学报, 26(5): 1946-1952.

刘小龙, 马建江, 管吉钊, 等. 2015. 连作对棉田土壤枯、黄萎病菌数量及细菌群落的影响[J]. 棉花学报, 27(1): 62-70.

罗丽芬. 2018. 三七根系对根际土壤微生物群落结构和功能的影响研究[D]. 昆明: 云南农业大学硕士学位论文.

马宁宁, 李天来. 2013. 设施番茄长期连作土壤微生物群落结构及多样性分析[J]. 园艺学报, 40(2): 255-264.

马彦霞, 郁继华, 张晶, 等. 2014. 设施蔬菜栽培茬口对生态型无土栽培基质性状变化的影响[J]. 生态学报, 34(14): 4071-4079.

马云华, 王秀峰, 魏珉, 等. 2005. 黄瓜连作土壤酚酸类物质积累对土壤微生物和酶活性的影响[J]. 应用生态学报, 16(11)：2149-2153.

纳小凡, 郑国旗, 邢正操. 等. 2017. 连作对再植枸杞根际细菌群落多样性和群落结构的影响[J]. 土壤学报, 54(5): 1280-1292.

宋蒙亚, 李忠佩, 吴萌, 等. 2015. 不同种植年限设施菜地土壤微生物量和群落结构的差异[J]. 中国农业科学, 48(18): 3635-3644.

宋旭红, 谭均, 潘媛, 等. 2017. 连作对玄参产量和根际土壤肥力及酶活性的影响[J]. 中药材, 40(6): 1243-1248.

孙雪婷. 2016. 三七连作土壤环境变化及残根对三七生长的影响[D]. 昆明: 云南农业大学硕士学位论文.

孙雪婷, 李磊, 龙光强, 等. 2015a. 三七连作障碍研究进展[J]. 生态学杂志, 34(3): 885-893.

孙雪婷, 龙光强, 张广辉, 等. 2015b. 基于三七连作障碍的土壤理化性状及酶活性研究[J]. 生态环境学报, 24(3): 409-417.

谭秀梅, 王华田, 孔令刚, 等. 2008. 杨树人工林连作土壤中酚酸积累规律及对土壤微生物的影响[J]. 山东大学学报(理学版), 43(1): 14-19.

谭雪莲, 郭晓冬, 马明生, 等. 2012. 连作对马铃薯土壤微生物区系和产量的影响[J]. 核农学报, 26(9): 1322-1325.

滕应, 任文杰, 李振高, 等. 2015. 花生连作障碍发生机理研究进展[J]. 土壤, 47(2): 259-265.

王笃超, 吴景贵, 李建明, 等. 2018. 不同有机物料对连作大豆根际土壤线虫的影响[J]. 土壤学报, 55(2): 490-501.

王娟英, 许佳慧, 吴林坤, 等. 2017. 不同连作年限怀牛膝根际土壤理化性质及微生物多样性[J]. 生态学报, 37(17): 5621-5629.

王树起, 韩晓增, 乔云发, 等. 2009. 寒地黑土大豆轮作与连作不同年限土壤酶活性及相关肥力因子的变化[J]. 大豆科学, 28(4): 611-615.

王晓宝, 王功帅, 刘宇松, 等. 2018. 西北黄土高原地区苹果连作障碍与土壤真菌群落结构的相关性分析[J]. 园艺学报, 45(5): 855-864.

王兴祥, 张桃林, 戴传超. 2010. 连作花生土壤障碍原因及消除技术研究进展[J]. 土壤, 42(4): 505-512.

王学霞, 陈延华, 王甲辰, 等. 2018. 设施菜地种植年限对土壤理化性质和生物学特征的影响[J]. 植物营养与肥料学报, 24(6): 1619-1629.

王韵秋. 1979. 老参地土壤理化性状的变化[J]. 特产研究, 3: 1-8.

魏薇. 2018. 氮肥过量施用加重三七连作障碍的植物-微生物-土壤负反馈机制研究[D]. 昆明: 云南农业大学博士学位论文.

吴洪生. 2008. 西瓜连作土传枯萎病微生物生态学机理及其生物防治[D]. 南京: 南京农业大学博士学位论文.

吴林坤, 黄伟民, 王娟英, 等. 2015. 不同连作年限野生地黄根际土壤微生物群落多样性分析[J]. 作物学报, 41(2): 308-317.

吴宗伟, 王明道, 刘新育, 等. 2014. 重茬地黄土壤酚酸的动态积累及其对地黄生长的影响[J]. 生态学杂志, 28(4): 660-664.

徐仁扣, 李九玉, 周世伟, 等. 2018. 我国农田土壤酸化调控的科学问题与技术措施[J]. 中国科学院院刊, 33(2): 160-167.

徐小军, 张桂兰, 周亚峰, 等. 2016. 甜瓜设施栽培连作土壤的理化性质及生物活性[J]. 果树学报, 33(9): 1131-1138.

杨桂丽, 马琨, 卢斐, 等. 2015. 马铃薯连作栽培对土壤化感物质及微生物群落的影响[J]. 生态与农村环境学报, 31(5): 711-717.

杨敏. 2015. 三七根系皂苷的自毒作用机制研究[D]. 昆明: 云南农业大学博士学位论文.

杨瑞秀. 2014. 甜瓜根系自毒物质在连作障碍中的化感作用及缓解机制研究[D]. 沈阳: 沈阳农业大学博士学位论文.

杨宇虹, 陈冬梅, 林文雄, 等. 2012. 连作烟草对土壤微生物区系影响的 T-RFLP 分析[J]. 中国烟草学报, 18(1): 40-45.

叶雯, 李永春, 喻卫武, 等. 2018. 不同种植年限香榧根际土壤微生物多样性[J]. 应用生态学报, 29(11): 3783-3792.

尹承苗, 土坎, 土嘉艳, 等. 2017. 苹果连作障碍研究进展[J]. 园艺学报, 44(11): 2215-2230.

尹兆波. 2014. 土壤理化性质对三七生长及锈、裂口发生的影响[D]. 昆明: 云南农业大学硕士学位论文.

袁静超, 刘剑钊, 闫孝贡, 等. 2018. 春玉米连作体系高产栽培模式优化研究[J]. 植物营养与肥料学报, 24(1): 53-62.

战秀梅, 韩晓日, 杨劲峰, 等. 2004. 大豆连作及其根茬腐解物对大豆根系分泌物中酚酸类物质的影响[J]. 土壤通报, 35(5): 631-635.

张海燕, 贺江舟, 徐彪, 等. 2010. 新疆南疆不同连作年限棉田土壤微生物群落结构的变化[J]. 微生物学通报, 37(5): 689-695.

张淑香, 高子勤, 刘海玲. 2000. 连作障碍与根际微生态研究III.土壤酚酸物质及其生物学效应[J]. 应用生态学报, 11(5): 741-744.

张雪艳, 张亚萍, 许帆, 等. 2017. 不同种植年限黄瓜温室土壤线虫群落结构及多样性的比较[J]. 植物营养与肥料学报, 23(3): 696-703.

张亚楠, 李孝刚, 王兴祥, 等. 2016. 茅苍术间作对连作花生土壤线虫群落的影响[J]. 土壤学报, 53(6): 1497-1505.

张重义, 林文雄. 2009. 药用植物的化感自毒作用与连作障碍[J]. 中国生态农业学报, 17(1): 189-196.

张子龙, 王文全. 2010. 植物连作障碍的形成机制及其调控技术研究进展[J]. 生物学杂志, 27(5): 69-72.

钟爽, 何应对, 韩丽娜, 等. 2012. 连作年限对香蕉园土壤线虫群落结构及多样性的影响[J]. 中国生态农业学报, 20(5): 604-611.

周德平, 褚长彬, 范洁群, 等. 2014. 不同种植年限设施芦笋土壤微生物群落结构与功能研究[J]. 土壤, 46(6): 1076-1082.

周德平, 褚长彬, 刘芳芳, 等. 2012. 种植年限对设施芦笋土壤理化性状、微生物及酶活性的影响[J]. 植物营养与肥料学报, 18(2): 459-466.

Li X Y, Lewis E E, Liu Q Z, et al. 2016. Effects of long-term continuous cropping on soil nematode community and soil condition associated with replant problem in strawberry habitat[J]. Scientific Reports, 6: 30466.

Zhou X G, Yu G B, Wu F Z. 2016. Soil phenolics in a continuously mono-cropped cucumber (*Cucumis sativus* L.) system and their effects on cucumber seedling growth and soil microbial communities[J]. European Journal of Soil Science, 63: 332-340.

第 2 章　连作障碍发生的根际微生物机制

中国耕地面积逐年减少，耕种条件限制严重，不得不实施连作制度，导致病害严重和土壤肥力逐年下降等问题。例如，主要植棉区新疆的棉花黄萎病、中药材三七的土传病害等都是在连作过程中产生的严重病害，影响了当地农业的可持续发展（白洋等，2017）。种类多样的土传病害一直困扰着农业的可持续发展，寻找解决土传病害的方法迫在眉睫。土传病害成因复杂，但土传病原菌与根际微生物之间的相互作用是决定作物能否在农田持续健康生长的关键因素（杨珍等，2019）。

2.1　根际微生态平衡与健康土壤功能的维持

微生物决定了地球演化的方向和进程，推动了土壤的发生，孕育了人类文明。土壤微生物包括细菌、真菌和原生动物等，其生物多样性极其丰富，被称为地球关键元素循环过程的引擎，是联系大气圈、水圈、岩石圈及生物圈物质与能量交换的重要纽带，维系着人类和地球生态系统的可持续发展（朱永官等，2017）。土壤微生物在陆地表层的服务功能包括降解有机质、驱动养分循环、转化各种污染物质等。土壤微生物还是陆地生态系统物质循环的驱动，是土壤肥力形成和持续发展的基础。目前已知每克土壤中微生物的数量可达上百亿个，种类可达上百万种，土壤被公认是地球系统生物多样性最为复杂和丰富的环境（陆雅海，2015）。

根际（rhizosphere）是指植物根系周围，受到根系分泌物影响的狭小土壤区域，其理化特性及生物学活性明显不同于原土体。生活在该区域的微生物比根际外土壤微生物更易受到植物根系的影响，丰度和多样性也有很大差异，因此被称为根际微生物（rhizospheric microorganism）或根际土壤微生物（rhizosphere soil microorganism），根际微生物数量巨大且种类繁多（张蕾等，2016）。随着微生物研究体系与技术方法的不断成熟，对根际微生物的研究已从传统的细菌与放线菌等基础研究，深入到微生物与农业、环境和生态等多个应用性研究领域，其中根际微生物与植物生长发育及植物病虫害控制的研究已成为近年来的热点问题（张蕾等，2016）。

根据根际微生物对植物的影响可将其分为 3 类：①有益根际微生物，包括根系内生菌、丛枝菌根真菌（arbuscular mycorrhizal fungi，AMF）和植物促生根际菌（plant growth-promoting rhizobacteria，PGPR）等，这些土壤微生物在植物生长发育过程中发挥着积极作用，包括促进植物生长发育、调节植物免疫系统、协助植物抵抗病原菌的入侵等（张蕾等，2016）。②包括各类病原菌在内的有害微生物，如引起西瓜连作障碍的主要病原菌腐皮镰刀菌（*Fusarium solani*）和尖孢镰刀菌（*F. oxysporum*），这些病原菌除了直接影响植物外，有些还会对拮抗微生物产生负面影响（张蕾等，2016）。③包括共生菌在内的中性根际微生物（张蕾等，2016）。除了对植物的作用，这 3 类微生物之间也会相互促进或抑制，而植物除了为根际区微生物提供碳源外，还会分泌一些次级代谢产物（或者植物残体腐解产生的物质），这些物质进入土壤，对微生物有促进或者抑制作用（毕艳孟和孙振钧，2018）。

在植物生长过程中，由根系的不同部位分泌或溢泌的一些无机离子和有机化合物统称为根系分泌物（李孝刚等，2015）。研究发现，根系分泌物对根际微生物群落结构具有选择塑造作用，不同植物的根际微生物群落结构具有独特性与代表性；反之，根际微生物群落结构变化也对植物根系分泌物的释放、土壤物质循环、能量流动和信息传递产生重要影响，进而影响植物的生长发育过程（吴林坤等，2014）。不同的植物以及植物在其生长发育的不同阶段，其根系会分泌各种次生代谢产物，而这些植物根系分泌物能产生间接的生态效应，并有效抑制某些类群微生物的生长，同时也会有效促进另外一些类群微生物的生长，从而影响根际微生物的区系结构和功能多样性，最终导致土壤微生物群落的选择性效应（王娟英等，2017）。

健康土壤能够持续提供生物产品，保障空气质量和水源安全，对植物、动物和人类健康发挥重要作用，表征土壤健康的生态指标体系主要包括微生物、土壤病原菌、中型土壤动物区系、大型土壤动物区系、土壤酶和植物。康奈尔土壤健康评价系统则从物理指标、生物指标、化学指标3个方面评价农田土壤的综合健康状况（焦润安等，2018）。土壤微生物是维持土壤中各种生物化学过程动态平衡的核心，它在矿质养分循环、有机质更新、土壤结构及土壤肥力形成过程中发挥着重要作用（毕艳孟和孙振钧，2018）。一般，作物正常的生长发育离不开土壤微生物的协助，而土壤微生物也从作物根系获取营养物质以维持自身的生长与繁殖（张蕾等，2016）。在正常条件下，作物根系、土壤及根际微生物所形成的根际微生态维持着动态平衡。然而，当某一耕地长时间连作后，由于长期受同一类根系分泌物的影响，土壤微生物群落会发生选择性富集，这一平衡会被打破，导致根际微生物群落发生一系列变化（薛超等，2011；张蕾等，2016）。越来越多的证据显示，根际土壤微生物的数量、种类、代谢活性及微生物间的相互作用决定着植物的健康状况（孙雪婷等，2015）。

2.2 根际微生物区系失衡与连作障碍

2.2.1 病原微生物大量增殖

土传病害严重发生是连作种植最直接、最明显的障碍因子。很多研究表明对连作土壤进行灭菌是减轻再植病害的有效手段，说明连作条件下土壤中病原物激增是引起再植病害的重要因素之一（张树生等，2007）。多种土传病害的研究结果表明，根系分泌物及植株残体为病原菌的生长和繁殖提供了充足的营养与寄主的同时，根系分泌物还直接影响病原菌的活性，促进病原真菌孢子萌发并诱导其大量定植在连作土壤中，最后形成以病原菌大量增殖、微生物多样性显著降低为特征的连作土壤微生物群落（张蕾等，2016）。长期连作可降低有益微生物数量，增加土传病菌数量，使土传病害加重从而导致作物减产（尹承苗等，2017）。连作导致根系有益微生物数量减少，增加致病菌趋化蛋白 CheA 的表达，具体机制是：连作时间累积效应增加了土壤中致病真菌的营养引诱剂（有机酸），显著促进了致病真菌的生长，致使根系土壤微生物群落发生了改变（朱晓艳等，2019）。

研究表明，很多病原物都可以在土壤或烟株残余物中存活 2～3 年甚至更长时间，且连作时间越长，烤烟病害越重（石秋环等，2009）。连作会让以植物体为营养的各种腐生菌和病原菌增加，直接改变作物原本的土壤微生物环境，影响作物的发芽与生长，导致植物病害加重（黄春艳等，2016）。大丽轮枝菌（*Verticillium dahliae*）的微菌核只需含 0.03 CFU/g 就可造成棉花黄萎病的发生，增加到 0.3～1.0 CFU/g 时发病株率为 20%～50%，3.5 CFU/g 或者更多时发病株率可达 100%。棉花连作 5～20 年，土壤中黄萎病菌微菌核、枯萎病菌孢子数量均表现为随着连作年限的延长而增加，20 年连作达到最高峰，不同连作年限棉田土壤中枯萎病、黄萎病病原菌的数量与发病株率呈显著正相关关系（刘小龙等，2015）。阿克苏、石河子重病（黄萎病）棉田发病棉株根围土中真菌的运算分类单元（operational taxonomic unit，OTU）数量、丰度高于无病田或轻病田中的健康棉株根围土，而真菌的多样性降低（刘海洋等，2019）。

从苹果再植土壤中可大量分离出腐霉属（*Pythium*）、镰孢属（*Fusarium*）和柱孢属（*Cylindrocarpon*）真菌及少量丝核菌属（*Rhizoctonia*）真菌，其中柱孢属真菌以 *C. macrodidymum* 分布最广，有害菌的数量大量增加，导致土壤微生物群落结构发生变化（尹承苗等，2017）。李孝刚等（2015）选择不同花生种植历史的地块，在花生生长的几个关键生育期采集土壤样品，采用 454 高通量测序技术研究了花生连作对土壤真菌群落组成的影响，结果发现红壤旱地中真菌组成丰富、多样性高，花生长期连作显著增加了土壤病原菌的丰度。镰孢属真菌是引起西北黄土高原地区苹果连作障碍的主要有害真菌，镰孢属真菌数量与平邑甜茶再植病极显著正相关（王晓宝等，2018）。随着连作年限增加，花生根际及非根际土壤中的细菌和放线菌数量明显减少，真菌数量明显增加，土壤微生物从细菌型向真菌型转化，尤其是病原性真菌类群。马铃薯连作使土壤性质恶化，形成了特定的土壤环境和根际条件，从而影响了根际微生物的生殖和活动，造成有益微生物数量减少，病原微生物数量增加，土壤病原菌在 0～10 cm 土层中种类繁多，数量大，土壤病原真菌主要有镰刀菌、轮枝菌和立枯丝核菌，且随着连作年限的增加，这些真菌的数量呈现上升趋势（谭雪莲等，2012；李继平等，2013）。由青枯雷尔氏菌（*Ralstonia solanacearum*）引起的芝麻青枯病和由尖孢镰刀菌（*Fusarium oxysporum*）引起的芝麻枯萎病是芝麻生产上的重要土传病害，连作芝麻发病尤为严重，是导致芝麻连作减产的直接原因。研究表明，连作使芝麻根际土壤中这两种致病菌数量显著上升（华菊玲等，2012）。健康与感病（根腐病）三七植株的根际优势菌群明显不同，感病三七组较健康三七组根际土壤中有益微生物（芽孢杆菌和放线菌等）的种类和数目较少，而病原微生物（毛霉菌、镰刀菌、黄杆菌和欧文氏菌等）的种类和数目较多（付丽娜等，2018）。

2.2.2　有益微生物受到抑制

土壤微生物总量、活性和有益微生物数量是评价土壤活性高低的重要指标。几乎每一种土传病原微生物都有与之相克的拮抗微生物,在健康的土壤生态系统中,有益微生物的种类和数量远大于有害微生物(葛晓颖等,2016)。植物根际有许多具有潜力的微生物,在促进植物生长、参与营养转化及抑制病害的发生等方面发挥着重要作用。根际有益微生物种类众多、功能多样,如细菌中的固氮螺菌属(*Azospirillum*)、根瘤菌属(*Rhizobium*)、芽孢杆菌属(*Bacillus*),真菌中的木霉菌属(*Trichoderma*)、菌根真菌等,被证实对植物生长具有明显的促进作用(杨珍等,2019)。土壤假单胞菌属(*Pseudomonas*)及芽孢杆菌属含有众多植物促生根际菌(PGPR),是重要的土壤细菌,它们的存在对维持良好的土壤微生态环境有一定的作用。多种假单胞菌及芽孢杆菌接种到作物中可以促进作物生长、减少作物病虫害(葛晓颖等,2016)。根际土壤中的生防细菌可以在根的表面定植,随着根的生长,菌落逐渐增大,最后连接起来包围在根的外面形成黏质层或黏胶。微生物都埋存于黏胶内,黏胶能阻止后来微生物的定植。在这种物理屏障的保护下,一些植物病原菌很难跨越这道屏障从而入侵植物根系,因此植物根系可以在一个相对稳定的微环境中生长(邵梅等,2014)。在长期连作条件下,根系分泌物促进病原微生物大量增殖的同时,还会导致根际促生菌、菌根真菌等有益菌群丰度的显著下降,并影响包含很多拮抗菌的假单胞菌属的群落组成(张蕾等,2016)。

大豆连作病原菌青枯雷尔氏菌(*Ralstonia solanacearum*)暴发的主要原因是根系微生物组中,以假单胞菌科(Pseudomonadaceae)为主的益生菌群落的密度下降(白洋等,2017)。随着花生连作年限的增加,根际土壤中放线菌的数量明显减少,放线菌属中很多种群能分泌抗生素,进而抑制有害微生物的活动。放线菌数量的减少有可能导致分泌抗生素的种群减少,从而减弱了有益微生物对有害微生物的拮抗作用,增加了植株感病的机会。土壤中芽孢杆菌的数量随着连作年限的增加而减少,而花生青枯病病原菌青枯雷尔氏菌数量增加。芽孢杆菌生长过程中产生的枯草菌素、多黏菌素、制霉菌素、短杆菌肽等活性物质对致病菌或内源性感染的条件致病菌有明显的抑制作用。花生连作后,芽孢杆菌数量减少,导致其对土壤中致病菌的抑制作用减弱,花生生长中后期还伴有白绢病和根腐病的发生,使土传病害越来越严重(滕应等,2015)。葛晓颖等(2016)采用qPCR及DGGE两种方法研究了设施番茄连作土壤中两种重要土壤细菌——芽孢杆菌和假单胞菌随连作年限的变化规律,结果表明,土壤芽孢杆菌、假单胞菌均在连作6~10年表现出下降趋势。

AMF是一种普遍存在的专性内共生真菌,可以通过侵染植物根系和植物形成共生体系。AMF需要依靠宿主获得碳源,同时能够增强植物获取磷等矿质营养的能力,从而实现互利共生。被AMF侵染可以提高植物的抗逆性、抗病虫害等能力,促进植物的生长,提高作物的质量和产量。随着丹参种植年限的增加,AMF对丹参根部的侵染率显著下降(王悦等,2019)。丹参连作模式下检出了丹参枯萎病的病原菌镰刀菌,而有益菌枯草杆菌属的数量却呈下降趋势,这可能是引起丹参病害加剧的原因之一(王悦等,2019)。

2.2.3 根际微生物区系和群落结构失调

土壤中居住着丰富而多样的微生物,对驱动土壤生态系统的生物、化学及物理过程至关重要。土壤微生物是土壤中活的有机体，细菌、放线菌和真菌是土壤微生物的三大类群，土壤中各大类（细菌、真菌、放线菌）微生物的数量一直是衡量土壤中微生物区系状况的重要指标（薛超等，2011）。细菌是土壤微生物中数量最多的一个类群，在植物根系微生态环境物质和能量的转化过程中占有举足轻重的地位。真菌在土壤碳素和能源循环过程中起着巨大作用，但真菌中有许多种类对作物具有致病性，真菌数量增多通常是土壤性质变劣的指标，与作物土传病害的发生直接相关。放线菌数量与土壤腐殖质含量有关，在土壤中放线菌对物质转化起到一定作用，另外，多种放线菌还能产生抗生素物质，故与土壤肥力以及有机质转化、植物病害防治有着密切关系。

不同植物的根系分泌物或者残体腐解产生的物质是不同的，因此它们对土壤生物尤其是微生物群落有不同的选择作用，使得土壤微生物群落及其作用的方式呈现出多样化。在正常的土壤系统中，由于地上部分植物是多样的，其分泌、淋溶或腐解产生的化感物质与土壤微生物及植物根系之间具有相互促进或抑制作用，共同作用的结果使土壤生态系统处于平衡态，土壤能够稳定地发挥功能（毕艳孟和孙振钧，2018）。然而，在农田连作的环境中，作物种类单一使得植物根系分泌或者残体腐解产生的物质趋向于单一化，定向选择某些根际区的微生物，导致根际区微生物多样性降低，使系统信息传递功能以及系统内部生物之间的相互促进或制约关系，甚至整个土壤生态系统功能遭到破坏（毕艳孟和孙振钧，2018）。最近的研究表明，连作土传病害发生的主要原因之一是土壤生态环境中微生物区系失衡（谭雪莲等，2012）。大多数土传病原菌既能营腐生生活，又能营寄生生活，一般会在根区生长并繁殖到一定的数量再侵染宿主细胞，或者在宿主内扩繁到足够的数量才能有效地侵染宿主组织。而根际失衡的微生物区系环境恰好为这些病原菌的繁殖提供了条件，导致植物病害发生。许多微生物在土壤营养循环中发挥着重要作用，因此，功能紊乱的微生物区系可能影响土壤养分的循环，限制植物对营养的利用，造成作物生长不良、土传病害加剧（毕艳孟和孙振钧，2018）。

一般认为真菌型土壤是地力衰竭的标志，细菌型土壤是土壤肥力提高的标志（滕应等，2015）。随着马铃薯连作年限的增加，土壤中细菌和放线菌数量呈下降趋势，真菌数量呈上升趋势，轮作与连作 1 年、3 年和 5 年间的土壤细菌、真菌和放线菌差异均达极显著水平，马铃薯连作促使土壤微生物区系从高肥的"细菌型"向低肥的"真菌型"转变（谭雪莲等，2012）。芝麻根际土壤中细菌数量、细菌/微生物总数、细菌/真菌、放线菌数量、放线菌/微生物总数及放线菌/真菌均随着连作年限的增加而下降，真菌数量及真菌/微生物总数则随连作年限的增加而上升（华菊玲等，2012）。对不同种植年限地黄土壤根际微生物数量分析发现，地黄连作造成根际土壤细菌数量减少，土壤真菌和放线菌数量增多，说明连作的土壤生态系统已开始失调，这可能是地黄连作障碍产生的原因（李振方等，2012）。西瓜连作条件下，西瓜的根系分泌物、残留于土壤中的西瓜植株残体以及连作时相似的管理方式形成了特定的土壤环境，这种环境有利于尖孢镰刀菌的大量繁殖，由于生存空间及养分是一定的，病原菌的大量繁殖必然抑制了根际土壤微生物原有的繁殖和活动，导致西瓜上茬连作形成的不利土壤环境得不到改善，久而久之西瓜连作地的微生物区系多样性趋向单一（黄春艳等，2016）。种植草莓的农田土壤微生物环境对真菌的增殖有利、对细菌和放线菌生长不利，在草莓生长过程中真菌种群的相对数量上升，细菌的相对数量下降，放线菌的增殖受到抑制（郝玉敏等，2012）。加量枝条（每 1 kg 土壤中枝条含量为 22.5 g，相当于 15 倍的正常修剪量）还田剪碎处理和浸提液处理显著增加土壤中酚酸类物质和苦杏仁苷含量，导致土壤微生物群落结构改变，伞菌纲（Agaricomycetes）、毛筒腔菌属（Tubeufia）和银耳亚纲（Tremellomycetidae）真菌增多，真菌比例升高，细菌比例降低，说明加量枝条还田会使土壤中苦杏仁苷和酚酸类物质大量积累而改变了土壤微生物群落结构（张江红等，2016）。

一般来说，土壤微生物多样性与土壤生物群落结构的复杂程度关系很大，对于一个微生物多样性较高的土壤生态系统，调节能力越强，稳定性就越高，土壤健康状况就越好（毕艳孟和孙振钧，2018）。作物连作导致土壤微生物群落改变是产生作物连作障碍的重要原因之一，然而以往研究土壤微生物群落变化多采用微生物培养方法，该方法受培养条件影响较大，不仅可培养出的微生物有限，而且研究结果也存在一定差异（马宁宁和李天来，2013）。近年来，采用分子生物学方法进行作物连作土壤微生物研究已有一些进展。设施条件下种植番茄明显改变了土壤土著细菌的群落结构，但连作年限对土壤细菌多样性影响较小，细菌群落结构变化不大；土壤真菌的优势种群在不同连作年限的土样中变化较大，连作显著降低了某些真菌的数量，同时显著增加了另外一些真菌的数量，其中，连作 20 年番茄的土壤真菌新出现的优势种群最多，且与非优势种群的真菌数量差异较大，这种番茄连作后改变土壤真菌种群平衡的现象可能是导致番茄产生连作障碍的重要原因之一（马宁宁和李天来，2013）。连作条件下，怀牛膝根际土壤微生物群落结构明显发生了改变，即连作年限越长，微生物群落结构差异越大，且土壤中细菌特别是革兰氏阴性菌（G⁻）的数量呈上升趋势，革兰氏阳性菌（G⁺）的数量变化不大，所以 G⁺/G⁻ 值明显下降（王娟英等，2017）。连作会导致微量元素（铁、锰、钙、镁等）以及酚酸类物质在根际大量积累，使得根际朝着包含有更多病原菌的革兰氏阴性菌方向发展，革兰氏阳性菌和 AMF 丰度下降，根际微生物生物量和功能多样性受到很大影响，菌群结构也发生变化（张蕾等，2016）。

吴林坤等（2015）通过磷脂脂肪酸（PLFA）法和末端限制性片段长度多态性（T-RFLP）技术分析了不同连作年限野生地黄的根际微生物生物量和群落结构变化。PLFA 分析结果表明，与头茬地黄根际土壤相比，重茬地黄土壤微生物总量显著下降，并且细菌与真菌比例下降。T-RFLP 分析结果表明，不同连作年限地黄根际土壤细菌群落结构存在一定差异，野生状态地黄土壤和头茬土壤菌群较为相似，变形菌门和厚壁菌门占据优势地位，重茬地黄根际土壤中滋生大量病原菌如梭菌属（Clostridium）、多形弯曲杆菌（Flexibacter polymorphus）和戈氏梭菌（Clostridium ghonii），有益菌群和纤维素降解菌群减少，表明连作导致野生地黄根际有益菌数量减少而病原菌大量滋生，降低了野生地黄抵御病害的能力，使重茬野生地黄生长发育差，产量大幅降低。吕婉婉（2017）应用宏蛋白组学和 Illumina MiSeq 测序技术，通过对种植过三七的连作土和未种植过的生土栽培三七后土壤微生物群落结构与功能的研究与比较，发现不动杆菌属（Acinetobacter）、假单胞菌属（Pseudomonas）、隐球菌属（Cryptococcus）及毛孢子菌属（Trichosporum）等菌群在连作地土壤样品中的相对丰度比非连作地土壤样品相对丰度值大，而硝化螺旋菌属（Nitrospira）、溶杆菌属（Lysobacter）、链霉菌属（Streptomyces）、被孢霉属

（*Mortierella*）及绿僵菌属（*Metarhizium*）等菌群在连作地土壤样品中的相对丰度比首种地土壤的相对丰度小，致病菌（假单胞菌属）菌群的丰度增加，有益菌（链霉菌属、溶杆菌属及绿僵菌）菌群丰度减小，以上变化可能是导致三七连作障碍的原因之一。

王晓宝等（2018）采用构建真菌克隆文库和 T-RFLP 相结合的方法，研究了甘肃、陕西和山西 20 个地区再植苹果园土壤中的真菌群落结构特征，同时还研究了苹果幼苗的生长与再植苹果园土壤中优势真菌属的相关性。结果显示：甘肃省 5 个地区菌群丰富度和多样性指数较高，优势度较低，该省的苹果连作障碍严重程度偏低；山西省 6 个地区中有 2 个地区苹果连作障碍程度严重，而该省的菌群丰富度和多样性指数普遍较低，优势度指数较高；陕西渭南地区的菌群优势度指数最高，丰富度指数和多样性指数偏低，苹果连作障碍程度较为严重。刘星等（2015）的研究表明，马铃薯连作较轮作相比增加了腐皮镰刀菌（*Fusarium solani*）以及大丽轮枝菌（*Verticillium dahliae*）的种群或个体数量，而这些真菌是导致马铃薯土传病害的主要致病菌。通过真菌 DGGE 条带的克隆测序比对发现，随着连作年限的增加，马铃薯根际土壤病原菌（尖孢镰刀菌和腐皮镰刀菌）的数量明显增加，马铃薯连作使根际土壤中土传病原真菌种群过渡成为优势微生物种群，破坏了根际微生物的种群平衡，造成根际微生态环境恶化（孟品品等，2012）。根际土壤真菌群落组成结构的改变特别是与土传病害有关的致病菌滋生可能是导致马铃薯连作障碍的重要原因（刘星等，2015）。

AWCD 可反映土壤微生物对碳源的利用能力，是表征土壤微生物生长代谢活性的主要指标。碳源低利用率预示着微生物对其利用能力的衰退，碳源高利用率表明微生物对其利用需求较强（邹春娇等，2016）。随着宿根连作年限的增加，茶园根际土壤微生物的碳源代谢活性显著降低、细菌群落丰富度和多样性指数比荒地土壤显著下降（李艳春等，2018）。真菌/细菌、总饱和脂肪酸/总单一不饱和脂肪酸都是判断微生物群落结构变化的重要指标，茶树宿根连作后，真菌/细菌、总饱和脂肪酸/总单一不饱和脂肪酸都显著增加（李艳春等，2018）。随着棉花连作年限延长，根系分泌物中的自毒物质逐步积累，对微生物数量和种类的抑制作用日趋显著，微生物数量和种类也随之降低，AWCD值和多样性指数都呈现降低的趋势（顾美英等，2012）。三七根腐病的发生与根际微生物群落结构组成及代谢功能多样性密切相关，感病三七导致土壤中微生物活性降低，影响土壤中养分的转化和分解，进而影响植株的正常生长、产量和品质（付丽娜等，2018）。黄瓜长期连作生产后，在连作第 11 茬后根际微生物碳代谢能力显著下降，微生物多样性水平显著降低，偏好羧酸类碳源的微生物种群得到富集，说明 11 茬后根际微生物种群结构呈现单一化趋势（邹春娇等，2016）。

2.3　根际线虫种群失调加剧病害发生

土壤是地球上生物多样性最丰富的生境，土壤中高度异质的空间结构、化学组成复杂多样的底物为不同大小的生物群体提供了各种各样的栖息场所。土壤动物约占全球所有被描述过的生物多样性的 23%，1 g 土壤中包括上万个原生动物，几十到上百条线虫以及数量众多的螨类和弹尾类等（邵元虎等，2015）。土壤动物可以通过直接取食作用来破碎植物地上部分的枯落物，或者通过影响周围的理化环境、协同微生物的降解作用，间接影响枯落物的分解，从而促进土壤生态系统中的物质循环，为植物提供必要的营养元素（毕艳孟和孙振钧，2018）。土壤动物也能在抑制或促进植物土传病原菌致病危害方面发挥重要作用（白耀宇等，2018）。

线虫是地球上数量最多和功能类群最丰富的多细胞动物，据估计占多细胞动物总数的 80%左右。线虫可以生活在海水、淡水和陆地等各种各样的生态系统中。土壤中自由生活的线虫体长为 150 μm 到 10 mm，植物寄生线虫体长为 0.25～12 mm（邵元虎等，2015）。在土壤生态系统中，土壤线虫种类丰富、数量繁多、分布广泛，地球上所有的土壤中都可以发现它们的踪迹。土壤线虫群落与其生活环境特别是土壤环境密切相关，土壤环境为线虫群落提供适宜生存或生活的条件，影响和调控其群落多样性与分布（张晓珂等，2018）。线虫群落包括植物寄生线虫、食细菌线虫、食真菌线虫、捕食性和杂食性线虫等不同营养类群，是土壤动物中数量最多、功能最丰富的一类（马媛媛等，2017）。

农田土壤中以自由线虫为主，而食微生物线虫是其主要营养功能类群（李贺勤等，2014）。食细菌线虫和食真菌线虫是土壤线虫中相对占优势的营养类群，占土壤自由生活线虫的 80%左右（杜晓芳等，2018）。食细菌线虫主要通过影响细菌的生物量、活性及其群落结构间接影响植物的生长。一般来说，食细菌线虫对植物生长的促进作用大多为短期效应，且这种促进效应可能只发生在微生物矿化不能满足植物生长需要的情况下，但如果发生在植物生长的关键时期就会对植物生长起到一定的调控作用。此外，食细菌线虫和细菌的相互作用还可能改变植物的种类组成、多样性及群落演替进程（杜晓芳等，2018）。食真菌线虫主要通过与真菌的相互作用间接影响植物生长：①通过取食腐生真菌提高氮的矿化速率，进而增加氮的有效性；②通过取食植物病原真菌降低其对地上植被的侵染率，同时释放其固持的氮素，提高养分矿化速率，这是因为植物病原真菌不仅对植物直接造成病理上的伤害，还会通过氮固持与植物竞争养分；③食真菌线虫通过取食丛枝菌根真菌降低植物对养分的吸收。此外，土壤微食物网的各功能群除了通过调控土壤养分的矿化速率影响养分有效性外，某些土壤微生物（固氮菌、菌根真菌）还能够通过形成共生体的结构而直接影响植物养分的有效性和吸收效率（杜晓芳等，2018）。

土壤健康是农产品安全和人类健康的基础，土壤生物作为土壤变化的早期预警生态指示，能敏感地反映土壤健康变化过程（杨树泉等，2010）。线虫是目前应用最多的生物指示因子之一，其既有与原生动物、蚯蚓、弹尾虫等生物一样的重要作用，如改善土壤结构、影响植物生物量等；同时又有独自特点，如个体微小、分布广泛、种类数量繁多、营养类群丰富、对土壤微生境反应灵敏等，被认为是反映土壤健康状况的代表性指示生物，一些研究认为植物寄生线虫是引起作物连作障碍的原因之一（钟爽等，2012）。连作使原本以食细菌线虫和食真菌线虫为优势属的土壤线虫群落变为以植物寄生线虫为优势属的土壤线虫群落，严重破坏其寄主植物（马媛媛等，2017）。连作造成的土壤动物区系失衡，尤其在植物根际区，也会直接影响植物。例如，某些作物连作后会造成根结线虫的增加，根结线虫不但可对根系造成直接破坏，还能使根系更容易受到病原菌侵染，加重植物的连作土传病害（毕艳孟和孙振钧，2018）。

苹果、桃、棉花、大豆等作物的连作障碍均与植物寄生线虫有关，南方根结线虫（*Meloidogyne incognita*）、穿刺短体线虫（*Pratylenchus penetrans*）和大豆胞囊线虫（*Heterodera glycines*）等病原线虫是主要病原生物（钟爽等，2012）。苹果连作明显改变了果园土壤中植物寄生线虫 *r* 选择和 *K* 选择的比例，与自由生活线虫比较，连作对植物寄生线虫影响更明显；连作降低了果园的土壤自由生活线虫/植物寄生线虫，说明连作果园土壤环境条件恶劣，苹果连作对果园土壤生物环境具有恶化作用（杨树泉等，2010）。重庆山地烟田中小型土壤动物主要由线虫和节肢动物构成，相对多度超过了95%；它们中的优势类群和常见类群对烟草青枯病病原菌的繁殖和侵染具有重要作用，（白耀宇等，2018）。

大豆连作改变了线虫群落的结构和数量，在连作早期，植物寄生线虫增加，可能是导致短期连作大豆减产的重要原因，而在连作后期，植物寄生线虫减少，减轻了对大豆的危害，但由于种群趋向单一，产量不稳（王进闯和王敬国，2015）。大豆胞囊线虫是引起大豆胞囊线虫病的病原，也是典型的定居型内寄生土传性线虫。由于大豆胞囊线虫对寄主的强专化性，大豆连作过程中会出现优势菌属相对丰度不断增加，而常见菌属相对丰度不断下降甚至消失，群落结构复杂性降低，土壤线虫群落结构稳定性下降，导致连作大豆病害加重的现象（王笃超等，2018）。不同耕作制度使土壤线虫种类、数量和分布发生变化，连作 6 年的甘薯地极优势属为茎线虫属（*Ditylenchus*），优势属种的变化决定了群落结构的变化，而关键属种的变化决定了病害发生程度和对土壤健康状况的指示作用（海棠等，2008；王笃超等，2018）；同时甘薯连作减少了食细菌和食真菌的线虫类群，食细菌和食真菌线虫能够加速土壤有机质的矿化，食微生物线虫对有机质的分解具有调控作用。因此甘薯连作不利于土壤微生态环境的改善，反而有利于促进茎线虫病的发生（海棠等，2008）。向健康土壤中接入连作番茄根结线虫病株根区病土不仅导致番茄遭受根结线虫侵染，而且会导致土壤线虫总量及植物寄生线虫所占比例大幅增加，并使番茄根系内有害细菌数量显著增加，对番茄生长造成显著抑制作用，同时影响番茄的生理生化特性，受线虫侵染番茄防御性酶活性降低，使其更易被根结线虫及病原菌侵染（马媛媛等，2017）。

参 考 文 献

白洋, 钱景美, 周俭民, 等. 2017. 农作物微生物组: 跨越转化临界点的现代生物技术[J]. 中国科学院院刊, 32(3): 260-265.

白耀宇, 庞帅, 韦珊, 等. 2018. 烟草青枯病危害对烟田中小型土壤动物群落的影响[J]. 生态学报, 38(11): 3792-3805.

毕艳孟, 孙振钧. 2018. 蚯蚓调控土壤微生态缓解连作障碍的作用机制[J]. 生物多样性, 26(10): 1103-1115.

蔡祖聪, 黄新琦. 2016. 土壤学不应忽视对作物土传病原微生物的研究[J]. 土壤学报, 53(2): 305-310.

蔡祖聪, 张金波, 黄新琦, 等. 2015. 强还原土壤灭菌防控作物土传病的应用研究[J]. 土壤学报, 52(3): 469-476.

杜晓芳, 李英滨, 刘芳. 2018. 土壤微食物网结构与生态功能[J]. 应用生态学报, 29(2): 403-411.

付丽娜, 汪娅婷, 王星, 等. 2018. 三七连作根际微生物多样性研究[J]. 云南农业大学学报(自然科学), 33(2): 198-207.

葛晓颖, 孙志刚, 李涛, 等. 2016. 设施番茄连作障碍与土壤芽孢杆菌和假单胞菌及微生物群落的关系分析[J]. 农业环境科学学报, 35(2): 514-523.

顾美英, 徐万里, 茆军, 等. 2012. 新疆绿洲农田不同连作年限棉花根际土壤微生物群落多样性[J]. 生态学报, 32(10): 3031-3040.

海棠, 彭德良, 曾昭海, 等. 2008. 耕作制度对甘薯地土壤线虫群落结构的影响[J]. 中国农业科学, 41(6): 1851-1857.

郝玉敏, 戴传超, 戴志东, 等. 2012. 拟茎点霉 B3 与有机肥配施对连作草莓生长的影响[J]. 生态学报, 32(21): 6695-6704.

华菊玲, 刘光荣, 黄劲松. 2012. 连作对芝麻根际土壤微生物群落的影响[J]. 生态学报, 32(9): 2936-2942.

黄春艳, 卜元卿, 单正军, 等. 2016. 西瓜连作病害机理及生物防治研究进展[J]. 生态学杂志, 35(6): 1670-1676.

焦润安, 徐雪风, 杨宏伟, 等. 2018. 连作对马铃薯生长和土壤健康的影响及机制研究[J]. 干旱地区农业研究, 36(4): 94-100.

李贺勤, 刘奇志, 张林林, 等. 2014. 草莓连作土壤酚酸类物质积累对土壤线虫的影响[J]. 生态学杂志, 33(1): 169-175.

李继平, 李敏权, 惠娜娜, 等. 2013. 马铃薯连作田土壤中主要病原真菌的种群动态变化规律[J]. 草业学报, 22(4): 147-152.

李亮, 蔡柏岩. 2016. 从枝菌根真菌缓解连作障碍的研究进展[J]. 生态学杂志, 35(5): 1372-1377.

李孝刚, 张桃林, 王兴祥. 2015. 花生连作土壤障碍机制研究进展[J]. 土壤, 47(2): 266-271.

李艳春, 李兆伟, 林伟伟, 等. 2018. 施用生物质炭和羊粪对宿根连作茶园根际土壤微生物的影响[J]. 应用生态学报, 29(4): 1273-1282.

李振方, 杨燕秋, 谢冬凤, 等. 2012. 连作条件下地黄药用品质及土壤微生态特性分析[J]. 中国生态农业学报, 20(2): 217-224.

刘海洋, 王伟, 张仁福, 等. 2019. 黄萎病不同发生程度棉田土壤中的真菌群落特征分析[J]. 中国农业科学, 52(3): 455-465.

刘小龙, 马建江, 管吉钊, 等. 2015. 连作对棉田土壤枯、黄萎病菌数量及细菌群落的影响[J]. 棉花学报, 27(1): 62-70.

刘星, 邱慧珍, 王蒂, 等. 2015. 甘肃省中部沿黄灌区轮作和连作马铃薯根际土壤真菌群落的结构性差异评估[J]. 生态学报, 35(12): 3938-3948.

陆雅海. 2015. 土壤微生物学研究现状与展望[J]. 中国科学院院刊, 30(增刊): 257-265.

吕婉婉. 2017. 基于宏基因组学及蛋白质组学的三七土壤微生物群落结构及功能分析[D]. 昆明: 云南农业大学硕士学位论文.

马宁宁, 李天来. 2013. 设施番茄长期连作土壤微生物群落结构及多样性分析[J]. 园艺学报, 40(2): 255-264.

马媛媛, 李玉龙, 来航线, 等. 2017. 连作番茄根区病土对番茄生长及土壤线虫与微生物的影响[J]. 中国生态农业学报, 25(5): 730-739.

孟品品, 刘星, 邱慧珍, 等. 2012. 连作马铃薯根际土壤真菌种群结构及其生物效应[J]. 应用生态学报, 23(11): 3079-3086.

邵梅, 杜魏甫, 许永超, 等. 2014. 魔芋玉米间作魔芋根际土壤尖孢镰孢菌和芽孢杆菌种群变化研究[J]. 云南农业大学学报, 29(6): 828-833.

邵元虎, 张卫信, 刘胜杰, 等. 2015. 土壤动物多样性及其生态功能[J]. 生态学报, 35(20): 6614-6625.

石秋环, 焦枫, 耿伟, 等. 2009. 烤烟连作土壤环境中的障碍因子研究综述[J]. 中国烟草学报, 15(6):

81-84.

孙雪婷, 李磊, 龙光强, 等. 2015. 三七连作障碍研究进展[J]. 生态学杂志, 34(3): 885-893.

谭雪莲, 郭晓冬, 马明生, 等. 2012. 连作对马铃薯土壤微生物区系和产量的影响[J]. 核农学报, 26(9): 1322-1325.

滕应, 任文杰, 李振高, 等. 2015. 花生连作障碍发生机理研究进展[J]. 土壤, 47(2): 259-265.

王笃超, 吴景贵, 李建明, 等. 2018. 不同有机物料对连作大豆根际土壤线虫的影响[J]. 土壤学报, 55(2): 490-502.

王进闯, 王敬国. 2015. 大豆连作土壤线虫群落结构的影响. 植物营养与肥料学报, 21(4): 1022-1031.

王娟英, 许佳慧, 吴林坤, 等. 2017. 不同连作年限怀牛膝根际土壤理化性质及微生物多样性[J]. 生态学报, 37(17): 5621-5629.

王晓宝, 王功帅, 刘宇松, 等. 2018. 西北黄土高原地区苹果连作障碍与土壤真菌群落结构的相关性分析[J]. 园艺学报, 45(5): 855-864.

王悦, 杨贝贝, 王浩, 等. 2019. 不同种植模式下丹参根际土壤微生物群落结构的变化[J]. 生态学报, 39(13): 4832-4843.

吴林坤, 黄伟民, 王娟英, 等. 2015. 不同连作年限野生地黄根际土壤微生物群落多样性分析[J]. 作物学报, 41(2): 308-317.

吴林坤, 林向民, 林文雄. 2014. 根系分泌物介导下植物-土壤-微生物互作关系研究进展与展望[J]. 植物生态学报, 38(3): 298-310.

薛超, 黄启为, 凌宁, 等. 2011. 连作土壤微生物区系分析、调控及高通量研究方法[J]. 土壤学报, 48(3): 612-618.

杨树泉, 沈向, 毛志泉. 2010. 环渤海湾苹果产区老果园与连作果园土壤线虫群落特征[J]. 生态学报, 30(16): 4445-4451.

杨珍, 戴传超, 王兴祥, 等. 2019. 作物土传真菌病害发生的根际微生物机制研究进展[J]. 土壤学报, 56(1): 12-22.

尹承苗, 王枚玫, 王嘉艳, 等. 2017. 苹果连作障碍研究进展[J]. 园艺学报, 44(11): 2215-2230.

张江红, 彭福田, 蒋晓梅, 等. 2016. 桃树枝条还田对土壤自毒物质、微生物及植株生长的影响[J]. 植物生态学报, 40(2): 140-150.

张蕾, 徐慧敏, 朱宝利. 2016. 根际微生物与植物再植病的发生发展关系[J]. 微生物学报, 56(8): 1234-1240.

张树生, 杨兴明, 茆泽圣, 等. 2007. 连作土灭菌对黄瓜 (Cucumis sativus) 生长和土壤微生物区系的影响[J]. 生态学报, 27(5): 1809-1817.

张晓珂, 梁文举, 李琪. 2018. 我国土壤线虫生态学研究进展和展望[J]. 生物多样性, 26(10): 1060-1073.

钟爽, 何应对, 韩丽娜, 等. 2012. 连作年限对香蕉园土壤线虫群落结构及多样性的影响[J]. 中国生态农业学报, 20(5): 604-611.

朱晓艳, 沈重阳, 陈国炜, 等. 2019. 土壤细菌趋化性研究进展[J]. 土壤学报, 56(2): 259-275.

朱永官, 沈仁芳, 贺纪正, 等. 2017. 中国土壤微生物组: 进展与展望[J]. 中国科学院院刊, 32(6): 554-565.

邹春娇, 齐明芳, 马建, 等. 2016. Biolog-ECO 解析黄瓜连作营养基质中微生物群落结构多样性特征[J]. 中国农业科学, 49(5): 942-951.

第3章 化感自毒作用与连作障碍

人们很早就发现植物间存在相互作用。例如，鹰嘴豆（*Cicer arietinum*）和芝麻（*Sesamum indicum*）能抑制杂草生长，胡桃（*Juglans regia*）能影响周围植物的生长。1937年 Molisch 首次将这种现象称为化感作用，并定义为植物或者微生物之间的化学相互作用，包括促进和抑制两个方面。随后，Rice 在多年对化感作用研究的基础上，指出化感作用是植物（包括微生物）释放化学物质进入环境影响周围植物生长发育的现象（张亚琴等，2018）。化感作用是植物适应环境的机制之一，有利于植物自身的生存与繁衍，依据化感作用的性质，可以将其分为化感自毒作用、自促作用、偏害作用以及互惠作用，其中化感自毒作用以及偏害作用严重制约着农林业的发展（张亚琴等，2018）。

3.1 化感物质的释放途径及鉴定

3.1.1 化感物质的释放途径

自然条件下化感物质必须通过合适的途径才能进入环境中，其释放途径是产生化感作用的重要环节，主要包括以下几条途径：①植物根系分泌，植物在生长过程中会将光合产物通过根系分泌到土壤中。根的分泌主要通过两个途径：一个是植物地上部的光合产物，大约有20%的合成物会以根分泌物形式进入土壤中，它们大多是可溶的；另一个是根尖脱落的衰老细胞，释放出黏液、黏胶等难溶有机物质。这些渗出物和脱落细胞释放的物质在根与土壤界面富集成营养带，促进微生物的生长发育和繁殖。植株根系分泌物是根际微生态系统中重要的循环物质，可以被病原菌利用，使病原菌得以大量繁殖（魏薇，2018）。②植物残体和凋落物的降解，植物的枝、叶、花、果实残体在土壤中分解产生酚酸类物质，已有大量关于作物腐解产生酚酸类物质的研究。③植物向体外释放化感物质，植物的叶、茎、根及果实的不同部位在生长发育过程中能够向周围环境释放大量的挥发性物质，这些挥发性物质大约占目前已知的植物次生代谢产物的1%（李明强，2016）。④雨雾从植物表面淋溶，雨雾淋溶是自然界酚酸类进入环境的主要方式之一（谢星光等，2014）。这些化感物质通过以上4种方式进入环境后，影响邻近植物生长，以确保自身获得足够的资源（图3.1）。

以西洋参为例，其化感物质的感应、产生及释放机制如图3.2所示（李丽和蒋景龙，2018）。

3.1.2 化感物质的分离鉴定

自毒作用是植物种内相互影响的方式之一，是种内关系的一部分，是生存竞争的一种特殊形式（张重义和林文雄，2009）。在农业生产上这种化学调节功能对作物的连续种植产生很大影响，即导致连作障碍的发生（孔雪婷等，2015）。Rice（1984）在其著

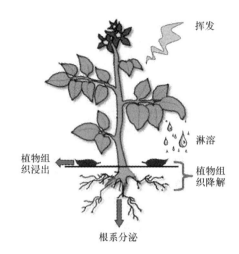

图 3.1　植物化感物质的释放途径（丁旭坡，2015）

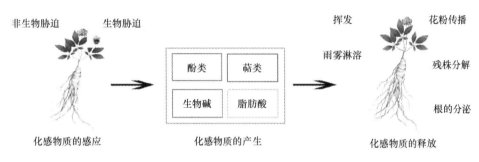

图 3.2　西洋参化感物质的感应、产生和释放（李丽和蒋景龙，2018）

作 *Allelopathy* 第二版中将植物的自毒物质分为 14 类：①水溶性有机酸、直链醇、脂肪族醛和酮；②简单不饱和内酯；③长链脂肪族和多炔；④萘醌、蒽醌和复合醌；⑤简单酚、苯甲酸及其衍生物；⑥肉桂酸及其衍生物；⑦香豆素类；⑧类黄酮；⑨单宁；⑩类萜和甾体类化合物；⑪氨基酸和多肽；⑫生物碱和氰醇；⑬硫化物和芥子油苷；⑭嘌呤和核苷（孙雪婷等，2015）。

　　马铃薯根系分泌物中鉴定出的化感物质主要有糖类、有机酸、酰胺、脂类、醇类和嘧啶，其中糖类含量最高，其次为有机酸（张文明等，2015）。高粱根系分泌物含有烷烃、醇、酯、苯、酮、醛类化合物（李光等，2017）。花生根系分泌物中主要含有甘油、苯甲酸、3,5-二甲基苯甲醛、苯乙酮、硬脂酸、棕榈酸和乳酸等 7 种物质（王小兵等，2011）。茄子根系分泌物中检测到了烃类、酯类、醇类、酚类、酮类、苯类和胺类物质（周宝利等，2010）；2,6-二叔丁基苯酚、邻苯二甲酸二异丁酯和邻苯二甲酸二丁酯为辣椒根系分泌的潜力化感物质（孙海燕和王炎，2012）。

　　分蘖洋葱不同部位挥发成分以含硫化合物为主，其中根、茎、叶 3 个部位挥发物中均含有邻苯二甲酸二丁酯、二丙基二硫醚及 2-乙基-3-甲基四氢噻吩 3 种成分，其中邻苯二甲酸二丁酯、二丙基二硫醚已被证明为重要的挥发性化感物质（李明强，2016）。半夏植株腐解液中检测出的 2,6-二叔丁基对甲酚、芥酸酰胺和 2,2′-亚甲基双（4-甲基-6-叔丁基苯酚）为化感物质（唐成林等，2018）。

丹参根际土壤浸提液中包含多种有机物，主要有醇类、醛类、烯烃类、酯类、酸类、烷类和酮类（刘伟等，2016）。苎麻根际土水浸提液中含有烃类及其衍生物、甾类化合物、苯甲酸及其衍生物、酚类、萜类等具有化感活性的化合物（刘楠楠等，2017）。连作梨园根际土壤中存在烷烃、醇类、酯类、酮类、酚类等多种化感物质种类，且最主要的均是烷烃类，其次是酯类、醇类等（陈艳芳和曾明，2016）。

酚酸类化合物以带有活性羧基的苯环为分子骨架，苯环上多种取代基类型和取代位点构成了分子结构和性质的多样性。酚酸类物质的自然来源主要是在植物体内通过莽草酸途径合成，因此普遍存在于高等植物组织中（李敏等，2019）。近年来的研究表明，引起连作障碍的化感物质众多，酚酸类物质是目前研究最多、活性较强的一类化感物质，研究者均把酚酸类物质作为化感自毒作用研究的重点，酚酸类已成为公认的化感物质（杜家方等，2009）。酚酸作为重要的化感物质，在具有连作障碍现象的作物根部广泛存在，且能随连作年限增加而在土壤累积（胡元森等，2007）。

水稻秸秆腐解以及根分泌物作用可释放大量的酚酸类物质，其中包括对羟基苯甲酸、香豆酸、丁香酸、香草酸、杏仁酸和阿魏酸（李亮和蔡柏岩，2016）。玉米秸秆腐解液中检测出的化感物质是苯甲酸、对羟基苯甲酸、邻苯二甲酸、香草酸、阿魏酸（李晶等，2015）。西瓜根、茎、叶残体腐解过程中均含有香豆酸、香草酸、阿魏酸等酚酸类化合物，根和茎在腐解过程中产生的酚酸类化合物主要是香豆酸和阿魏酸，叶片主要是香豆酸和肉桂酸（吕卫光等，2012）。草莓根系腐解物水提液中检测到对羟基苯甲酸、香草酸、丁香酸、苯甲酸和邻苯二甲酸 5 种酚酸类物质（甄文超等，2004）。

草莓植株根际土壤中所含酚酸主要有没食子酸、原儿茶酸、绿原酸、对羟基苯甲酸、咖啡酸、紫丁香酸、香草醛、对香豆酸、阿魏酸、肉桂酸，其中对香豆酸、阿魏酸为含量相对较高的酚酸（田给林，2015）。对羟基苯甲酸和水杨酸是葡萄根系分泌物产生的重要化感物质（郭修武等，2010）。凤丹根际土壤中存在 5 种以上的酚酸类物质（阿魏酸、肉桂酸、香草醛、香草素和丹皮酚）（覃逸明等，2009）。人参根际土壤中含有没食子酸、水杨酸、3-苯丙酸、苯甲酸和肉桂酸 5 种酚酸类物质（李自博等，2016）。苯乙酸、肉桂酸、对羟基苯甲酸、邻苯二甲酸是豇豆连作土壤的自毒物质，它们在土壤的累积是豇豆连作障碍的重要原因之一（黄兴学，2010）。李培栋等（2010）从南方红壤区不同连作年限的花生土壤中检测到对羟基苯甲酸、香草酸、香豆酸，且其含量随着连作年限的增加而增加。白羽祥等（2019）利用高效液相色谱法在不同连作年限植烟土壤中检测出 8 种酚酸类物质，分别为间苯三酚、阔马酸、对羟基苯甲酸、香草酸、香草醛、阿魏酸、苯甲酸和肉桂酸。

黄瓜和茄子连作障碍的自毒作用主要是由根系分泌物中的酚酸类物质引起的，主要包括芥子酸、丁香酸、香草酸（醛）、香豆酸、五倍子酸、对羟基苯甲酸、邻苯二甲酸、咖啡酸、阿魏酸、苯甲酸、水杨酸和肉桂酸等（杨瑞秀等，2014）。烟草根系分泌阿魏酸、肉桂酸、苯甲酸、香草酸、对羟基苯甲酸等酚酸类物质（张克勤等，2013）。

生姜水浸液中的主要化感成分：根水浸液中主要是丁香酸和伞花内酯；茎水浸液中主要是阿魏酸，且其含量最高为 73.4 μg/g；叶水浸液中检测出香草酸、丁香酸、对羟基苯甲酸、香豆酸（韩春梅等，2012）。栗叶水提取物中检测出绿原酸、对羟基苯甲酸、原儿茶酸和没食子酸等物质（李晓娟等，2013）。苜蓿开花期地上部和根水浸提液中含有对羟基苯甲酸、咖啡酸、香豆酸、绿原酸和阿魏酸 5 种酚酸类化感物质（李志华等，2009）。桃树枝条浸提液中含有酚酸类物质和大量的苦杏仁苷，加量枝条还田后，土壤中酚酸类物质和苦杏仁苷含量与对照相比分别提高约 30% 和 20%，加量桃树枝条（22.5 g/kg）的加入同样增加自毒物质的累积（张江红等，2016）。部分作物连作产生的自毒物质种类总结如表 3.1 所示。

表 3.1　已知自毒物质的种类（Huang et al.，2013）

植物	自毒物质产生部位	自毒物质
紫花苜蓿（*Medicago sativa*）	根部	美迪紫檀素，4-甲氧基美迪紫檀素，蒜头素，5-甲氧基蒜头素，香豆素，反式肉桂酸，水杨酸，香豆酸，绿原酸，羟基肉桂酸
苹果（*Malus pumila*）	根皮	树皮苷，根皮素，对羟基氢化肉桂酸，对羟基苯甲酸，根皮酚
芦笋（*Asparagus officinalis*）	根部	阿魏酸，异阿魏酸，苹果酸，柠檬酸，富马酸，咖啡酸
蚕豆（*Vicia faba*）	根部	乳酸，己二酸，琥珀酸，苹果酸，苯甲酸，香草酸，对羟基苯甲酸，羟基乙酸，对羟基苯乙酸
杉木（*Cunninghamia lanceolata*）	土壤	香豆素，香草醛，异香草醛，对羟基苯甲酸，香草酸，苯甲酸，肉桂酸，阿魏酸，木栓酮
柑橘（*Citrus reticulata*）	树皮	高香草酸，邪蒿内酯，花椒内酯
小粒咖啡（*Coffea arabica*）	植物组织	咖啡因，茶碱，可可碱，副黄嘌呤，莨菪亭，咖啡酸，香豆酸，阿魏酸，对羟基苯甲酸，香草酸，绿原酸
黄瓜（*Cucumis sativus*）	根系分泌物	苯甲酸，肉豆蔻酸，对羟基苯甲酸，2,5-二羟基苯甲酸，3-苯丙酸，肉桂酸，对羟基肉桂酸，棕榈酸，硬脂酸，硫氰基苯酚，2-羟基苯并噻唑
茄子（*Solanum melongena*）	根系分泌物	肉桂酸，香草醛
莴苣（*Lactuca sativa*）	根系分泌物	香草酸
豌豆（*Pisum sativum*）	根系分泌物	苯甲酸，肉桂酸，香草酸，对羟基苯甲酸，3,4-二羟基苯甲酸，对香豆酸，芥子酸
桃（*Prunus persica*）	树皮	扁桃苷
水稻（*Oryza sativa*）	植物残体	对香豆酸，对羟基苯甲酸，丁香酸，香草酸，阿魏酸，邻羟基苯乙酸
天山云杉（*Picea schrenkiana* var. *tianshanica*）	针叶	3,4-二羟基乙酰苯
草莓（*Fragaria ananassa*）	根系分泌物	乳酸，苯甲酸，琥珀酸，己二酸，对羟基苯甲酸
芋头（*Colocasia esculenta*）	根系分泌物	乳酸，苯甲酸，间羟基苯甲酸，对羟基苯甲酸，香草酸，琥珀酸，己二酸
茶（*Camellia sinensis*）	土壤	酚酸类
番茄（*Lycopersicon esculentum*）	根系分泌物	4-羟基苯甲酸，香草酸，苯乙酸，阿魏酸
小麦（*Triticum aestivum*）	秸秆残体	阿魏酸，对香豆酸，对羟基苯甲酸，丁香酸，香草酸

然而，任何植物都不止合成一种化感物质，植物化感作用是众多化感物质共同作用的结果。一方面，植物生成的化感物质活性存在差异；另一方面，在自然状态下多种来源的化感物质间的共同作用形成了有序却十分复杂的相互作用。化感物质的作用强度取决于化感物质活性，而活性强弱受其浓度、分子结构及互作方式的影响。化感物质作用强度首先由化感物质的浓度决定，低浓度化感物质对植物生理生化代谢及生长常表现出促进作用，而高浓度化感物质则表现为促进作用、抑制作用或无作用等多种形式；浓度影响生物活性，化感物质的分子结构决定了化感物质的物质属性，进而影响其作用的性质和强度，即使是同一类化感物质，由于官能团的位置不同，作用强度也完全不同（张重义和林文雄，2009）。

3.2　化感自毒物质抑制种子萌发和幼苗生长

自毒物质对于植物而言既有有益的方面，也有有害的方面。在自然生态系统中，植物可以利用自毒物质控制自身种群的空间分布，从而避免种内竞争、利于自我生存及扩展地域分布。但是，自毒物质的存在严重影响了林木、农作物、药用植物的质量和产量，因此其在生态学、农学、林学等方面受到越来越多的重视（杨敏，2015）。随着连作年限的增加，酚酸类物质大量积累，含量逐渐升高，最终加剧植物自毒现象（李亮和蔡柏岩，2016）。酚酸通常为芳香环上带有活性羧基的有机酸，许多研究表明，酚酸类物质能够通过多种途径对植物产生影响（谢星光等，2014）。

种子萌发是植物生命周期中的关键环节，对植物生长发育至关重要。在农业生产方面，种子的正常萌发与出苗对作物产量影响很大。种子萌发率或者出苗率下降都会导致作物有效株数下降，进而导致产量降低（陈锋等，2017）。种子萌发和幼苗生长抑制实验是鉴定化感作用是否存在的最常用的方法。研究植物化感作用时，种子发芽率、发芽势、发芽速度指数和种子活力指数等常作为种子萌发参数，胚根、胚轴长度和鲜重变化作为实生苗生长参数（张新慧等，2010；李晓娟等，2013）。根系是植物体中直接接触土壤的器官，它不仅能够分泌化感物质，同时又能最先感应到化感物质所带来的环境变化。同时，根系生物学特性的变化，包括根长、根表面积、根体积和根尖数，在很大程度上能够反映根系所处土壤环境的变化。在逆境条件下，植物可以通过改变根系的形态和分布来适应环境胁迫（李俊芝等，2014）。

3.2.1　果树林木

当苹果连作土壤中的残根达到一定比例时，可抑制平邑甜茶幼苗生长，随着残根比例的增加，土壤中5种酚酸类物质（根皮苷、间苯三酚、根皮素、对羟基苯甲酸和肉桂酸）的总含量增多（孙步蕾等，2015）。外源添加连作苹果园土壤中测到的5种酚酸，均抑制了平邑甜茶幼苗植株的生长，使幼苗根系干物质量明显降低，降低幅度为23.9%~56.5%，而地上部干物质量的减小幅度为6.3%~34.4%，其中根皮苷、根皮素、对羟基苯甲酸及肉桂酸处理下根冠比的下降幅度明显（王艳芳等，2015）；同时5种酚酸的混合物对平邑甜茶幼苗的伤害大于单个酚酸的伤害，酚酸对平邑甜茶根系的伤害要大于对地上部的伤害，主要因为根系是直接接触酚酸的器官，并且是最先受到伤害的部位，且不同酚酸处理后平邑甜茶幼苗的根系活力显著下降，导致平邑甜茶幼苗根系因得不到充足的能量而直接影响矿质营养吸收，从而使平邑甜茶幼苗生长受到抑制（尹承苗等，2016）。

王鸿等（2017）以山桃种子为受体材料，研究酚酸类化感物质香草醛、苯甲酸、苯甲醛、对羟基苯甲酸、没食子酸、阿魏酸处理对种子萌发的影响，结果表明，当香草醛、苯甲酸、苯甲醛、对羟基苯甲酸、没食子酸、阿魏酸的质量浓度分别达到10 mg/L、10 mg/L、0.1 mg/L、10 mg/L、10 mg/L、0.1 mg/L时，可对山桃种子萌发主根的长度产生明显的抑制效应。参试的几种酚酸类化感物质的化感作用强度由大到小依次为阿魏酸、苯甲醛、苯甲酸、香草醛、没食子酸和对羟基苯甲酸。不同浓度的葡萄根系分泌物均对组培苗产生抑制作用,表现为新梢长度及根数减少,地上部分鲜重和地下部分鲜重降低,并且随着浓度的提高,抑制作用增强,当根系分泌物浓度达到 0.50 g/mL 时,组培苗已干枯死亡(图 3.3)(郭修武等,2010)。

图 3.3 葡萄根系分泌物对组培苗生长的影响(郭修武等,2010)(彩图请扫封底二维码)
A. 根系分泌物 0.01 g/mL;B. 根系分泌物 0.10 g/mL;C. 根系分泌物 0.50 g/mL;D. 对照

苹果酸、柠檬酸、对羟基苯甲酸、肉桂酸、阿魏酸、水杨酸和香豆酸等 7 种有机酸类化感物质均能影响甜瓜种子发芽和幼苗的生长,其中肉桂酸的抑制效应最强,其可能是甜瓜的主要化感物质(张志忠等,2013)。苯甲酸、肉桂酸处理导致西瓜根活力迅速下降,是造成西瓜幼苗生长量下降的主要原因,也是导致西瓜连作障碍的重要因素(王倩和李晓林,2003)。

3.2.2 蔬菜和花卉

大蒜根系分泌物对 3 种同属作物的发芽率、平均发芽时间、胚芽和胚根长、胚芽和胚根鲜重均有不同程度的抑制,且抑制率随着大蒜根系分泌物浓度的增大而加大,大蒜根系分泌物逐年累积产生的自毒作用,可能是导致大蒜连作障碍的原因之一(刘素慧等,2011)。番茄和秋葵都是重要的设施蔬菜类型,但种植中发现秋葵对番茄存在生长障碍,种植秋葵的土壤中存在不利于番茄苗生长的化感物质。从秋葵连作土壤浸提液对番茄萌芽期种子生长的影响来看,观察处理 5 d 时的番茄种子,与对照比较,同一浓度下 10 年浸提液处理比 1 年浸提液处理所受影响严重。10 年浸提液处理造成番茄主根畸形,侧根增多且细弱,茎徒长,且随浓度增加胁迫愈加明显(图 3.4A)。10 年浸提液对番茄露白后的种子有明显影响,主要表现为主根短缩且褐化变黄,根尖细胞小且排列致密(图 3.4B-S6),呈现黄褐色。根与茎的交界处有类似腐烂的变褐,侧根细弱(图 3.4C-S6)。表明秋葵种植土壤浸提液对番茄种子萌发的根系造成伤害(严逸男等,2019)。

观察处理 0~9 d 的番茄幼苗,随着处理时间增加番茄受浸提液处理影响比 CK 严重,10 年浸提液处理比 1 年浸提液严重(图 3.5,图 3.6)。从第 6 天起,在 T6 和 T7 处理下

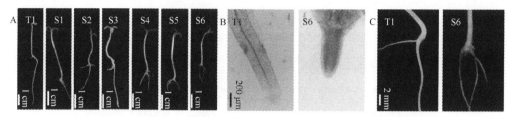

图 3.4　种植秋葵不同年限的土壤浸提液处理第 5 天番茄种子生长情况（严逸男等，2019）

（彩图请扫封底二维码）

A. 各处理番茄种子生长情况；B. T1、S6 处理番茄种子根部生长情况（2×）；C. T1、S6 处理番茄种子根系透明情况
（27×）T1. CK（全素营养液）；S1. 1000 mg/mL 种植秋葵 1 年的土壤浸提液；S2. 2000 mg/mL 种植秋葵 1 年的土壤
浸提液；S3. 3000 mg/mL 种植秋葵 1 年的土壤浸提液；S4. 1000 mg/mL 种植秋葵 10 年的土壤浸提液；S5. 2000 mg/mL 种
植秋葵 10 年的土壤浸提液；S6. 3000 mg/mL 种植秋葵 10 年的土壤浸提液

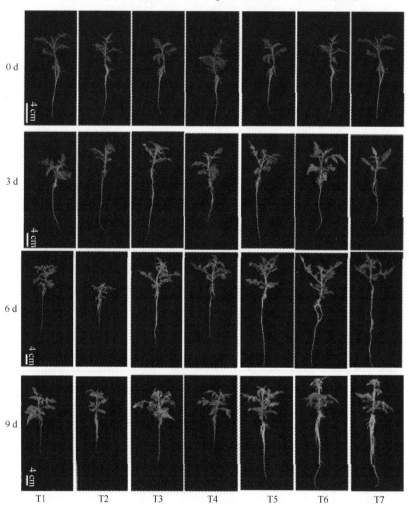

图 3.5　种植秋葵不同年限的土壤浸提液对番茄幼苗生长的影响（0～9 d）（严逸男等，2019）

（彩图请扫封底二维码）

T1. CK（全素营养液）；T2. 125 mg/mL 种植秋葵 1 年的土壤浸提液；T3. 250 mg/mL 种植秋葵 1 年的土壤浸提液；T4. 500 mg/mL
种植秋葵 1 年的土壤浸提液；T5. 125 mg/mL 种植秋葵 10 年的土壤浸提液；T6. 250 mg/mL 种植秋葵 10 年的土壤浸提液；
T7. 500 mg/mL 种植秋葵 10 年的土壤浸提液。后同

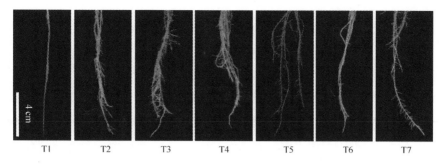

图 3.6　种植秋葵不同年限的土壤浸提液处理 6 d 番茄幼苗根系尖端部分生长情况（严逸男等，2019）（彩图请扫封底二维码）

番茄叶片表现为新叶失绿（图 3.7）。表明秋葵土壤浸提液对番茄幼苗的地下部和地上部都有不同程度的伤害，尤其对根系伤害严重，导致番茄种子萌发时主根短缩、细胞排列致密、侧根增多且细弱等，这些影响不仅随秋葵土壤浸提液浓度的递增而加重，也随秋葵种植年限的增长而加重（严逸男等，2019）。

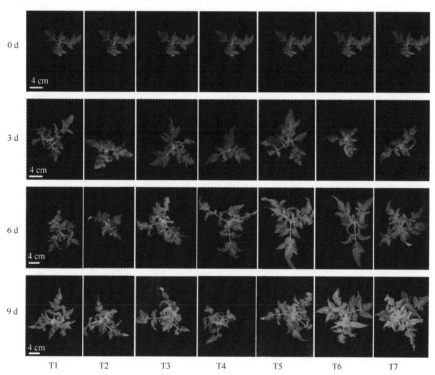

图 3.7　种植秋葵不同年限的土壤浸提液对番茄幼苗茎叶生长的影响（0～9 d）（严逸男等，2019）（彩图请扫封底二维码）

　　2,4-二叔丁基苯酚（2,4-DB）和 2,6-二叔丁基对甲酚（2,6-DM）是由豌豆根系分泌产生的化感自毒物质，张允等（2018）的研究发现，2,4-DB 对豌豆根系的抑制作用强于2,6-DM，随着 2,4-DB 浓度的增加，豌豆根系总体表现为侧根变少、根系变粗，且逐渐呈现褐化现象。2,6-DM 对豌豆根系的作用表现为随着浓度的增加，侧根变粗，数量增加，之后又逐渐减少（图 3.8）（张允等，2018）。对羟基苯甲酸显著抑制了黄瓜幼苗的

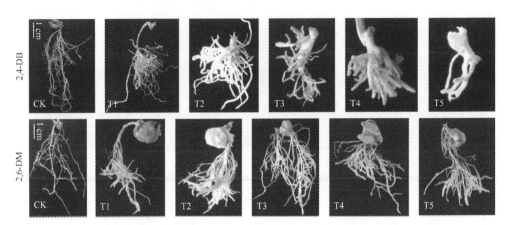

图 3.8 不同浓度 2,4-DB 和 2,6-DM 对豌豆根系生长的影响（张允等，2018）

CK. 浓度为 0 mmol/L；T1～T5. 浓度为 1～5 mmol/L

生长，表现为叶面积和株高显著降低，同时干重显著下降（图 3.9）（Zhou et al.，2012）。肉桂酸和香草醛对茄子萌发具有化感作用，表现为低浓度时促进种子萌发和幼苗生长，高浓度时促进作用减弱或表现出抑制作用，即"低促高抑"（王茹华等，2006）。肉桂酸外源添加抑制了连作豇豆根系活力和根系发育，进而抑制了地上部分的生长，降低了单株产量和总产量（黄兴学，2010）。

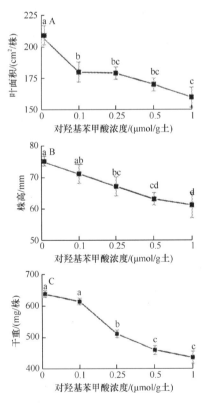

图 3.9 对羟基苯甲酸的外源添加对黄瓜幼苗叶面积（A）、株高（B）和干重（C）的影响
（Zhou et al.，2012）

图中不同小写字母表示差异显著（$P < 0.05$）

菊花不同部位水浸液处理对其扦插生根的根长、鲜重及根数均有抑制作用，并以叶和枯落物水浸液对根长的抑制作用最强，且均达到极显著水平；随水浸液浓度的升高，其对扦插苗根长、鲜重及根数的抑制作用越明显（周凯等，2010）。

3.2.3　中草药

很多药用植物枯死的植物残体或死亡的根系，包括脱落在土壤中的根毛和须根很快腐败，分解产生酚类化合物，如对羟基苯甲酸、香草酸、阿魏酸和羟基肉桂酸等；枯死枝叶分解产生的阿魏酸和咖啡酸等也随降雨进入土壤。酚类化合物在土壤中积累达到一定浓度会抑制植物的生长发育（表 3.2）（张亚琴等，2018）。

表 3.2　药用植物化感自毒作用及其主要的化感物质（张亚琴等，2018）

科、属	种	化感物质来源	主要化感物质	自毒作用
五加科 人参属	人参（*Panax ginseng*）、西洋参（*Panax quinquefolius*）、三七（*Panax notoginseng*）	土壤的甲醇提取液、人参的水提取液以及根系分泌物	人参皂苷、*p*-香豆酸、苯甲酸、邻苯二甲酸二异丁酯、丁酸二异丁酯、棕榈酸以及 2,2-二-（4-羟基苯基）丙烷	降低种子萌发率和幼苗存活率，抑制幼苗及愈伤组织生长
唇形科 鼠尾草属	丹参（*Salvia miltiorrhiza*）	根、茎的水提取液和腐解液	辛酸、乙醛、十六烷	抑制种子萌发和幼苗生长，产量和有效成分含量降低
唇形科 黄芩属	黄芩（*Scutellaria baicalensis*）	土壤的甲醇提取液	黄芩苷	增加幼苗死亡率
唇形科 刺蕊草属	广藿香（*Pogostemon cablin*）	根、茎和叶的水提取液	邻苯二甲酸二丁酯、苯甲酸、肉桂酸、丙二酸、香草酸、水杨酸、对羟基苯甲酸和肉豆蔻酸	抑制幼苗生长
唇形科 藿香属	藿香（*Agastache rugosa*）	根、茎和叶的水提取液	—	抑制种子萌发及根系活力
玄参科 地黄属	地黄（*Rehmannia glutinosa*）	根际土壤的水提取液	香草酸、胡萝卜苷、二十六烷酸苯羟基乙酯、D-甘露醇、β-谷甾醇、毛蕊花糖苷	抑制胚根生长、根系活力及幼苗生长
伞形科 当归属	当归（*Angelica sinensis*）	根际土壤的水提取液	丁酸、十一酸、肉豆蔻酸、邻苯二甲酸二丁酯	抑制种子萌发及幼苗生长
豆科 黄芪属	黄芪（*Astragalus membranaceus*）	根际土壤的甲醇提取液	黄芪甲苷、4-羟基苯甲醛、豆甾-4-烯-3-酮、环黄芪醇等	抑制根和茎的生长
豆科 甘草属	甘草（*Glycyrrhiza uralensis*）	种子水提取液和根系分泌物	酚类、苈类、烯类化合物	抑制种子萌发
芍药科 芍药属	凤丹（*Paeonia ostii*）	根际土壤和根皮的水提取液	阿魏酸、肉桂酸、香草醛和香豆素	抑制幼苗生长，降低根系活力及叶片中叶绿素的含量
毛茛科 黄连属	黄连（*Coptis chinensis*）	根际土壤的乙醇取液	苯甲酸、肉桂酸、香草酸、对羟基苯甲酸和阿魏酸	抑制种子萌发
石竹科 孩儿参属	太子参（*Pseudostellaria heterophylla*）	根际土壤的水提取液	酚醛类、有机酸类、酯类和醇类化合物	抑制幼苗生长，降低幼苗光合能力、产量及质量
百合科 贝母属	伊贝母（*Fritillaria pallidiflora*）	根系分泌物	1,3,5-三烯丙基-1,3,5-三嗪-2,4,6（1*H*，3*H*，5*H*）三酮和苯酚	降低种子萌发率，抑制胚根和胚轴生长
百合科 百合属	兰州百合（*Lilium davidii* var. *unicolor*）	根和鳞茎的水提取液	香草醛、月桂酸、丁香醛、肉豆蔻酸、苯基异氰酸酯、对苯二甲酸二辛酯等	抑制幼苗生长

续表

科、属	种	化感物质来源	主要化感物质	自毒作用
百合科黄精属	玉竹（*Polygonatum odoratum*）	根际土壤的水提取液	肉豆蔻酸、花生酸、十五烷酸等	抑制种子发芽率及幼苗生长
木麻黄科木麻黄属	木麻黄（*Casuarina equisetifolia*）	小枝的水提取液	山奈黄素-3α-鼠李糖苷、槲皮素-3α-阿拉伯糖苷、木犀草素-3',4'-二甲氧基-7β-鼠李糖苷	抑制幼苗生长
菊科菊属	菊花（*Chrysanthemum morifolium*）	连作土壤	香豆素	抑制组培苗根生长
姜科姜属	姜（*Zingiber officinale*）	根茎、茎和叶的水提取液	伞花内酯、香豆酸和阿魏酸	抑制植株生长
灵芝科灵芝属	灵芝（*Ganoderma lucidum*）	灵芝发酵液和子实体的水提取液	—	抑制菌丝生长
胡颓子科沙棘属	沙棘（*Hippophae rhamnoides*）	表层土壤、叶片和果实的水提取液	—	抑制种子萌发

注："—"表示尚未鉴定出主要化感物质

连作当归根部易腐烂、病虫害严重和产量品质下降很可能是自毒物质在土壤中积累的结果，125 mg/mL 当归根际土壤水提液能显著抑制当归自身种子发芽率、发芽指数及胚根和胚芽的伸长，且随水提液浓度的升高，抑制作用增强（张新慧等，2010）。地黄为玄参科多年生草本植物，以干燥块根入药，是我国著名的常用大宗药材，在我国栽培历史悠久。地黄生产中遇到的突出问题是连作障碍。地黄是根及根茎类药材中连作障碍表现最为严重的药用植物之一，每茬收获后需隔 8～10 年才可再种。然而地黄的连作障碍现象较为特别，经过 2007 年和 2008 年连续 2 年的试验观察和田间调查发现，连作地黄植株并不表现常见的抑制出苗和病害严重，而是表现为地上植株生长较小，地下块根不能正常膨大，根冠比失调，最后不能正常生长，生育期缩短，不能形成商品药材（张重义和林文雄，2009）。在水培溶液中添加 0.02～0.5 mg/mL 根残体，可显著抑制西洋参自身地上部分的生长，结果期生物量降低 14.9%～45.0%；对地下部分的影响主要表现为在展叶期显著促进须根生长（焦晓林等，2012）。添加 *p*-香豆酸后西洋参植株展叶推迟，高浓度时（0.3 mg/mL）约 85%叶片不能完全展开，叶片生长受到严重抑制（焦晓林等，2015）。

凤丹种植中存在自毒现象，其根际土壤和根水浸液中检出的阿魏酸、肉桂酸、香草醛、香豆素和丹皮酚等 5 种酚类物质可能是凤丹种植中的重要自毒物质，5 种物质及其混合物对凤丹幼苗的高度、根长及地下和地上生物量均有明显影响，尤其对根长和地下生物量的影响最为明显（覃逸明等，2009）。蒙古黄耆根、茎和叶水浸提液的浓度达到 25 mg/mL 时，对自身种子萌发和幼苗生长有抑制作用，且随水浸提液浓度的升高，抑制作用增强；就综合化感抑制作用而言，茎水浸提液＞叶水浸提液＞根水浸提液，表明蒙古黄耆自毒作用是造成连作障碍的原因之一（张新慧等，2014）。随着苍术根茎提取液浓度的增大，其对苍术种子发芽率、胚根和胚芽伸长的抑制作用增大，200 mg/mL 根茎提取液显著抑制了苍术种子发芽率及胚根和胚芽的伸长（郭兰萍等，2006）。广藿香根际土壤水浸液对其扦插苗生根率、根长、平均不定根数、根系活力以及扦插苗的生长速率和鲜重增加速率均具有不同程度的抑制作用；随水浸液浓度的升高，其对扦插苗生根率、根长、平均不定根数、生长速率和鲜重增加速率的抑制作用越明显（唐堃等，2014）。

阿魏酸、香草酸和香草醛含量在地黄生长期表现为持续增加，而对羟基苯甲酸含量先升高后降低；外加阿魏酸（8 µg/mL）、香草酸（0.8 µg/mL）、香草醛（1.2 µg/mL）和对羟基苯甲酸（3.0 µg/mL）对水培地黄根长、根重、全株鲜重和株高均有较强的抑制作用（吴宗伟等，2009）。

　　三七根系分泌物中存在能抑制三七出苗和生长的物质。三七连作土壤提取液、根系分泌物、粗皂苷提取液在浓度为 1.0 mg/L 时，可显著抑制三七种子萌发和幼苗生长。这些结果显示，三七存在明显的自毒效应，且自毒物质可以通过根残体降解及根系分泌到土壤中，并能在土壤中累积从而导致三七的连作障碍（杨敏，2015）。三七在采收过程中，须根很容易残留在土壤中，根残体腐解可能导致化感自毒效应。张金燕等（2018）采用水培方法，按不同比例添加三七须根粉碎物后检测根残体作用下水培三七根部形态结构的变化。结果表明：水培不同时间及不同须根粉碎物添加浓度处理下，三七根部形态差异显著（图 3.10）。随着处理时间的延长，各处理的三七根部腐烂程度加重（除 CK）。

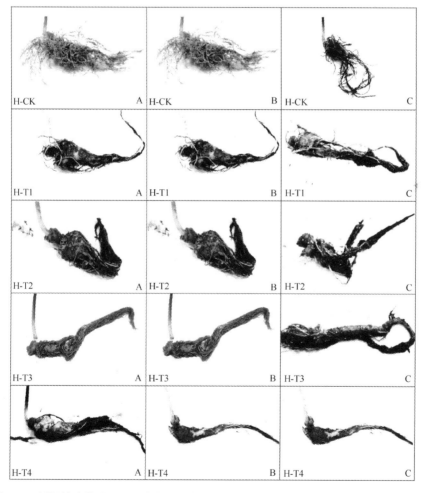

图 3.10　须根粉碎物处理下三七根尖形态（张金燕等，2018）（彩图请扫封底二维码）

A. 水培处理 10 d；B. 水培处理 20 d；C. 水培处理 30 d。H-CK. 对照，不添加三七根粉碎物；H-T1. 添加 0.2 g 三七须根粉碎物；H-T2. 添加 1 g 三七须根粉碎物；H-T3. 添加 5 g 三七须根粉碎物；H-T4. 添加 25 g 三七须根粉碎物试验处理 10 d、20 d、30 d 时，对照中的三七根部没有出现腐烂，而其他处理在 30 d 时，三七根部几乎全部腐烂，植株枯萎（张金燕等，2018）。

3.2.4 大田作物

花生结荚期根系分泌物中含有化感物质，花生多年连作，土壤中化感物质累积到一定程度后会对花生种子的发芽和植株生长发育产生抑制作用，是导致花生连作障碍的原因之一（刘苹等，2011）。香草酸对花生种子萌发和幼苗生长有较大影响，存在一定的抑制作用，且该抑制作用具有浓度效应，种子发芽率、发芽势、发芽指数、幼苗主根长和单株干重 5 个指标均随着香草酸浓度的增大而降低，自毒效应逐渐增强（黄玉茜等，2018）。对羟基苯甲酸和香豆酸等酚酸类物质对花生幼苗的株高、根长和根系活力都表现出抑制作用，并且抑制程度随着酚酸处理浓度的增加而增强（滕应等，2015）。Chon 等（2002）对苜蓿幼苗施用香豆素、肉桂酸、香豆酸等单一酚酸类化感物质，发现单一化感物质除了使幼苗根、茎变短和变小外，还使根部细胞仅发生横向生长，无纵向生长。大豆根茬腐解液能显著抑制大豆植株根系生长和大豆种子萌发，降低大豆植株抗逆性、植株生物量和根系活力（盖志佳等，2012）。

参 考 文 献

白羽祥, 杨成翠, 史普酉, 等. 2019. 连作植烟土壤酚酸类物质变化特征及其与主要环境因子的 Mantel Test 分析[J]. 中国生态农业学报, 27(3): 369-379.

陈锋, 孟永杰, 帅海威, 等. 2017. 植物化感物质对种子萌发的影响及其生态学意义[J]. 中国生态农业学报, 25(1): 36-46.

陈艳芳, 曾明. 2016. 梨园根际土壤的连作化感作用及化感物质成分分析[J]. 果树学报, 33(增刊): 121-128.

丁旭坡. 2015. 玉米和辣椒多样性种植诱导玉米抗病性的化感机制[D]. 昆明: 云南农业大学博士学位论文.

董鲜, 马晓惠, 古今, 等. 2017. 尖孢镰刀菌侵染对香蕉幼苗叶片细胞结构的作用研究[J]. 中国农学通报, 33(6): 104-109.

杜家方, 尹文佳, 张重义, 等. 2009. 不同间隔年限地黄土壤的自毒作用和酚酸类物质含量[J]. 生态学杂志, 28(3): 445-450.

盖志佳, 范文婷, 于敦爽, 等. 2012. 连作大豆化感作用研究进展[J]. 大豆科学, 31(1): 141-144.

高晓敏, 马立国, 郝静, 等. 2014. 西芹根物质四次酮层物对黄瓜枯萎病菌细胞壁降解酶活性及镰刀菌酸含量的影响[J]. 生态学杂志, 33(12): 3388-3394.

郭兰萍, 黄璐琦, 蒋有绪, 等. 2006. 苍术根茎及根际土水提物生物活性研究及化感物质的鉴定[J]. 生态学报, 26(2): 528-535.

郭修武, 李坤, 孙英妮, 等. 2010. 葡萄根系分泌物的化感效应及化感物质的分离鉴定[J]. 园艺学报, 37(6): 861-868.

韩春梅, 李春龙, 叶少平, 等. 2012. 生姜水浸液对生姜幼苗根际土壤酶活性、微生物群落结构及土壤养分的影响[J]. 生态学报, 32(2): 489-498.

胡海娇, 魏庆镇, 王五宏, 等. 2018. 茄子枯萎病研究进展[J]. 分子植物育种, 16(8): 2630-2637.

胡元森, 吴坤, 李翠香, 等. 2007. 酚酸物质对黄瓜幼苗及枯萎病菌菌丝生长的影响[J]. 生态学杂志,

26(11): 1738-1742.

黄兴学. 2010. 连作土壤中自毒物质鉴定及肉桂酸对豇豆光合作用的影响[D]. 武汉: 华中农业大学博士学位论文.

黄玉茜, 杨劲峰, 梁春浩, 等. 2018. 香草酸对花生种子萌发、幼苗生长及根际微生物区系的影响[J]. 中国农业科学, 51(9): 1735-1745.

焦晓林, 毕晓宝, 高微微. 2015. P-香豆酸对西洋参的化感作用及生理机制[J]. 生态学报, 35(9): 3006-3013.

焦晓林, 杜静, 高微微. 2012. 西洋参根残体对自身生长的双重作用[J]. 生态学报, 32(10): 3128-3135.

李光, 白文斌, 任爱霞. 2017. 高粱不同连作年限对其根系分泌物组成和化感物质含量的影响[J]. 生态学杂志, 36(12): 3535-3544.

李晶, 赵先龙, 乔天长, 等. 2015. 秸秆腐解液对玉米幼苗的生理效应及酚酸类化感成分的检测[J]. 核农学报, 29(9): 1799-1805.

李俊芝, 王功帅, 胡艳丽, 等. 2014. 几种低分子量有机酸对连作平邑甜茶幼苗光合与根系生长的影响[J]. 园艺学报, 41(12): 2489-2496.

李丽, 蒋景龙. 2018. 西洋参化感自毒作用与连作障碍研究进展[J]. 分子植物育种, 16(13): 4436-4443.

李亮, 蔡柏岩. 2016. 从枝菌根真菌缓解连作障碍的研究进展[J]. 生态学杂志, 35(5): 1372-1377.

李敏, 张丽叶, 张艳江, 等. 2019. 酚酸类自毒物质微生物降解转化研究进展[J]. 生态毒理学报, 14(3): 72-78.

李明强. 2016. 分蘖洋葱化感物质的分离、鉴定及其对番茄的化感作用研究[D]. 沈阳: 东北农业大学博士学位论文.

李培栋, 王兴祥, 李奕林, 等. 2010. 连作花生土壤中酚酸类物质的检测及其对花生的化感作用[J]. 生态学报, 30(8): 2128-2134.

李晓娟, 王强, 倪穗, 等. 2013. 栗与美国板栗化感作用的比较[J]. 植物生态学报, 37(2): 173-182.

李志华, 沈益新, 刘信宝, 等. 2009. 开花期 10 个苜蓿品种水浸提液中酚酸类化感物质含量研究[J]. 草地学报, 17(6): 799-802.

李自博, 周如军, 解宇娇, 等. 2016. 人参连作根际土壤中酚酸物质对人参锈腐病菌的化感效应[J]. 应用生态学报, 27(11): 3616-3622.

刘楠楠, 白玉超, 李雪玲, 等. 2017. 苎麻根际土壤水浸提液化感潜力评价[J]. 植物营养与肥料学报, 23(3): 834-842.

刘苹, 赵海军, 万书波, 等. 2011. 连作对花生根分泌物化感作用的影响[J]. 中国生态农业学报, 19(3): 639-644.

刘素慧, 刘世琦, 张自坤, 等. 2011. 大蒜根系分泌物对同属作物的抑制作用[J]. 中国农业科学, 44(12): 2625-2632.

刘伟, 魏莹莹, 吕海花, 等. 2016. 须根腐解对丹参根际土壤化感物质的影响[J]. 中药材, 39(10): 2203-2206.

吕卫光, 杨广超, 刘玲, 等. 2012. 西瓜植株残体腐解过程中酚酸化合物的动态变化[J]. 华北农学报, 27(增刊): 154-157.

孙步蕾, 王艳芳, 张先富, 等. 2015. 连作土壤中残根对平邑甜茶幼苗生物量及土壤酚酸类物质和微生物的影响[J]. 园艺学报, 42(1): 131-139.

孙海燕, 王炎. 2012. 辣椒根系分泌的潜力化感物质对生菜幼苗抗氧化代谢的影响[J]. 植物生理学报, 48(9): 887-894.

孙雪婷, 李磊, 龙光强, 等. 2015. 三七连作障碍研究进展[J]. 生态学杂志, 34(3): 885-893.

覃逸明, 聂刘旺, 黄雨清, 等. 2009. 凤丹 (Paeon ia ostii T.) 自毒物质的检测及其作用机制[J]. 生态学报, 29(3): 1153-1161.

唐成林, 罗夫来, 赵致, 等. 2018. 半夏植株腐解液对 8 种作物的化感作用及化感物质成分分析[J]. 核农学报, 32(8): 1639-1648.

唐堑, 李明, 董闪, 等. 2014. 广藿香根际土壤水浸液对其扦插苗的化感自毒作用[J]. 中药材, 37(6): 935-939.

滕应, 任文杰, 李振高, 等. 2015. 花生连作障碍发生机理研究进展[J]. 土壤, 47(2): 259-265.

田给林. 2015. 连作草莓土壤酚酸类物质的化感作用及其生物调控研究[J]. 北京: 中国农业大学博士学位论文.

王鸿, 张雪冰, 张帆, 等. 2017. 几种酚酸类物质对山桃种子萌发后根系的化感效应[J]. 果树学报, 34(11): 1443-1449.

王倩, 李晓林. 2003. 苯甲酸和肉桂酸对西瓜幼苗生长及枯萎病发生的作用[J]. 中国农业大学学报, 8(1): 83-86.

王茹华, 周宝利, 张启发, 等. 2006. 茄子根系分泌物中香草醛和肉桂酸对黄萎菌的化感效应[J]. 生态学报, 26(9): 3152-3155.

王小兵, 骆永明, 刘五星, 等. 2011. 花生根分泌物的鉴定及其化感作用[J]. 生态学杂志, 30(12): 2803-2808.

王艳芳, 潘凤兵, 展星, 等. 2015. 连作苹果土壤酚酸对平邑甜茶幼苗的影响[J]. 生态学报, 35(19): 6566-6573.

魏薇. 2018. 氮肥过量施用加重三七连作障碍的植物-微生物-土壤负反馈机制研究[D]. 昆明: 云南农业大学博士学位论文.

吴洪生. 2008. 西瓜连作土传枯萎病微生物生态学机理及其生物防治[D]. 南京: 南京农业大学博士学位论文.

吴宗伟, 王明道, 刘新育, 等. 2009. 重茬地黄土壤酚酸的动态积累及其对地黄生长的影响[J]. 生态学杂志, 28(4): 660-664.

谢星光, 陈晏, 卜元卿, 等. 2014. 酚酸类物质的化感作用研究进展[J]. 生态学报, 34(22): 6417-6428.

严逸男, 刘明月, 周相助, 等. 2019. 秋葵连作土壤浸提液对番茄生长的障碍研究[J]. 中国生态农业学报(中英文), 27(1): 81-91.

杨敏. 2015. 三七根系皂苷的自毒作用机制研究[D]. 昆明: 云南农业大学博士学位论文.

杨瑞秀, 高增贵, 姚远, 等. 2014. 甜瓜根系分泌物中酚酸物质对尖孢镰孢菌的化感效应[J]. 应用生态学报, 25(8): 2355-2360.

尹承苗, 胡艳丽, 王功帅, 等. 2016. 苹果连作土壤中主要酚酸类物质对平邑甜茶幼苗根系的影响[J]. 中国农业科学, 49(5): 961-969.

尹承苗, 王玫, 王嘉艳, 等. 2017. 苹果连作障碍研究进展[J]. 园艺学报, 44(11): 2215-2230.

张江红, 彭福田, 蒋晓梅, 等. 2016. 桃树枝条还田对土壤自毒物质、微生物及植株生长的影响[J]. 植物生态学报, 40(2): 140-150.

张金燕, 寸竹, 龙光强, 等. 2018. 三七 (*Panax notoginseng*) 根残体化感自毒效应研究[J]. 植物科学学报, 36(3): 431-439.

张克勤, 徐婷, 沈方科, 等. 2013. 烟草根系分泌的酚酸及自毒效应[J]. 西南农业学报, 26(6): 2552-2557.

张文明, 邱慧珍, 张春红, 等. 2015. 马铃薯根系分泌物成分鉴别及其对立枯丝核菌的影响[J]. 应用生态学报, 26(3): 859-866.

张新慧, 郎多勇, 陈靖, 等. 2014. 蒙古黄芪植株水浸液的自毒作用研究[J]. 中草药, 37(2): 187-191.

张新慧, 郎多勇, 张恩和. 2010. 当归根际土壤水浸液的自毒作用研究及化感物质的鉴定[J]. 中草药, 41(12): 2063-2066.

张亚琴, 陈雨, 雷飞益, 等. 2018. 药用植物化感自毒作用研究进展[J]. 中草药, 49(8): 1946-1956.

张允, 马绍英, 卢旭, 等. 2018. 豌豆根系中分泌物质的分离鉴定及其化感效应的研究[J]. 植物生理学报, 54(3): 500-508.

张志忠, 孙志浩, 陈文辉, 等. 2013. 有机酸类化感物质对甜瓜的化感效应[J]. 生态学报, 33(15):

4591-4598.

张重义, 林文雄. 2009. 药用植物的化感自毒作用与连作障碍[J]. 中国生态农业学报, 17(1): 189-196.

甄文超, 王晓燕, 孔俊英, 等. 2004. 草莓根系分泌物和腐解物中的酚酸类物质及其化感作用[J]. 河北农业大学学报, 27(4): 74-78.

周宝利, 尹玉玲, 李云鹏, 等. 2010. 嫁接茄根系分泌物与抗黄萎病的关系及其组分分析[J]. 生态学报, 30(11): 3073-3079.

周凯, 王智芳, 郝峰鸽, 等. 2010. 菊花不同部位及根际土壤水浸液对其扦插苗生长的自毒效应[J]. 西北植物学报, 30(4): 645-651.

Chon S U, Choi S K, Jung S, et al. 2002. Effects of alfalfa leaf extracts and phenolic allelochemicals on early seedling growth and root morphology of alfalfa and barnyard grass[J]. Crop Protection, 21: 1077-1082.

Huang L F, Song L X, Xia X J, et al. 2013. Plant-soil feedbacks and soil sickness: from mechanisms to application in agriculture[J]. Journal of Chemical Ecology, 39: 232-242.

Rice E L. 1984. Allelopathy[M]. 2nd ed. New York: Academic Press.

Zhou X G, Yu G B, Wu F Z. 2012. Responses of soil microbial communities in the rhizosphere of cucumber (*Cucumis sativus* L.) to exogenously applied *p*-hydroxybenzoic acid[J]. Journal of Chemical Ecology, 38: 975-983.

第4章 土传病害与连作障碍

4.1 土传病害的发生与危害

4.1.1 土传病害发生现状

近年来，世界人口密度的提高、全球变化的加剧对人类赖以生存的自然环境和社会经济的可持续发展构成严重的威胁，由此而引发的大规模农业生产活动和对土壤资源掠夺性的过度利用导致农业生产中出现了一系列新的问题（吴红淼等，2016）。值得注意的是，近年土传病害的加重和蔓延与作物单一连续种植密切相关，生产上称为连作障碍（杨珍等，2019）。单一化耕作模式的大力推行，使得土壤品质下降、土壤病虫害大面积暴发；设施农业的发展尽管取得了一些进步，但土壤出现次生盐渍化、酸化、养分失调、微生物区系紊乱、土壤板结等问题；很多粮食作物、经济作物、蔬菜、园艺作物、药用植物等都存在不同程度的连作障碍问题，导致农作物生长发育不良，土传病害严重，极大地降低了农产品的产量与品质（吴红淼等，2016）。重茬栽培造成相同病虫害的猖獗，植物的抗逆能力下降，产量和品质下降，严重者导致植株死亡（张重义和林文雄，2009）。

连作会改变微生物种群分布，打破原有植物根际微生物生态平衡，使得病原菌的种类和数量增加，有益菌的种类和数量减少。据报道，土传病害是引起作物连作障碍的重要因子（魏薇，2018）。农作物的土传病害已成为限制我国农业可持续发展的重要瓶颈。土传病害是指由生活史中一部分或大部分存在于土壤中的病原物在条件适宜时侵染植物根部或茎部而发生的病害。与空气、水及种苗等传播途径的病害相比，土传病害的致病菌存在于土壤中，难以根治，甚至被称为植物癌症。土传病原体的类型包括真菌、细菌和线虫等，引发包括纹枯、枯萎、立枯、猝倒、根腐、软腐、根肿和丛根等类型病害（杨珍等，2019）。

4.1.1.1 果树土传病害

果树病害传统上以叶、果实和枝干病害为主，但近年随着果树品种更换周期的缩短和果园更新速度的加快，以白纹羽病（*Rosellinia necatrix*）和紫纹羽病（*Helicobasidium mompa*）为主的根病以及由多种土壤真菌和线虫引发的果树再植病害（replant disease）已成为生产上出现的重要问题（李世东等，2011）。我国苹果栽培面积、总产量、人均占有量与出口量均居世界第一，已经成为世界上最大的苹果生产和消费国。2015 年我国苹果栽培面积有 230 万 hm^2，2016 年的产量约为 4380 万 t，但由于土地资源有限，在对老果园更新时，苹果树重茬栽培无法避免，导致苹果再植病害普遍发生，具体病症表现为再植苹果幼树的生长发育迟缓，病害加重甚至植株死亡等，导致再植果树寿命缩短，严重阻碍了苹果产业的可持续发展（尹承苗等，2017）。

我国作为香蕉的原产地之一有悠久的种植历史，2016 年我国香蕉种植面积为

43.0 万 hm^2，产量为 1332.4 万 t，是世界上第二大香蕉生产国。香蕉枯萎病又名香蕉巴拿马病、黄叶病，是由土壤中的尖孢镰刀菌古巴专化型（*Fusarium oxysporum* f. sp. *cubense*）侵染引起维管束坏死的一种毁灭性真菌病害（图 4.1）。近年来，枯萎病已严重影响香蕉产业的稳定和发展（邵秀红等，2018）。2013～2014 年《自然》（*Nature*）、英国《独立报》（*Independent*）及国内多家主流媒体相继报道了香蕉枯萎病危害，对香蕉种植前景表示出极大的担忧。我国于 1996 年在广东省番禺市（现称广州市番禺区）万顷沙发现香蕉枯萎病，由于未被及时控制，病害迅速通过种苗等途径传播，使许多蕉园弃耕改种其他作物，如 2011 年海南省香蕉种植面积一度达 5.8 万 hm^2，由于受到枯萎病等的影响，2014 年其香蕉种植面积仅为 2.5 万 hm^2，且仍在逐年减少（黄新琦和蔡祖聪，2017）。杜果细菌性角斑病由野油菜黄单胞菌杜果致病变种（*Xanthomonas campestris* pv. *mangiferaeindicae*）引起，是杜果生产上的主要病害之一。该病最明显的症状是感病叶片和果实组织被分解，且近年来在杜果主要产区发病率逐年上升（张大智等，2016）。尖孢镰刀菌（*Fusarium oxysporum*）引起的甜瓜枯萎病是甜瓜生产上危害最严重的病害之一，在苗期、伸蔓期至结果期都可发生，开花期、坐果期和果实膨大期为发病高峰。甜瓜枯萎病菌能在土壤中存活 5～6 年甚至更长时间，一般年份发病率为 10%～30%，重病田达 50%～80%，重茬种植甚至导致绝收，为当前生产上最难防治的重要病害之一（杨瑞秀等，2014）。

图 4.1　香蕉枯萎病发病及危害症状（黄新琦和蔡祖聪，2017）（彩图请扫封底二维码）

4.1.1.2　中草药土传病害

中草药作为一类特种作物，近年由于人民群众生活和保健水平的提高，其消费量不断加大。为解决中草药野生资源日益枯竭问题和满足国内外对中草药的日益增长需求，国内近年大力开展了中草药的人工栽培及基地建设，但随之而来的是土传病害问题的加剧（李世东等，2011）。三七为五加科人参属多年生药用植物，性喜温暖阴湿，其生长地区独特的生态环境易诱发各种病害。三七连作最突出的表现是"病多，产量低"，根腐病为三七土传病害，发病严重时损失高达 70%，占三七各种病害的 70%~85%（董鲜等，2018）。

当归、丹参、太子参、地黄等多种中药材连作种植均可导致土传病害严重发生，致使作物产量下降、品质变劣（图 4.2，图 4.3）。丹参（*Salvia miltiorrhiza*）连作表现为地上植株生长矮小、枯苗率增高；地下根系长势弱、内部木质化、发黑腐烂、生长畸形，并常伴有裂根现象，使产量、商品率逐年降低（张重义等，2010）。我国人参（*Panax ginseng*）栽培产业迅猛发展，人工栽培面积逐年扩大，栽培种类繁多，但由于生长环境的改变以及人参病害的发生和流行导致人参产量大幅度下降，其中人参黑斑病发生最普遍、危害最严重，是人参规范化生产的重要病害（张爱华等，2017）。人参病害常年发生率为 24.9%~44.1%，且每年发病面积为 200 hm² 以上。在中国，每年出于人参病害所

图 4.2 连作对太子参地上部和地下部生长的影响（Wu et al.，2017）（彩图请扫封底二维码）
A. 太子参第一年种植；B. 太子参第二年种植

图 4.3 连作对地黄地上部和地下部生长的影响（Wu et al.，2015a）（彩图请扫封底二维码）
NP. 地黄连作 1 年；SM. 地黄连作 2 年；TM. 地黄连作 3 年；FOM. 地黄连作 4 年

造成的产量损失可达 20%～50%（图 4.4）（雷锋杰，2018）。老参地栽人参一般 3 年后的存苗率在 25%以下，75%以上的参苗皆因参根腐烂"失踪"而丢失（张重义等，2010）。

图 4.4　人参细菌性软腐病症状（雷锋杰，2018）（彩图请扫封底二维码）

　　西洋参连作后土传病害——锈腐病、疫霉病和根腐病发生率显著高于正茬（于妍华，2011）。西洋参的生长需要森林生态系统和林地土壤（图 4.5A），栽过参后的土壤（老参地）再栽植西洋参会发生参根烧须、植株多病和难以保苗等现象，导致西洋参产量低、质量差，影响其经济效益（李丽和蒋景龙，2018）。西洋参成药周期为 4 年（图 4.5B～E），在同一块地生长周期长，随着种植年限的增加，其向周围环境释放的化感物质逐渐积聚，使得其病害问题日益突出，西洋参的产量和质量受到严重影响。李丽和蒋景龙（2018）对陕西省留坝县西洋参栽培情况进行了调查，发现在西洋参种植的 4 年中，根病均有发生。当地种植西洋参多采用和玉米轮作的方式，轮作 8～10 年甚至更长时间才能再种植西洋参，轮作地 4 年生参根发病较为普遍，主要根病为锈腐病和根腐病，收获时西洋参

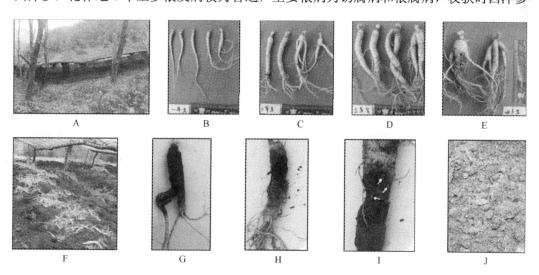

图 4.5　陕西省留坝县基地西洋参生长状况及根病形态特征（李丽和蒋景龙，2018）
（彩图请扫封底二维码）

A. 西洋参种植基地；B. 1 年生参根；C. 2 年生参根；D. 3 年生参根；E. 4 年生参根；F. 4 年生西洋参根病情况；G. 4 年生参根锈腐病；H. 4 年生参根根腐病；I. 4 年生参根根腐病并伴有线虫；J. 4 年生参根根腐病干腐

根病的发生率最高可达 80%（图 4.5F）。锈腐病发病一般开始于参根芦头，起初呈铁锈状的黄褐色病斑，随着斑点的扩大，内部组织被破坏，腐烂部位与健康部位有明显的界线（图 4.5G）。根腐病表现为褐色干腐，严重时整个参根表面全部变为褐色（图 4.5H），发病部位伴有线虫（图 4.5I），病斑逐渐向根内部发展，以致整个参根干腐（图 4.5J）（李丽和蒋景龙，2018）。

4.1.1.3 蔬菜土传病害

蔬菜是人民群众日常生活中不可短缺的农产品。但由于蔬菜生产本身的特点及我国目前的蔬菜生产和管理水平仍较低下，特别是菜农和企业为提高经济收益而采取的大面积单一连续种植的生产方式为病原物的繁殖和扩散提供了适宜的寄主与环境。此类病原物常见的如根结线虫、立枯病菌、青枯病菌、根肿病菌、枯萎病菌等，为害多种蔬菜，导致严重的减产和品质下降，甚至毁种（李世东等，2011）。2014 年，全世界茄子产量为 $5.0×10^{10}$ kg，而中国的产量达到 $2.9×10^{10}$ kg，中国已成为茄子世界第一生产国和主要出口国。近年来，由于茄子栽培面积不断增加，枯萎病菌在茄子根部不断积累，导致茄子枯萎病发病率逐年上升，现已成为影响茄子产量的重要病害。该病在世界范围内广泛分布，造成茄子主产区产量的下降，包括中国、日本、肯尼亚、美国、荷兰、意大利、韩国等（胡海娇等，2018）。茄子黄萎病和青枯病等土传病害也随连作年限增加逐年加重（郝晶等，2009）。

兰州百合（*Lilium davidii* var. *unicolor*）是百合科（Liliaceae）百合属（*Lilium*）川百合的变种，为多年生鳞茎草本植物，是我国四大百合品系中唯一可食用的品系，由于其鳞茎硕大洁白，质地细腻，营养丰富，故被誉为"蔬菜人参"（黄钰芳等，2018）。然而，近年来由于快速发展的兰州百合产业，兰州百合种植区域连作重茬加重，整个生育期，连作处理中兰州百合鳞茎的生长一直受到抑制。与正茬相比，连作条件下鳞茎个头较小，重量较轻，且表皮颜色发黄，有腐烂现象（黄钰芳等，2018）。长期连作后导致由尖孢镰刀菌引起的兰州百合枯萎病严重发生，是导致兰州百合土传病害高发的重要因素（Wu et al.，2015b）。辣椒青枯病是由青枯雷尔氏菌（*Ralstonia solanacearum*）引起的细菌性土传病害，该病在中国发病率极高，一般年份为 20%左右，严重时高达 50%以上，甚至导致作物绝收（刘业霞等，2013）。生姜连作土壤的主要障碍因子为土壤理化性状的改变，尤其是土壤 pH 变化，不利于有益菌的生长，促进病原菌的生长。生姜连作障碍主要表现为连作导致的土传病害严重发生，包括生姜姜瘟病、斑点病和茎腐病等（汪茜等，2018）。番茄枯萎病是番茄常见的病害之一，近年来随着番茄连作栽培，枯萎病的发生更加严重，严重影响番茄的产量和质量（图 4.6）。由尖孢镰刀菌引起的番茄枯萎病是一种土传性、系统性病害。番茄从幼苗期到成株期都会受到番茄枯萎病菌的感染，从花期或者结果期开始发病，传染性相对较强，对番茄果实的品质和产量有很大的危害（罗琼等，2017）。

4.1.1.4 花卉土传病害

随着连作年限增加，菊花的产量逐渐降低，发病率逐渐增加，连作 15 年的菊花产

图 4.6　番茄枯萎病发生与危害（罗琼等，2017）（彩图请扫封底二维码）
0 级、1 级、2 级、3 级、4 级分别是番茄枯萎病调查的分级标准及症状表现

量仅为初茬菊花产量的 19.8%，种植 15 年菊花的发病率达到 100%（刘晓珍等，2012）。洋桔梗作为一种新型鲜切花，2015 年在我国云南的种植面积已达 350 hm²，替代非洲菊成为云南第四大鲜切花。在种植面积不断扩大的同时，洋桔梗正遭受由尖孢镰刀菌洋桔梗专化型（*F. oxysporum* f. sp. *eustomae*）所引起的枯萎病的严重侵害。在连续种植 3 年后，2014 年云南一花卉果蔬有限公司 13.9 hm² 洋桔梗的枯萎病发病率平均达 40% 以上（黄新琦和蔡祖聪，2017）。

4.1.1.5　大田作物土传病害

土传病害不只发生在瓜果、花卉、蔬菜等经济作物上，也发生在水稻、马铃薯、大豆、花生等大田作物上，如大宗作物水稻、小麦、玉米的纹枯病，马铃薯黄萎病，大豆根腐病，棉花立枯病、黄萎病，甘薯根腐病，烟草猝倒病等（蔡祖聪和黄新琦，2016）。2007 年我国水稻纹枯病发病面积已达 1718 万 hm²。我国马铃薯种植面积逐年上升，从 2008 年的 466.3 万 hm² 增至 2013 年的 561.4 万 hm²。然而，2008～2014 年，马铃薯早、晚疫病和病毒病年平均发生面积为 340 万 hm²，这些土传病害严重威胁我国将其作为第四大粮食作物的发展计划（黄新琦和蔡祖聪，2017）。在面积集中的花生主产区，由于地方传统优势产业发展的需要、农民种植习惯和技术水平的影响，特别是土壤肥力较低、季节性干旱严重的红壤丘陵旱坡地，花生连作不可避免，有的甚至已连续种植 10～20 年，且秋季抛荒严重。随着种植年限增加，逐渐出现了花生产量降低、品质变劣、生育状况变差及病虫害严重等诸多生产问题，严重制约着花生产业的发展。随着连作年限增加，花生根腐病、叶斑病、锈病的发病率成倍上升，青枯病和白绢病也从无到有，花生减产 50% 以上（李孝刚等，2015）。大豆连作可使田间病虫害加重，造成大豆产量和品质下降，因此连作障碍是大豆高产和稳产的重要限制因子。大豆连作障碍形成的重要因素包括大豆根腐病、大豆胞囊线虫及大豆根蛇潜蝇。其中，大豆根腐病是一种分布广、危害重和难以防治的土传性真菌病害，在我国黑龙江、山东、安徽及陕西等大豆产区均有报道，且多以镰刀菌属真菌（*Fusarium* spp.）为主要病原。连作大豆田根腐病发病的严重程度一般随着连作年限增加而不断加重（魏巍等，2014）。同种作物在不同生育时期往往也表现为不同的病害频发，花生连作条件下，根腐病在苗期多发，且发病率随连作年限成倍增加；花果期多表现叶斑病，病株率近 100%；随连作年限的延长，结荚成熟期的青枯病、白绢病则也从无到有（孙权等，2010）。虽然棉花属于耐连作作物，但是随着连作年限的延长，出现死苗、生长不良、"早衰"、棉花枯萎病和黄萎病发病严重等现象，并导致棉花产量大幅度下降（图4.7）（顾美英等，2012；Li et al.，2017）。

图 4.7　由尖孢镰刀菌萎蔫专化型（*Fusarium oxysporum* f. sp. *vasinfectum*）和大丽轮枝菌（*Verticillium dahliae*）侵染引起的棉花枯萎病（Li et al.，2017）（彩图请扫封底二维码）

棉花黄萎病在现蕾期前发生并且在结铃期达到发病高峰（A）并伴有黄斑、落叶症状（B）。棉花枯萎病常在幼苗期发病并在现蕾期为发病盛期（C），发病期间主要症状表现为黄色、紫红色和绿色萎蔫（D）。E. 棉花茎秆受害症状

4.1.2　土传病害的危害

据估计，植物病害引起全球主要农作物总产量的 10%～15% 损失，每年直接经济损失高达数千亿美元，其中，70%～80% 的病害是由病原真菌侵染所引起的，对作物生长及产量的影响极大（杨珍等，2019）。相对于大田粮食作物，经济作物集约化生产现象突出，土传真菌病害的发生更为严重（表 4.1）。由大丽轮枝菌侵染引起的棉花黄萎病是种植区发生最为严重的土传病害，一般导致作物减产 10%～30%，严重时可达 80% 以上。由腐皮镰刀菌（*Fusarium solani*）、尖孢镰刀菌（*Fusarium oxysporum*）和立枯丝核菌（*Rhizoctonia solani*）等多种真菌混合侵染导致大豆根腐病严重发生，是制约大豆产区的主要病害，一般减产 5%～10%，严重时减产达到 60%（杨珍等，2019）。

表 4.1　常见粮食作物和经济作物主要土传真菌病害及危害（杨珍等，2019）

作物类型		病害	病原菌	发病症状	危害
粮食作物	水稻	立枯病	镰刀菌属 *Fusarium*、立枯丝核菌属 *Rhizoctonia*、腐霉属 *Pythium*、	病苗心叶枯黄，叶片不展开，基部变褐，病根变为黄褐色	一般发病率达 10%，严重地区达 80% 以上
	小麦	全蚀病	禾顶囊壳小麦变种 *Gaeumannomyces graminis* var. *tritici*	病株矮小，下部黄叶多，根茎部变灰黑色	一般减产 10%～20%，严重时达 50% 以上
	玉米	全蚀病	禾顶囊壳玉米变种 *G. graminis* var. *maydis*	病株茎秆松软，根系呈栗褐色、腐烂，须根和根毛明显减少	部分玉米产区全蚀病年发生面积占总量的 51%，危害达 2887 hm²
经济作物	棉花	枯萎病	尖孢镰刀菌萎蔫专化型 *F. oxysporum* f. sp. *vasinfectum*	典型的维管束病害，病株表现为矮生枯萎或凋萎等；纵剖病茎可见木质部有深褐色条纹	全国每年因枯、黄萎病棉花损失 6 万～10 万 t，其中黄萎病所造成的损失惨重
		黄萎病	大丽轮枝菌 *Verticillium dahliae*	后期发病，导致病株枯死或萎蔫；纵剖病茎，木质部有浅褐色条纹	
	花生	根腐病	镰刀菌属 *Fusarium*	苗期易发生根腐、苗枯；后期易导致根腐、茎基腐和荚腐	一般减产 5%～8%，重则影响产量 20% 以上
	大豆	枯萎病	镰刀菌属 *Fusarium*、立枯丝核菌属 *Rhizoctonia*	染病初期叶片由下向上逐渐变黄至黄褐色萎蔫，根及茎部维管束变为褐色	一般年份减产 10%，严重时损失可达 60%
	黄瓜	枯萎病	尖孢镰刀菌黄瓜专化型 *F. oxysporum* f. sp. *cucumerinum*	部分叶片萎蔫，数天后引起植株萎蔫枯死	部分产区发病率高达 70%，产量损失 10%～50%，甚至绝收
	番茄	枯萎病	尖孢镰刀菌番茄专化型 *F. oxysporum* f. sp. *lycopersici*	维管束病害，常与青枯病并发，病株叶片自下而上逐渐变黄，呈萎蔫症状	连茬多年地块发病率高达 20%～40%，减产率为 10%～80%
	西瓜	枯萎病	尖孢镰刀菌西瓜专化型 *F. oxysporum* f. sp. *niveum*	幼苗发病呈立枯状；定植后，下部叶片枯萎，之后整株枯死	中国南、北西瓜种植区年枯萎病发生面积约为 25 万 hm²，严重地区发病率 80% 以上
	香蕉	枯萎病	尖孢镰刀菌古巴专化型 *F. oxysporum* f. sp. *cubense*	叶片及叶鞘呈黄色，逐渐向中肋扩展，发病后由黄色变褐色而干枯	部分香蕉产区感染枯萎病后，导致 1991～2000 年香蕉田面积减少 30%
	三七	根腐病	镰刀菌属 *Fusarium*	植株维管束变褐，叶片萎蔫下垂	一般减产 30% 左右，严重的可达 70%～80%

4.2 土传病害危害特点及发病率不断上升的原因

4.2.1 土传病害危害特点

与气传病害不同，土传病害的发生、危害和防治有其自身特点：①土传病原真菌通常以分生孢子、菌丝体随病残体在土壤中越冬，或分生孢子附着在种子表面或以菌丝潜伏于种皮内越冬，成为翌年的初侵染源；温度、湿度条件适宜时，病菌在田间引起初侵染；越冬以及新产生的分生孢子通过气流、水流、雨水、农事操作传播，从气孔、伤口或表皮直接侵入寄主（曹坳程等，2017）。同时，土传病害多为积年流行病害，其接种体多可在土壤中长期存活，并可经年累月地累积到相当高的数量水平。②可经常和持续危害，不易受气象因子的影响而波动。③病因相对较为复杂。除常规的侵染方式外，由多种微生物共同引发的复合侵染、致害但无明显症状的微侵染以及潜伏侵染等现象亦非常普遍。④包括土壤质地、水分、通气、pH、微生物区系和养分状况等在内的各类土壤理化生物学性状对病情影响甚大。⑤防治困难。土传植物病原微生物生活在土壤中或其生命中的某一阶段生活在土壤中。当土传病原微生物侵染作物、进入作物维管束时，一般的用药方式很难使农药进入维管束杀灭病原微生物。所以，作物一旦发生土传病害几乎很难控制（蔡祖聪和黄新琦，2016）。同时，迄今对多数（特别是由土壤习居菌引发的）土传病害而言并无或很难培育出可用的抗病品种（李世东等，2011）。

4.2.2 土传病害发病率不断上升的原因

无论是发病面积还是相对比例，我国是目前世界上作物土传病害发生率最高和最严重的国家。造成我国作物土传病害发生率升高的原因众多，其中以下几个因素可能是最主要的（蔡祖聪和黄新琦，2016）。

4.2.2.1 秸秆还田

随着农村燃料、饲料构成、建筑材料等的改变，曾经是农村重要生活和生产资源的作物秸秆成为废弃物。为减少秸秆焚烧对空气的污染，秸秆还田成为主要的处理方式。在全球变化成为全球热点的大背景下，为提高农田土壤的固碳量，秸秆还田也成为科学工作者大力提倡的处理方式。但是，秸秆还田与农药、化肥等的使用相同，均具有两面性。秸秆还田增加土壤有机碳贮量，提高土壤微生物活性，部分归还作物养分，但同时，秸秆携带的大量植物病原菌和虫卵增加了土传病原微生物的数量和作物发病率（蔡祖聪和黄新琦，2016）。

4.2.2.2 作物种植制度和种植强度

在自然生态系统中，植物发病是常态，有利于物种的进化和生态系统的稳定，因而是有病无害。随着现代农业的发展，以及社会生产的需求，人们对一些特定农产品、药材的需求日益增大，并促使植物的栽培生产具有一些新的特点，如高度集约化种植、同种植物的复种指数高、栽培植物的种类单一化以及相对封闭性等特点,由此带来的农业问题也日趋严重(吴红淼等,2016)。根据已有的研究统计,世界上主要的农业生产景观大约被 35 种果树或坚果树类、23 种蔬菜类和 12 种粮食作物类等经济作物所覆盖,也就意味着在世界范围内仅有不到 70 种植物种类分布在大约 14.4 亿 hm² 的耕地上,在热带雨林中每公顷含有 100 种以上植物种类,二者的植物多样性形成了鲜明的反差(吴红淼等,2016)。集约化农业的出现极大地满足了人类对食物和纤维的需求,但也逐步改变了自然界的原有面貌,打破了植物与病原物之间的平衡,为植物病害的发生和流行提供了可能。在传统的自给农业时代,以稳产为首要目标,作物种类多、品种比较杂、水肥条件差、种植面积不大、农产品贸易很少,因此病害不会成灾。但在现代农业中,情况发生了根本性的变化。现代作物品种为了追求高产优质等性状,不可避免地牺牲了适应能力,以致完全驯化了的植物在自然界中已不能生存;密植和高水肥又进一步降低了作物的抗性(李世东等,2011)。

据联合国粮食及农业组织统计资料,我国用占世界 8% 的耕地生产了 21% 的粮食、52% 的蔬菜和 22% 的水果,养活了 19% 的人口,为我国和世界经济发展做出了重要贡献。但也应看到,我国一些地方农业资源由于长期过度开发和消耗导致的耕地质量下降问题已日益严重。从耕地利用强度看,我国是美国的 2.2 倍,印度的 3.3 倍。相对于美国每年大量耕地实行强制休耕,我国则是采用增加复种指数等方式来保证以较少的耕地资源生产出更多的粮食,耕地很少有"休养生息"的机会(张桃林,2015)。任何生物在生长繁殖过程中均有损害其自身生长环境的特性,生物对生长环境的损害程度随生物密度的增加而增强,农作物也不例外。一般认为,农作物在生长过程中,通过根系向土壤分泌化感物质并为病原微生物创造生长环境,这些物质特异性地诱导相应的病原微生物,使其数量增加。高投入、高产量且单一品种种植的集约化种植制度下,一方面作物根系向土壤分泌大量的化感物质,诱导病原微生物大量繁殖,最终侵入作物引起病害,因而土传病害的发生概率大(黄新琦和蔡祖聪,2017);另一方面作物生长期病原微生物的生长和繁殖速率远高于传统种植模式。虽然在休闲期或非寄主作物生长期,病原微生物的数量也将下降,但很难回复到原有水平。随着寄主作物种植时间的延长,病原微生物数量最终超过发病临界值,发生作物土传病害。同一作物连续种植时,因无病原微生物数量的自然衰减过程,在更短的种植时间内,土传病原微生物的数量即可达到使作物致病的临界水平(图 4.8)。所以,单一作物连续种植最容易导致作物土传病害的发生(蔡祖聪和黄新琦,2016)。

4.2.2.3　缺乏集约化种植制度下防止土传病原菌传播和扩散的知识

近年来,大棚种植迅速发展,习惯于大田作物种植的农户大量转向大棚种植,但是,他们往往对大棚种植中防止土传病原微生物传播和扩散的重要性认识不足。带病的作物残体随意丢弃现象极为普遍。在传统种植中,水分循环利用是提高水分利用率和流失到地表水体中的养分再利用的有效手段,但在大棚生产中,水分循环利用可能成为土传病原微生物传播、扩散的重要途径(蔡祖聪和黄新琦,2016)。

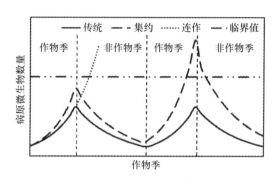

图 4.8　病原微生物数量与寄主作物生长、集约程度及种植制度的关系示意图
（蔡祖聪和黄新琦，2016）

4.2.2.4　大量使用除草剂

随着现代农业规模化、集约化发展，为实现作物高产、稳产，人们大范围地使用除草剂，导致其使用量大幅增长，销量将近农药的 1/2。至 2006 年除草剂使用面积已达 $0.53×10^8 hm^2$，与 20 世纪 80 年代相比增长了 10 倍。与此同时，除草剂使用不当所带来的负面影响越来越受到人们的关注，如使作物易于感病、促进土传病害的发生等（潘东进，2019）。咪唑啉酮等 60 余种除草剂加重了小麦、玉米、大豆、菜豆、豌豆、四季豆、甜菜、茄子、黄瓜、棉花和牧草的立枯病、根腐病和苹果网斑病等病害的发病程度（潘东进等，2019）。除草剂是否加重土传病害，取决于除草剂-病原-作物三者复杂的相互作用。除草剂可以通过 3 种方式诱导土传病害的发生：①直接刺激病原菌生长、抑制潜在病原菌的拮抗菌，使病原菌发展成为优势菌种；②增加寄主作物下胚轴的渗透性、减弱寄主作物防御能力；③干扰病原菌的侵染和病原-植物的互作（潘东进等，2019）。

面对土传病害的危害，农民采取一系列不合理用药措施，进一步加剧了环境破坏，导致生态失衡、食品污染和公众健康水平下降等问题。一般土传真菌病害发生早期症状不易察觉，导致其防控滞后，现有的科技手段还不能准确预报一些重大真菌病害的发生及危害，这也是农业防控难以进行的原因之一（杨珍等，2019）。

近年来，作物土传病害发生率逐年上升，大宗作物、瓜果、蔬菜生产者为了减少作物土传病害导致的产量损失，不断加大农药的投入，增加农药使用频次。蔬菜等作物用药频次达到每周一次，严重时达到一周两次。农产品农药残留导致的农药中毒事件时有发生。农药的使用对减少病虫害导致的作物减产做出了极其重要的贡献，使用农药仍然是我国目前保障粮食安全和蔬菜、瓜果供应不可或缺的措施。但是，农药的大量使用也对我国的农产品安全、环境安全和生态安全构成了极大的威胁，引起了全社会的高度重视。农业部（现为农业农村部）为此推出了《到 2020 年农药使用量零增长行动方案》。土传病害是最主要的作物病害，土传病害的蔓延是我国农药使用量持续增加的重要动因。实现到 2020 年农药使用量零增长目标，首先必须使防控作物土传病害的农药使用量零增长，甚至负增长（蔡祖聪和黄新琦，2016）。

4.3　病原菌与寄主的互作

4.3.1　病原菌的入侵途径

与细菌、线虫等病原体相比，土壤理化环境一般不利于病原真菌生长，因此大多数真菌维管束病原菌以微菌核、厚垣孢子、厚壁菌丝体和孢囊梗等休眠结构在土壤或死的植物组织中长时间存活而不丧失活力，从寄主植物中分泌的化合物能启动这些休眠体萌发（张明菊等，2015）。病原菌萌发后一般会从幼根的薄嫩处、茎基部以及根和茎的伤口处侵入寄主，然后通过皮层逐渐侵入维管束的导管，在导管中进行大量繁殖，最后随水分的传输而到达植株的各器官；在潮湿环境下，感病植株根或茎的腐烂处会产生子实体，产生的孢子会借气流、雨水和灌溉水进行再次传播。病原菌通常也以菌丝体或分生孢子状态附着在种子内外，导致病原菌的远距离扩散，随种子的发芽而侵入幼苗，成为另一个初侵染源（胡海娇等，2018）。

病原真菌侵入植物主要包括 4 个步骤：附着于寄主表面—形成侵染结构—侵入—寄主体中定植、扩展（图 4.9）（杨珍等，2019）。种类繁多的土传病原真菌很多具有专化型，如镰刀菌属，可引发棉花、黄瓜和西瓜等作物发病。然而，有些土传病害不是由单一病原菌形成的，而是多种病原菌复合侵染的结果，这也使得病原真菌的致病机制更为复杂。根际作为病原菌侵染作物根部的必经途径，微生物之间的互作决定着病原菌是否成功侵染植物。病原菌与根际其他微生物类群的互作机制之一在于竞争有限的资源，如营养物质、生态位等（杨珍等，2019）。根际微生物对根表面定植位点的竞争也是控制病原菌增殖的机制之一（图 4.9）（杨珍等，2019）。

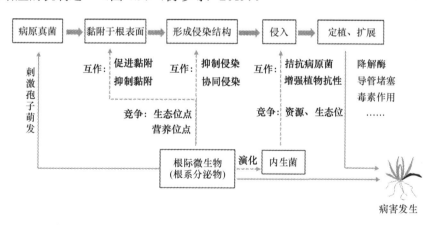

图 4.9　土传病原真菌侵染植物根际致病机制（杨珍等，2019）

虚线表示推测途径；加粗字体表示可能发生的机制

4.3.2　病原菌的致病机制

目前，存在两种病害致病机制观点，其中导管阻塞学说认为致病的主要原因是病原菌对导管的阻塞，而毒素学说认为最主要的致病原因是病原菌毒素对质膜的伤害（胡海娇，2018）。

4.3.2.1　导管阻塞学说

植物细胞壁是病原菌感染植物的第一个障碍。植物细胞壁的主要成分是纤维素和果胶，其中纤维素是由 β-1,4-糖苷键或 β-1,3-糖苷键构成的大分子多糖。病原菌侵染寄主植物需要经历一系列过程，为了入侵寄主植物，病原真菌通常会分泌出一系列细胞壁水解酶（cell wall degrading enzyme，CWDE），然后通过这一系列酶降解植株细胞壁，植物细胞壁的降解不但可以帮助真菌突破屏障入侵寄主植物，还可以从植物细胞内释放出多糖等营养物质供真菌生长，最终使病原菌成功侵入寄主细胞并在其细胞组织内扩展蔓延。例如，尖孢镰刀菌可以分泌多种细胞壁降解酶，包括木聚糖酶、果胶酶、果胶裂解酶、细胞毒素、纤维素酶、半纤维素酶和木质素降解酶等来降解植物细胞壁，植物细胞壁被降解后，果胶阻塞宿主植物的导管，阻碍宿主植物吸收水分，导致植物萎蔫致死（叶旭红等，2011；高晓敏等，2014）。

果胶酶、木聚糖酶、纤维素酶、漆酶与病菌侵染花生及叶腐病的发生密切相关，其中果胶酶是花生叶腐病菌分泌的主要细胞壁降解酶，在该病菌致病中可能发挥主导作用（王麒然等，2016）。玉米茎腐病菌在活体内和活体外都能分泌细胞壁降解酶，其产生的果胶酶、纤维素酶等都对玉米胚根有明显的浸解作用，并且随着酶液浓度的升高浸解能力逐渐增强，表明果胶酶、纤维素酶等细胞壁降解酶是玉米茎腐病菌的重要致病因子（高增贵等，2000）。

苹果树腐烂病菌（*Valsa ceratosperma*）等产生的细胞壁降解酶是其重要的致病因子，在活体内和活体外都能检测到活性较高的果胶酶、纤维素酶和木聚糖酶，其中木聚糖酶是苹果树腐烂病的主要致病因子之一，病菌能通过酶解细胞壁的重要组分——半纤维素来破坏植物细胞壁，导致寄主产生坏死症状或加速病程发展，并为病原菌的自身生长和繁殖提供糖源等营养物质（王麒然等，2016）。果胶酶活性与黄萎病菌毒性呈正相关，强致病力黄萎病菌产生的果胶酶活性高，弱致病菌则几乎不产生果胶酶，因而果胶酶曾一度被看作黄萎病菌致病的主导生化因子（汪敏等，2011）。不论是西芹鲜根还是根际土丙酮浸提液，经过 4 次柱层析后获得的最佳流分对黄瓜枯萎病菌的抑制效果主要与CWDE 的活性有关（高晓敏等，2014）。细胞壁降解酶在杧果细菌性角斑病菌的入侵和致病过程中起重要作用，果胶酶在病原菌侵染初期最早分泌并起作用，纤维素酶主要降解次生壁，致病作用发生在后期，并且果胶酶比纤维素酶对杧果叶片的致病作用明显（张大智等，2016）。

疫霉属病菌（*Phytophthora* spp.）侵染引起的疫病曾被称为"植物瘟疫"。马铃薯晚疫病是引发"爱尔兰大饥荒"的元凶。目前已发现的疫病菌有 160 多种，可以侵染数千种植物，对全球粮食、食品和生态安全造成了巨大威胁（毕国志和周俭民，2017）。南京农业大学王源超研究团队通过对大豆疫霉菌（*Phytophthora sojae*）的研究发现，大豆疫霉菌可通过分泌糖基水解酶 XEG1 帮助疫霉菌侵染。这种糖基水解酶在多种疫霉菌、病原真菌和细菌中广泛存在。该团队通过免疫共沉淀结合质谱技术，筛选获得了 XEG1 在植物体内的互作蛋白 GIP1（Ma et al.，2017）。该蛋白能够通过抑制 XEG1 的活性干扰疫霉菌对植物的侵染。他们进一步比较了疫霉菌基因组，发现 1 个连锁的 XEG1 同源基因 *XLP1*。有趣的是，*XLP1* 本身没有水解活性，但能够以"诱饵"的方式，竞争性结合 GIP1 蛋白，从而保护具有水解活性的 XEG1，协助病原菌侵染（毕国志和周俭民，2017）。

4.3.2.2 毒素学说

土传病原真菌大多是土壤习居菌，在土壤中能存活多年，当受到植株根系分泌物的刺激之后，厚垣孢子开始萌发，从根系侵染植株并以小型分生孢子的形态随蒸腾流由植株根部向地上部运输。维管束病原菌大部分时间寄生在木质部中，它们必须从木质部中获得生长、繁殖和生存的所有因子。木质部液体中含有硝酸盐、硫酸盐和磷酸盐等无机阴离子和钙、钠、镁和锰等阳离子，也包含相对含量较低的不同的碳水化合物，如葡萄糖、果糖、蔗糖、麦芽糖、棉子糖、海藻糖和核糖。其中，葡萄糖、果糖和蔗糖占绝大多数，作为病原菌生长的碳源。维管束病原菌通过有效地吸收木质部液体中稀少的可用营养、消化寄主的细胞壁、入侵邻近寄主细胞或诱导周围植物组织的营养渗透等方式来满足需要（张明菊等，2015）。随着病原菌的运输，病害最初症状出现在地上部，随后植株萎蔫失绿，维管束变褐，末端嫩叶坏死。维管束病原菌能引起一系列症状，且相同的病原物可能引起不同寄主植物产生不同病症，如叶片发黄、植物变矮小、部分或全部萎蔫，最终完全死亡（张明菊等，2015）。同时在运输过程中，病原菌还会产生对植株有毒的次生代谢产物，其中镰刀菌酸（fusaric acid，FA）是研究较多的一种尖孢镰刀菌次生代谢产物。许多镰刀菌都能产生镰刀菌毒素，对多种植物、真菌和细菌等有毒害作用（姬华伟等，2012）。

在一般情况下，若 FA 含量增加，则病情加重。FA 对寄主有致萎作用，FA 致萎能力的强弱与致病力呈正相关（姬华伟等，2012）。镰刀菌酸损伤宿主植物根系细胞膜，增强根系细胞的通透性，同时降低线粒体活性氧的含量、阻止 ATP 合成，从而导致植物根系水分吸收受阻及生长受到抑制（高晓敏等，2014）。吴洪生等（2008）用从尖孢镰刀菌西瓜专化型菌株提取的真菌毒素——镰刀菌酸处理西瓜幼苗，考察其对细胞根系跨膜电位和叶片中相关抗逆酶的影响。结果表明：FA 强烈抑制西瓜幼苗根系脱氢酶活力，降低根细胞表皮膜电位，导致根功能失常，影响水分吸收；与此相对应，FA 从根部被运输到叶片等部位，破坏了西瓜叶片细胞防卫系统，造成细胞膜脂过氧化，产生大量丙二醛（MDA），引起西瓜幼苗叶细胞结构的严重损伤，导致发病甚至细胞死亡。尖孢镰刀菌侵染植株，随着病情的加剧，会降低植株细胞壁纤维素的含量，使细胞壁结构受损，继而使细胞膜受损，质外体汁液电导率增加。叶绿体在病原菌侵染之后被严重破坏，加之叶片氮素含量降低，羧化速率较健康植株大大降低。因此病原菌入侵植株对细胞壁、细胞膜和叶绿体均有破坏作用（董鲜等，2017）。

不同的维管束病原菌侵染寄主后还可产生高分子量和低分子量毒素，诱发萎蔫病症。由于一些毒素干扰了植物细胞完整性，木质部小室周围薄壁细胞发生营养渗漏，被维管束病原菌利用，进一步加剧病原菌侵染（张明菊等，2015）。

关于导管阻塞与致病毒素，目前倾向两者共同致病。镰刀菌酸被认为是尖孢镰刀菌早期侵染宿主植物的信号物质，毒素与植物根系细胞膜特定蛋白结合，损伤宿主植物的根系细胞膜，促使宿主植物发生形态变化，为病菌的定植打下基础，然后尖孢镰刀菌分泌各种细胞壁降解酶，导致宿主植物导管阻塞，植株萎蔫致死（高晓敏等，2014）。

4.3.3 寄主作物对病原菌侵染的抗性响应

植物与微生物的相互作用主要包括植物与病原微生物的互作和植物的互作。病原微生物侵染植物，导致农作物减产甚至绝收，并影响农产品的品质，对我国乃至世界的粮食安全和人类健康造成巨大威胁。如何通过提高作物自身的抗病能力，进而抵抗各种病原菌的入侵，是各国科学家面临的重大课题（毕国志和周俭民，2017）。在病原菌向上运输过程中，植物会作出相应的抗性反应，如在维管束中产生胼胝质、侵填体、胶质等物质堵塞导管（董鲜等，2015）。香蕉对枯萎病菌的防御一方面取决于根系及维管系统的响应速度，另一方面则通过细胞壁结构和化学上的强化，其中木质素合成和细胞壁加固起着重要作用。寄主植物受到侵染后，最终的抗病或感病反应与细胞壁覆盖物、侵填体和褐色物出现的早晚及其强度有关。侵填体常出现在受病原菌侵染的导管中，通常认为它们能阻止病原菌在维管束中的生长。褐色物在感病品种中出现较晚，而在抗病品种中出现较早且量大，将受侵染的导管完全封闭。褐色物除了具有机械堵塞作用外，其含有的萜类物质还具有植物抗生素作用，能够造成入侵的菌丝受毒害致死（杜琳等，2012）。抗病品种在接菌后细胞壁加厚，导管腔内出现褐色物、胞壁覆盖物及侵填体，而感病品种仅出现细胞壁加厚和胼胝质。导管中出现胞壁覆盖物、侵填体和褐色物被认为是阻止菌丝向导管壁的穿透，从而保护相邻组织。然而细胞壁覆盖物、侵填体和褐色物将导管堵塞后，导管的输水功能可由维管束中其他未受侵染的导管所代替，因此维管束堵塞的真正意义在于封闭受侵染或破裂的导管，从而限制菌丝的扩展，这实际上也代表了寄主植物的一种防御机制，是一种抗病性反应（杜琳等，2012）。

木质素是存在于木质部组织中由 p-香豆醇、松柏醇和芥子醇氧化偶联形成的异源多聚体类物质，填充于纤维素构架中。作为一种机械屏障，木质素含量提高可以保护寄主细胞免受病原物分泌酶的降解而抑制病原物的扩展。维管束病原菌如镰刀菌属、黄单胞菌属或轮枝菌属等通常是通过木质部传播的，当它们与植物之间互作时，木质素含量一般都会增加，且木质素含量的增加与植株对病原菌抗性之间存在正相关关系（张明菊等，2015）。乳状突起（papillae）是木质素、胼胝质、纤维素、木栓素和硅质等包被物质沉积形成的介于细胞膜和细胞壁之间的一种物理障碍物。木质素含量提高、胼胝质沉积的增加和乳状突起的形成可以阻止病原物向植物组织的进一步渗透（张明菊等，2015）。

参 考 文 献

毕国志, 周俭民. 2017. 厚积薄发: 我国植物-微生物互作研究取得突破[J]. 植物学报, 52(6): 685-688.
蔡祖聪, 黄新琦. 2016. 土壤学不应忽视对作物土传病原微生物的研究[J]. 土壤学报, 53(2): 29-34.
曹坳程, 刘晓漫, 郭美霞, 等. 2017. 作物土传病害的危害及防治技术[J]. 植物保护学报, 43(2): 6-16.
董鲜, 马晓惠, 陈传娇, 等. 2018. 三七根腐病尖孢镰刀菌分离鉴定及致病作用研究[J]. 中草药, 41(1):

8-12.

董鲜, 马玉楠, 马晓惠, 等. 2017. 尖孢镰刀菌侵染下香蕉幼苗抗病生理响应研究[J]. 热带农业科学, 37(5): 56-62.

董鲜, 郑青松, 王敏, 等. 2015. 铵态氮和硝态氮对香蕉枯萎病发生的比较研究[J]. 植物病理学报, 45(1): 73-79.

杜琳, 范淑英, 刘文睿, 等. 2012. 瓜类寄主与尖孢镰刀菌互作的研究进展[J]. 园艺学报, 39(9): 1767-1772.

高晓敏, 王琚钢, 马立国, 等. 2014. 尖孢镰刀菌致病机理和化感作用研究进展[J]. 微生物学通报, 41(10): 2143-2148.

高增贵, 陈捷, 高洪敏, 等. 2000. 玉米茎腐病菌产生的细胞壁降解酶种类及其活性分析[J]. 植物病理学报, 30(2): 148-152.

顾美英, 徐万里, 茆军, 等. 2012. 新疆绿洲农田不同连作年限棉花根际土壤微生物群落多样性[J]. 生态学报, 32(10): 3031-3040.

郝晶, 周宝利, 刘娜, 等. 2009. 嫁接茄子抗黄萎病特性与根际土壤微生物生物量和土壤酶的关系[J]. 沈阳农业大学学报, 40(2): 148-151.

胡海娇, 魏庆镇, 王五宏, 等. 2018. 茄子枯萎病研究进展[J]. 分子植物育种, 16(8): 2630-2637.

黄新琦, 蔡祖聪. 2017. 土壤微生物与作物土传病害控制[J]. 中国科学院院刊, 32(6): 593-600.

黄钰芳, 张恩和, 张新慧, 等. 2018. 兰州百合连作障碍效应及机制研究[J]. 草业学报, 27(2): 146-155.

姬华伟, 郑青松, 董鲜, 等. 2012. 铜、锌元素对香蕉枯萎病的防治效果与机理[J]. 园艺学报, 39(6): 1064-1072.

雷锋杰. 2018. 人参细菌性软腐病菌对人参三萜皂苷类物质的趋化响应及其致病机制研究[D]. 沈阳: 沈阳农业大学博士学位论文.

李丽, 蒋景龙. 2018. 西洋参化感自毒作用与连作障碍研究进展[J]. 分子植物育种, 16(13): 4436-4443.

李世东, 缪作清, 高卫东. 2011. 我国农林园艺作物土传病害发生和防治现状及对策分析[J]. 中国生物防治学报, 27(4): 433-440.

李孝刚, 张桃林, 王兴祥. 2015. 花生连作土壤障碍机制研究进展[J]. 土壤, 47(2): 266-271.

刘晓珍, 肖逸, 戴传超. 2012. 盐城药用菊花连作障碍形成原因初步研究[J]. 土壤, 44(6): 1035-1040.

刘业霞, 付玲, 艾希珍, 等. 2013. 嫁接对辣椒次生代谢的影响及其与青枯病抗性的关系[J]. 中国农业科学, 46(14): 2963-2969.

罗琼, 叶小莉, 郑冰雅, 等. 2017. 植物内生甲基营养型芽孢杆菌防治番茄枯萎病[J]. 泉州师范学院学报, 35(6): 17-20.

潘东进, 唐文伟, 曾东强. 2019. 土壤处理除草剂对土传病害的影响[J]. 分子植物育种, 17(11): 3799-3806.

邵秀红, 窦同心, 林雪茜, 等. 2018. 香蕉对枯萎病的抗性机制研究现状与展望[J]. 园艺学报, 45(9): 1661-1674.

孙权, 陈茹, 宋乃平, 等. 2010. 宁南黄土丘陵区马铃薯连作土壤养分、酶活性和微生物区系的演变[J]. 水土保持学报, 24(6): 208-212.

汪敏, 焦睿, 邢小萍, 等. 2011. 棉花黄萎病菌致病的分子机理[J]. 棉花学报, 23(3): 272-278.

汪茜, 刘增亮, 张金莲, 等. 2018. 间作栽培对生姜产量及其根际土壤丛枝菌根真菌的影响[J]. 分子植物育种, 16(12): 4124-4128.

王麒然, 吴菊香, 张茹琴, 等. 2016. 花生叶腐病菌分泌的细胞壁降解酶活性测定及致病性分析[J]. 植物生理学报, 52(3): 269-276.

魏薇. 2018. 氮肥过量施用加重三七连作障碍的植物-微生物-土壤负反馈机制研究[D]. 昆明: 云南农业大学博士学位论文.

魏巍, 许艳丽, 朱琳, 等. 2014. 长期连作对大豆根际土壤镰孢菌种群的影响[J]. 应用生态学报, 25(2):

497-504.

吴红淼, 吴林坤, 王娟英, 等. 2016. 根际调控在缓解连作障碍和提高土壤质量中的作用和机理[J]. 生态科学, 35(5): 225-232.

吴洪生, 尹晓明, 刘东阳, 等. 2008. 镰刀菌酸毒素对西瓜幼苗根细胞跨膜电位及叶细胞有关抗逆酶的抑制[J]. 中国农业科学, 41(9): 2641-2650.

杨瑞秀, 高增贵, 姚远, 等. 2014. 甜瓜根系分泌物中酚酸物质对尖孢镰孢菌的化感效应[J]. 应用生态学报, 25(8): 2355-2360.

杨珍, 戴传超, 王兴祥, 等. 2019. 作物土传真菌病害发生的根际微生物机制研究进展[J]. 土壤学报, 56(1): 12-22.

叶旭红, 林先贵, 王一明. 2011. 尖孢镰刀菌致病相关因子及其分子生物学研究进展[J]. 应用与环境生物学报, 17(5): 759-762.

尹承苗, 王玫, 王嘉艳, 等. 2017. 苹果连作障碍研究进展[J]. 园艺学报, 44(11): 2215-2230.

于妍华. 2011. 西洋参连作障碍微生态机制及生防放线菌的抗病作用[D]. 杨凌: 西北农林科技大学硕士学位论文.

张爱华, 马文丽, 雷锋杰, 等. 2017. 人参黑斑病菌对人参根系分泌物中氨基酸的化学趋向性响应研究[J]. 中国中医药杂志, 42(11): 2052-2057.

张大智, 詹儒林, 柳凤, 等. 2016. 杧果细菌性角斑病菌细胞壁降解酶的致病作用[J]. 果树学报, 33(5): 585-593.

张明菊, 王红梅, 王书珍, 等. 2015. 植物对维管束病原菌的防卫反应机制研究进展[J]. 植物生理学报, 51(5): 601-609.

张桃林. 2015. 加强土壤和产地环境管理促进农业可持续发展[J]. 中国科学院院刊, 30(增刊): 257-266.

张重义, 林文雄. 2009. 药用植物的化感自毒作用与连作障碍[J]. 中国生态农业学报, 17(1): 189-196.

张重义, 尹文佳, 李娟, 等. 2010. 地黄连作的生理生态特性[J]. 植物生态学报, 34(5): 547-554.

Li X G, Zhang Y N, Ding C F, et al. 2017. Temporal patterns of cotton *Fusarium* and *Verticillium* wilt in Jiangsu coastal areas of China[J]. Scientific Reports, 7: 12581.

Ma Z C, Zhu L, Song T Q, et al. 2017. A paralogous decoy protects *Phytophthora sojae* apoplastic effector PsXEG1 from a host inhibitor[J]. Science, 355: 710-714.

Wu H M, Wu L K, Zhu Q, et al. 2017. The role of organic acids on microbial deterioration in the *Radix pseudostellariae* rhizosphere under continuous monoculture regimes[J]. Scientific Reports, 7: 3497.

Wu L K, Wang J Y, Huang W M, et al. 2015a. Plant-microbe rhizosphere interactions mediated by *Rehmannia glutinosa* root exudates under consecutive monoculture[J]. Scientific Reports, 5: 15871.

Wu Z J, Yang L, Wang R Y, et al. 2015b. *In vitro* study of the growth, development and pathogenicity responses of *Fusarium oxysporum* to phthalic acid, an autotoxin from Lanzhou lily[J]. World Journal of Microbiology and Biotechnology, 31: 1227-1234.

第5章 化感自毒物质促进土传病害发生的机制

在生态学中自毒作用是一种密度制约因素的反馈调节，个体为了适应生存的需要分泌出自毒物质，抑制种内其他个体的生长，以利于自身生存，从而调节种群密度。这是植物在长期进化过程中所形成的一种适应策略，在优化种群结构、维持种群稳定等方面发挥重要的作用。自然生态系统中，植物可以利用自毒物质控制自身种群在时空上的分布，从而避免种内竞争，利于自我生存及扩展地域分布。然而，在农业生态系统中，自毒物质会严重影响植物的产量和质量。尤其在现代农业生态系统中，人们为了追求产量而采用的大面积、单一化、高密度连续种植等措施打破了植物在长期进化过程中形成的自然规律，进一步加剧了自毒作用的危害，造成更为严重的连作障碍（杨敏，2015）。

5.1 化感自毒物质对土传病害发生的促进效应

大量研究表明，作物连作自毒作用与土传病害发生密切相关。近年来的研究结果表明，凡是容易引起自毒作用的作物一般也易引起土传病害产生而导致连作障碍（侯慧等，2016）。在作物栽培中，部分作物根系分泌物和作物残体腐解物能够为土传病原菌提供营养与寄主场所，而单一作物长期连作容易形成以这些根系分泌物为主导的特殊的土壤生态环境，从而使病原菌能够大量的滋生、繁殖，致使病害加剧（李石力，2017）。

75 μg/g 与 150 μg/g 肉桂酸对土壤进行预处理后，青枯雷尔氏菌能够对烟草植株造成快速的侵染，且能够加重烟草青枯病的发病程度（李石力，2017）。相对高浓度的阿魏酸是草莓植株苗期容易开始感染枯萎病菌的原因之一，高浓度的阿魏酸能增加草莓植株苗被尖孢镰刀菌草莓专化型侵染的风险（田给林，2015）。苯甲酸、肉桂酸处理可导致西瓜幼苗枯萎病严重发生（王倩和李晓林，2003）。酚酸能使孢子悬液浸泡过的花生感染根腐病病原菌的概率增加，使花生发芽率下降，花生染菌而腐烂（李培栋等，2010）。对羟基苯甲酸两种浓度（0.2 mmol/L 和 0.4 mmol/L）处理后，草莓盆栽培养基质中尖孢镰刀菌数量分别增加 76.7%和 104.6%；草莓枯萎病病情指数分别高达 40.0 和 27.7，分别比对照提高 60.6%和 36.5%（齐永志等，2016）。土壤中肉桂酸和香草醛的浓度随着茄子连作年限的增加而增多，当肉桂酸和香草醛的浓度分别为 1 mmol/L 和 4 mmol/L 时会促进茄子枯萎病的发生，增加病原菌的侵染。因此，高浓度的肉桂酸和香草醛增加了茄子的自毒作用与感染疾病的风险（Chen et al.，2011）。邻苯二甲酸、没食子酸、水杨酸在各处理浓度下对甜瓜枯萎病的病情指数均无明显的促进作用，而在 0.05~0.5 mmol/L 处理浓度下，肉桂酸、阿魏酸、苯甲酸对枯萎病病情指数具有显著的促进作用，0.5 mmol/L 处理浓度下病情指数依次为 88.9、85.2、82.8，均高于对照（70.37）；丁香酸在 0.5 mmol/L 处理浓度下对枯萎病病情指数具有较强的促进作用；总体来看，酚酸处理浓度越高，甜瓜枯萎病发生越严重（图 5.1~图 5.4）（杨瑞秀等，2014；杨瑞秀，2014）。地黄自毒物

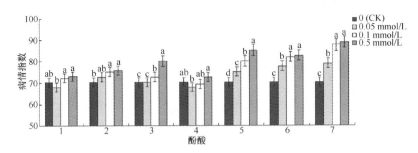

图 5.1 酚酸处理对甜瓜枯萎病病情指数的影响（杨瑞秀等，2014）

1. 没食子酸；2. 邻苯二甲酸；3. 丁香酸；4. 水杨酸；5. 阿魏酸；6. 苯甲酸；7. 肉桂酸。相同酚酸处理下柱上不同小写字母表示不同浓度处理间差异显著（$P<0.05$）

图 5.2 肉桂酸不同浓度处理对甜瓜枯萎病的影响（杨瑞秀，2014）（彩图请扫封底二维码）

CK1. 未加酚酸接种病原菌处理；CK2. 清水对照。

图 5.3 苯甲酸不同浓度处理对甜瓜枯萎病的影响（杨瑞秀，2014）（彩图请扫封底二维码）

CK1. 未加酚酸接种病原菌处理；CK2. 清水对照。

图 5.4 阿魏酸不同浓度处理对甜瓜枯萎病的影响（杨瑞秀，2014）（彩图请扫封底二维码）

CK1. 未加酚酸接种病原菌处理；CK2. 清水对照。

质——阿魏酸能显著抑制地黄幼苗的生长，尤其是阿魏酸与尖孢镰刀菌协同作用下抑制作用更强（图 5.5）（Li et al.，2016），同时阿魏酸还能显著促进地黄枯萎病的发生，并随处理浓度增加，枯萎病发病程度加重（图 5.6）。

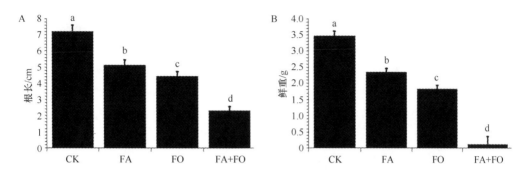

图 5.5　阿魏酸和尖孢镰刀菌共同作用抑制地黄幼苗的生长（Li et al.，2016）

FA. 阿魏酸；FO. 尖孢镰刀菌；FA+FO. 外源添加阿魏酸并接种尖孢镰刀菌。不同小写字母表示差异显著（$P<0.05$）

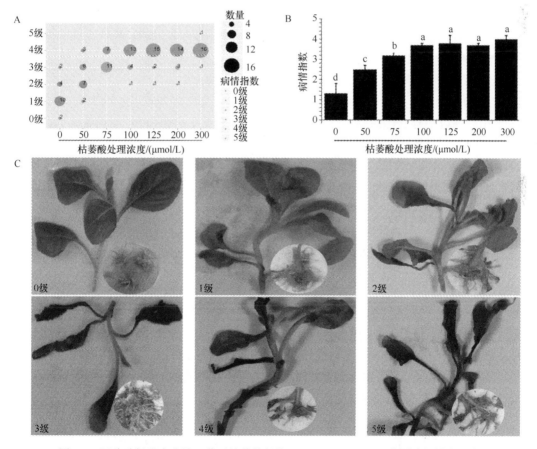

图 5.6　阿魏酸促进尖孢镰刀菌对地黄的侵染（Li et al.，2016）（彩图请扫封底二维码）

A. 添加不同浓度阿魏酸后枯萎病不同发病级别的地黄植株数；B. 添加不同浓度阿魏酸对地黄枯萎病病情指数的影响；
C. 地黄枯萎病不同发病级别的感病症状。不同小写字母表示差异显著（$P<0.05$）

5.2 化感自毒物质对寄主抗性的影响

接种甜瓜枯萎病菌后，随着甜瓜根茬腐解物的增加，甜瓜枯萎病病情指数明显增大，根茬腐解物的存在降低了甜瓜幼苗抵抗病原菌侵入的能力，使其在有病原菌存在的条件下容易感病，甜瓜的根茬腐解物越多，枯萎病发病率就越高（程莹等，2011）。莴苣根系渗出液可抑制莴苣种子发芽和幼苗生长，并可增强镰刀菌枯萎病害的侵染能力，二者的共同作用将导致莴苣生长缓慢和抗病性下降（Peirce and Colby，1987）。自毒物质降低了黄瓜的生长能力和抵抗力，与多年累积的病原菌共同作用，形成严重的土传病害，是连作障碍产生的重要原因（侯慧等，2016）。

5.2.1 化感自毒物质降低寄主抗性的组织病理学机制

由尖孢镰刀菌（FO）侵染引起的枯萎病是草莓连作障碍的重要表现，该病严重制约了草莓的生产。齐永志等（2015）选取了两个草莓品种（丰香——枯萎病感病品种，土特拉——枯萎病抗病品种），接种 FO 24 d 后，丰香根系各层细胞感染程度受对羟基苯甲酸(PA)的影响更加明显，感染率均超过 49.4%；而土特拉除表皮细胞外，其他层的感染率均在 48.5% 以下。PA 胁迫下，丰香根系褐变和叶片枯萎程度均明显加重，且重于土特拉（图 5.7）；进一步观察 PA 胁迫下尖孢镰刀菌侵染寄主后根系组织的病变过程，发现接种 FO 6 d 后，丰香和土特拉的对照表皮细胞均结构完整、排列紧密有序，细胞间轮廓清晰、空隙极小；PA 胁迫下，表皮细胞均收缩变形，排列较为松散，层次模糊；丰香和土特拉单独接种处理 FO 后表皮细胞收缩程度加重，且细胞壁增厚，部分菌丝已侵染至皮层细胞，细胞部分破碎；PA 胁迫下丰香和土特拉接种处理对羟基苯甲酸+尖孢镰刀菌后表皮细胞结构不完整，细胞中均发现大量菌丝，且褐色物明显增加；丰香表皮细胞破碎脱落，土特拉表皮细胞未脱落（图 5.8）。接种 FO 24 d 后（图 5.9），两个品种对照导管横切面形状规则，呈圆形或椭圆形，且与周围中柱薄壁细胞结合紧密，无间隙；PA 胁迫下，根系导管均明显变细，但数量无明显变化；单独接种处理，被侵染的导管中均有胶状物产生，导管形状及数量无明显变化；PA 胁迫下接种处理，丰香所有导管均已变形破裂，层次模糊，大部分导管被内含物填充，土特拉导管受损程度较轻，且无胶状物产生，表明 PA 胁迫下接种尖孢镰刀菌可明显加重草莓根系组织受损程度，且丰香枯萎病发生较重（齐永志等，2015）。

张重义等（2010）运用透射电镜分别对正茬地黄（图 5.10A～C）和重茬地黄（图 5.10a～c）叶片叶肉细胞的超微结构进行观察，结果显示，正茬地黄叶肉细胞的超微结构正常，如图中箭头指示：叶肉细胞栅栏组织中含有较多的淀粉粒及较少的嗜锇颗粒（图 5.10A），叶绿体基粒片层清晰可见，排列有序且规则（图 5.10B），细胞核清晰完整（图 5.10C）。但重茬叶肉细胞的超微结构略有变化：栅栏组织中所含淀粉粒与正茬相比略小（图 5.10a），叶绿体基粒片层有轻度扩张，排列略紊乱（图 5.10b），维管束薄壁细胞中的细胞核核膜已向外扩张（图 5.10c）。

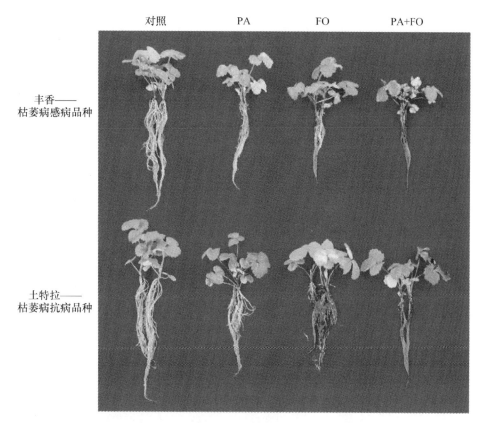

图 5.7　对羟基苯甲酸（PA）胁迫下接种尖孢镰刀菌（FO）24 d 后草莓枯萎病的
发生情况（齐永志等，2015）（彩图请扫封底二维码）

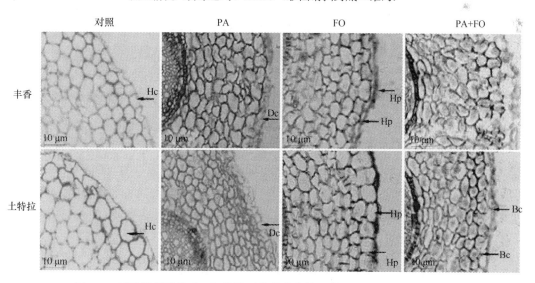

图 5.8　对羟基苯甲酸（PA）胁迫下接种尖孢镰刀菌（FO）6 d 后草莓根系
表皮细胞的结构特征（齐永志等，2015）（彩图请扫封底二维码）
Hc. 健康细胞；Dc. 变形细胞；Hp. 菌丝；Bc. 破碎细胞

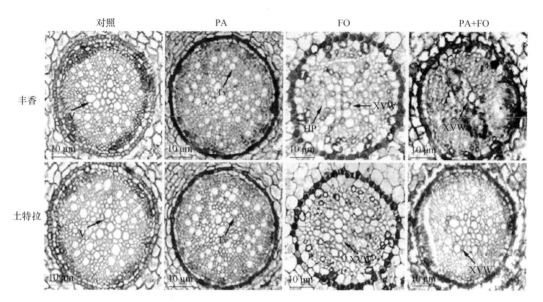

图 5.9 对羟基苯甲酸（PA）胁迫下接种尖孢镰刀菌（FO）24 d 后根系内导管壁
的结构特征（齐永志等，2015）（彩图请扫封底二维码）

V. 健康的导管；Tv. 变细的导管；HP. 菌丝；XVW. 增厚的导管壁

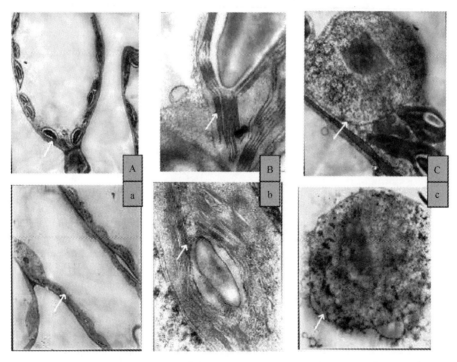

图 5.10 连作对地黄叶肉细胞超微结构的影响（张重义等，2010）

A、a. 箭头标示为栅栏组织、淀粉粒；B、b. 箭头标示为叶绿体、基粒片层；C、c. 箭头标示为细胞核、核膜

　　杨敏（2015）对三七连作障碍的研究表明，对照处理的根尖细胞表现正常，细胞壁
和细胞膜结构完整，细胞质均匀地分布于细胞膜内，细胞核、线粒体、高尔基体、内质

网等细胞器清晰可见（图 5.11A）。自毒物质 Rg1 处理后，三七根尖细胞的超微结构出现诸多异常。处理 1 h 后，细胞壁开始增厚，细胞严重变形、皱缩（图 5.11B，图 5.11C）；随着自毒物质处理时间延长，细胞质开始浓缩，出现明显的质壁分离现象（图 5.11D～F）；随后细胞壁降解（图 5.9G，图 5.9G～I），在根尖内形成明显的空腔（图 5.11J～L）（杨敏，2015）。

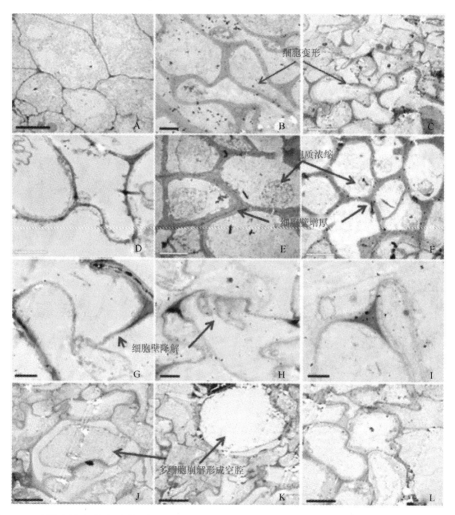

图 5.11　透射电镜观察自毒物质人参皂苷 Rg1 处理三七根系后超微结构的变化（杨敏，2015）
A. 对照处理，三七正常的根尖细胞，细胞质分布均匀，细胞核、细胞壁、细胞膜、内质网和线粒体形态正常；B、C. 细胞壁开始增厚，细胞严重变形、皱缩；D、E、F. 细胞质浓缩，出现质壁分离；G、H、I. 细胞壁被溶解；J. 根内出现大量空腔；K、L. 根内出现大量空腔

　　质壁分离指的是成熟的植物细胞在外界溶液浓度较高的环境下，细胞内的水分会向细胞外渗透，进而失水导致原生质层和细胞壁收缩，而细胞壁的伸缩性要小于原生质层，所以产生了这种原生质层和细胞壁分离的现象。Rg1 处理后三七植株出现萎蔫，可能与细胞的质壁分离有关（杨敏，2015）。另外，细胞壁降解是 Rg1 处理根系细胞后最典型的异常表现，这表明 Rg1 可能直接导致或诱导三七根系细胞壁降解相关酶的表达，导致

细胞壁被逐渐降解。Rg1 处理后根系细胞逐渐失去吸水能力，且能降解细胞壁，破坏细胞结构，最终导致根系死亡（杨敏，2015）。

5.2.2 化感自毒物质降低寄主抗性的生理生化机制

光合指标变化直接影响植株的能量代谢和干物质的积累，是了解植株生长状况的最直接指标。研究表明，多种植物分泌物或腐解物中均存在自毒物质，对植株的光合生理产生伤害。黄瓜、桉树、核桃、细辛、西洋参等根系分泌物或腐解物中的自毒物质可明显影响叶片光合色素的分解与合成，破坏 PSⅡ反应中心和电子传递，进而引发一系列生理代谢紊乱（齐永志和甄文超，2016）。与对照相比，对羟基苯甲酸胁迫下平邑甜茶幼苗叶片的丙二醛（MDA）含量显著升高，抗氧化酶活性显著降低，不能有效抑制自由基的过量积累，打破了自由基产生与清除之间的平衡，造成脂膜过氧化损伤，叶片叶绿素含量、光合速率（Pn）和气孔导度（Gs）也明显低于对照，由此推测自由基的过量累积引起的氧化损伤使叶绿体膜结构受到破坏，导致叶片光合速率的下降（王艳芳等，2014）。不同酚酸处理对苹果幼苗根系三羧酸循环（TCA）相关的顺乌头酸酶和异柠檬酸脱氢酶活性具有抑制作用，根系线粒体膜通透性转换孔（mPTP）的开放程度增大，细胞色素 Cyt c/a 值下降（尹承苗等，2016）。草莓根系腐解物引起下茬草莓叶片 PSⅠ和 PSⅡ光合机构功能下降，影响植株的生长发育，且根系腐解物溶液浓度越大，对草莓植株发育及生理代谢的抑制作用越明显，是造成草莓连作障碍的重要原因之一（杜国栋等，2015）。较高浓度对羟基苯甲酸胁迫处理明显降低了草莓叶片的光合色素含量、净光合速率和气孔导度（齐永志和甄文超，2016）。对羟苯甲酸胁迫下可能会打破草莓叶片细胞中的离子平衡，破坏叶绿体结构，造成叶片光合器官损伤，进而降低叶绿素含量和叶肉细胞光合活性（齐永志和甄文超，2016）。花生连作自毒物质——香草酸对花生幼苗根系活力、叶绿素含量和光合速率都有一定的抑制作用，并且随着浓度的增加效果越明显，说明香草酸对花生幼苗生长具有一定的自毒效应（黄玉茜等，2018）。

在植物正常生长情况下，通常在细胞中产生活性氧（ROS），植物在长期进化过程中形成了多种防御策略（如抗氧化酶系统和非酶类抗氧化物）来抵御活性氧造成的损伤，以保持生理平衡状态。但当植物遭受逆境胁迫时，活性氧积累过多，致使植物组织受到伤害，活性氧作为信号分子还能诱导植物抵御外界环境胁迫。化感胁迫往往伴随着氧化胁迫，受体植物细胞活性氧水平升高，膜脂过氧化程度加剧，抗氧化系统被破坏，ROS 影响与凋亡相关的信号调控过程，导致细胞大量死亡（马丹炜等，2015）。过多的活性氧引起的氧化损伤使得苹果根系线粒体的电子传递受阻，线粒体内膜的完整性和电子传递链受到破坏，反过来进一步破坏线粒体的抗氧化防御体系，使线粒体超氧阴离子自由基（O_2^-）产生速率加快、过氧化氢（H_2O_2）和丙二醛（MDA）含量增高、膜脂过氧化加剧，最终破坏线粒体的结构和功能，植物生长受到抑制甚至死亡（王艳芳等，2015）。连作能够抑制百合植株的生长，一方面，通过降低百合植株叶绿素含量，影响净光合速率，从而降低光合作用能力；另一方面，通过抑制抗氧化酶活性，造成活性氧代谢失调，膜脂过氧化程度升高，破坏细胞膜完整性，从而抑制百合植株生长，阻碍鳞茎膨大，导致百合产量和品质下降（黄钰芳等，2018）。酚酸类物质会对植物根系的细胞膜造成损伤，使细胞内活性氧自由基增加，破坏细胞膜的完整性，从而使连作土壤中的土传病原菌更容易入侵（李自博等，2016）。

植物受到病原物侵染时，其体内的次生代谢防御酶，如苯丙氨酸解氨酶（PAL）、多酚氧化酶（PPO）等活性会发生变化，参与活性氧清除及酚类、木质素和植保素等抗病相关物质的合成，抵御活性氧及氧自由基对细胞膜系统的伤害，增强植物对病害的抵抗能力（刘业霞等，2013）。例如，超氧化物歧化酶（SOD）作为清除活性氧的第一道防线，能将有毒的 O_2^- 转化为更稳定的 H_2O_2，H_2O_2 又被过氧化氢酶（CAT）和过氧化物酶（POD）分解。外源添加酚酸类物质使平邑甜茶幼苗根系内的抗氧化酶 POD、SOD 和 CAT 活性显著降低，同时，超氧阴离子自由基的产生速率、H_2O_2 含量大幅度增加，即在连作条件下，土壤中酚酸类物质大量积累，使得植物抗氧化系统受到破坏，不能有效清除自由基，造成自由基过量积累（王艳芳等，2014）。随着烟草自毒物质邻苯二甲酸酯处理浓度的增加，烟草植物根系产生 O_2^- 的速率逐渐增大，SOD 和 CAT 活性逐渐增强，但当处理浓度大于 0.5 mmol/L 时，产生 O_2^- 的速率超过自身抗氧化系统清除能力，造成根尖细胞膜系统的氧化损伤，从而使细胞质膜的通透性增加、离子渗漏增大，造成元素吸收的失衡等一系列生理生化变化，并最终表现出烟草的自毒作用（邓家军等，2017）。肉桂酸对广藿香根、茎、叶的过氧化物酶、超氧化物歧化酶及过氧化氢酶均具有低促高抑的浓度效应；广藿香幼苗根、茎、叶的 MDA 含量随着肉桂酸浓度增加而升高（李龙明等，2016）。

结合番茄维管束褐变情况，可认为 MDA、POD 和 PPO 3 种抗氧化系统指标可以作为监控番茄早期枯萎病发病的活性生理指标（闫敏等，2013）。长期连作显著影响了棉花正常生长，改变了棉花抗枯萎病菌的生理生化特性，其中可溶性蛋白和 MDA 含量显著升高，SOD 和 CAT 活性显著降低，长期连作对棉花的生长和生理生化代谢造成影响，进而降低了棉花的抗枯萎病能力，这可能是连作条件下棉花发病上升的重要原因之一（张亚楠等，2016）。藿香叶、茎、根各部位不同质量浓度水浸提液处理降低了藿香幼苗叶绿素含量及可溶性蛋白含量，抑制了 SOD、POD 和 CAT 活性，提高了幼苗叶片相对电导率与 MDA 含量（薛启等，2017）。高浓度的肉桂酸、香草醛处理下，茄子根系抗氧化酶活性、渗透调节物质含量普遍降低（陈绍莉等，2010）。对于西瓜根系 POD 和 SOD 活性的影响，苯甲酸的作用强度大于肉桂酸，而对根细胞质膜 H^+-ATPase 活性的影响，则是肉桂酸大于苯甲酸，苯甲酸、肉桂酸处理可增加根细胞膜透性，且苯甲酸的作用大于肉桂酸（孙会军和王倩，2007）。花生幼苗期，酚酸类物质会造成幼苗根系细胞膜的损伤，使细胞内活性氧自由基增加，破坏细胞膜的完整性，从而使连作土壤中的土传病原菌更加容易入侵，造成花生腐烂或使花生携带病原菌，从而造成花生发病率增加（李培栋等，2010；滕应等，2015）。

5 种酚酸类物质（对羟基苯甲酸、阿魏酸、香草醛、肉桂酸和水杨酸）在 100 μmol/L 的高浓度处理条件下对滁菊扦插幼苗具有一定的毒害作用，对可溶性糖、可溶性蛋白、叶绿素 a、叶绿素 b、POD、CAT、SOD、PAL 均产生较强的抑制作用，增加滁菊扦插幼苗根系中 MDA 含量，5 种酚酸类物质可通过影响植株上述指标而造成细胞膜的损害，从而降低滁菊的抗病性（谢越等，2012）。自毒物质和枯萎病菌的协同作用能加重芦笋根尖及表皮细胞损伤，降低过氧化物酶活性，提高电解质外渗，从而增加镰刀菌的侵染机会（Hartung and Stephens，1994）。黄瓜根系分泌物中肉桂酸是其主要自毒物质，连作导致黄瓜根系活性降低、养分外渗率加快、养分吸收减少，使其更易受镰刀菌的侵染，黄瓜枯萎病发病率增加（Ye et al.，2004，2006）。在化感物质对羟基苯甲酸和尖孢镰刀菌共同作用下，草莓根系的保护酶活性显著降低，膜脂过氧化更为明显；同时草莓根系 H^+-ATPase 活性下降及细胞膜受伤害程度加剧，草莓根系养分和水分外渗增加，草莓植株生长受阻更加明显，根部病害发生程度更加严重（刘奇志等，2013）。Li 等（2016）采用地黄自毒物质——阿魏酸外源添加并接种尖孢镰刀菌后 24 h、48 h、72 h 分别测定了地黄幼苗的保护酶（SOD、PPO 和 CAT）活性和 MDA、H_2O_2 含量，结果发现，阿魏酸处理显著增加了 SOD、PPO 和 CAT 活性，并表现为随处理浓度增加，酶活性随之增强，尤其在阿魏酸和尖孢镰刀菌共同作用下，酶活性的增加更加显著，进一步提高了 MDA 和 H_2O_2 的含量，最终导致严重的氧化损伤（图 5.12）。连作自毒物质通过影响寄主作物的生理生化过程而影响寄主抗性，从而影响土传病害的发生和发展。

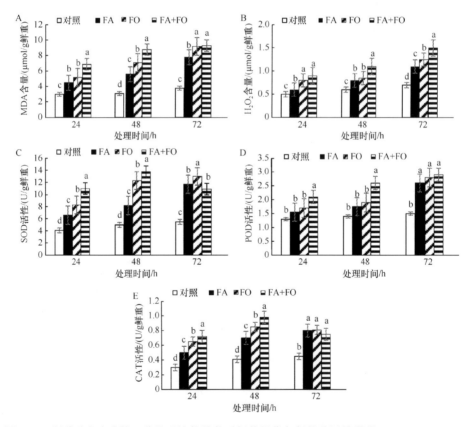

图 5.12　阿魏酸和尖孢镰刀菌处理地黄幼苗后氧化损伤与保护酶活性增强（Li et al.，2016）

FA. 阿魏酸；FO. 尖孢镰刀菌；FA+FO. 添加阿魏酸并接种尖孢镰刀菌。A. 丙二醛（MDA）含量；B. 过氧化氢（H_2O_2）含量；C. 超氧化物歧化酶（SOD）活性；D. 多酚氧化酶（PPO）活性；E. 过氧化氢酶（CAT）活性。不同小写字母表示差异显著（$P<0.05$）

在西瓜连作土壤中，前茬西瓜根系分泌的阿魏酸残留，以及随着西瓜的生长不断向环境中分泌的阿魏酸，使得西瓜根系处于阿魏酸浓度较高的环境中。外源施加阿魏酸，引起西瓜植株几丁质酶基因表达下调，几丁质酶活性和 β-1,3-葡聚糖酶活性降低，说明西瓜根分泌物中的阿魏酸下调西瓜植株抗病相关基因的表达，降低抗病相关酶的活性，降低西瓜抗枯萎病的能力，是西瓜枯萎病产生的原因（任丽轩，2012）。地黄连作导致与块根重要生理代谢过程和主要成分合成相关的蛋白质都下调表达，与蛋白质折叠相关的伴侣蛋白（chaperonin）在重茬地黄根中全部下调表达；连作下与胁迫响应、抵御相关的蛋白质（病程相关蛋白 10、细胞色素 P450、Ⅲa 型膜蛋白 cp-wap13 等）均上调表达。qRT-PCR 定量分析证实重茬地黄块根中 *PR*-10 基因表达量显著高于正茬地黄；*PR*-10 基因在尖孢镰刀菌侵染下能够明显被诱导表达，表达量随着侵染时间的增加而逐渐升高，连作胁迫对地黄块根蛋白质表达谱有显著影响，导致蛋白质表达紊乱，连作植株生理代谢过程异常，碳水化合物和能量代谢缓慢，产生连作障碍效应（吴林坤等，2016）。

5.3　自毒物质对病原菌的化感效应

5.3.1　自毒物质对病原菌生长的影响

5.3.1.1　作物根系分泌物和腐解物对病原菌生长的影响

西瓜长期连作后，由于西瓜根系分泌物和腐解物中含有的酚酸类化感物质刺激西瓜枯萎病的病原菌（尖孢镰刀菌西瓜专化型）的生长、产酶和产毒，导致尖孢镰刀菌的过度繁殖，土壤中尖孢镰刀菌数量随残留的西瓜根系分泌物和腐解物不断积累而增加，最终导致西瓜枯萎病暴发（吴洪生，2008）。化感自毒物质对土壤微生物群落具有趋化作用，易造成有害病原菌增加和有益菌减少，导致病虫害频繁发生，引起连作障碍的发生（张爱华等，2011）。

根系分泌物是影响土壤中病原菌生长繁殖的重要因素，与土传病害密切相关（郝文雅等，2011）。根系分泌物中的氨基酸、多糖、脂类等成分能够为土传病原菌的生存提供必要的碳源和氮源，对病原菌的繁殖或孢子萌发有明显促进作用，导致病害的发生及为害程度的加重；另外，少数根系分泌物对土传病原菌繁殖或孢子萌发有明显的抑制作用。研究还发现，即使是同种植物，不同基因型间根系分泌物对病原菌的化感效应也存在显著差异（李勇等，2009）。根系分泌物的自毒作用和病原菌侵染是导致人参连作障碍产生的两个主要因素，而且重茬人参发病率的普遍升高与根系分泌物对土传病原菌菌落生长及孢子萌发的促进作用有关（李勇等，2009）。

三七根系插入镰刀菌 F3 孢子悬浮液 5 min 后，镰刀菌孢子开始萌发（图 5.13A）。与对照相比，三七根系周围（图 5.13B，图 5.13C）镰刀菌 F3 的孢子萌发率极显著高于毛细管周围（图 5.13E）。三七根系周围孢子萌发后芽管的向根率（图 5.13D）显著高于毛细管对照处理（图 5.13F）。这表明三七根系能诱导周围的镰刀菌孢子萌发且对芽管生长的方向具有吸引作用（江冰冰，2016），原因是三七根系分泌物中的糖类、有机酸类、

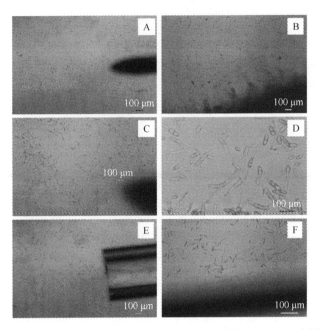

图 5.13 三七根系对镰刀菌病孢子萌发和芽管伸长的影响（江冰冰，2016）（彩图请扫封底二维码）

A～D. 孢子悬浮液中孢子与根尖的互作（A. 根系放在孢子悬浮液中 5 min；B. 根系与孢子互作 8 h 后孢子开始萌发；C. 根尖周围孢子萌发数量较多；D. 根系周围孢子萌发出芽管）；E、F. 毛细管与孢子的互作（E. 毛细管放入孢子悬浮液中 5 min；F. 毛细管孢子萌发较少，且无明显的趋向性）

氨基酸类物质可作为碳源和氮源，促进病原菌菌丝生长，且糖类物质能够促进根腐病菌孢子萌发及吸引芽管朝向营养源生长（江冰冰，2016）。

与抗病西瓜品种相比，感病西瓜品种根系分泌物可以为西瓜枯萎病菌生长提供更为丰富的碳、氮源物质，进而引起抗病性的降低，作为碳氮比营养需要较高的异养病原微生物，糖类物质对尖孢镰刀菌生长的促进作用显而易见。西瓜根系分泌物的高糖供给，可以为其致病菌提供丰富的营养，利于增殖（郝文雅等，2011）。随着甜瓜根茬腐解液浓度的提高，甜瓜枯萎病菌菌落生长的速度也随之加快，浓度越高，对菌落的促进作用越明显，同时对病菌孢子的萌发也有明显的促进作用（程莹等，2011）。化感物质可单独对草莓植株造成危害，也可与其他病原复合作用危害草莓，同时促进连作土壤中病原菌菌丝生长、孢子萌发及侵染，加重连作草莓根部土传病害，最终导致再植病害的发生（刘奇志等，2013）。长期连作使根际土壤中某些氨基酸和其他化感物质逐年累积，有利于特定病原微生物的生长、繁殖，并增加了病原菌与寄主识别的概率，最终成为导致连作草莓根部病害严重发生的重要因素之一（甄文超等，2004）。

连作马铃薯根系分泌物可促进立枯丝核菌的生长，从连作马铃薯苗期和现蕾期的根系分泌物中均鉴定出棕榈酸和邻苯二甲酸二丁酯，模拟试验表明：棕榈酸和邻苯二甲酸二丁酯均可明显促进立枯丝核菌的生长，说明马铃薯根系分泌物对立枯丝核菌的促进作用与分泌物中含有棕榈酸和邻苯二甲酸二丁酯有关（张文明等，2015）。花生根系分泌物对腐皮镰刀菌（*Fusarium solani*）的生长在一定浓度范围内表现出明显的化感促进作用，说明花生连作后根系分泌物的积累是导致土壤中病菌增多的原因之一（刘苹等，

2009）。花生根系分泌物中低浓度的苯乙酮对花生青枯病菌的生长有促进作用，青枯病菌入侵花生后在导管中产生大量胞外多糖等胶状物质，造成导管堵塞，阻碍水分和养分的运输，从而导致花生植株凋萎、逐渐死亡（滕应等，2015）。烟草根系分泌的肉桂酸、豆蔻酸、延胡索酸能够诱导青枯菌的运动和趋化活性，并提高其在根部的定植量（李石力，2017）。

5.3.1.2 自毒物质外源添加对病原菌生长的影响

（1）中药材

三七重茬根际土壤中化感自毒物质为苯甲酸及其衍生物类、酚类、酯类、饱和烃类等物质，这些物质在低浓度时有利于病原菌的生长，对三七根腐病的发生具有促进作用（赵静等，2018）。根际土壤中的皂苷类物质一方面能对三七根系产生自毒作用，干扰三七的正常生长，降低植株对病原和环境的抵抗能力；另一方面皂苷类物质还能促进根腐病菌的生长，使根腐病菌容易在三七根际滋生，加重根腐病的危害。三七根际皂苷类物质的自毒效应与土传病原菌的侵染可以协同互作，可能导致三七发生更为严重的连作障碍（图 5.14）（杨敏，2015）。

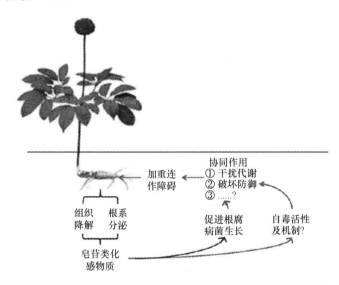

图 5.14 三七根际皂苷类化感物质在连作障碍形成过程中的可能作用和机制（杨敏，2015）
（彩图请扫封底二维码）

地黄连作自毒物质——阿魏酸 50～200 μmol/L 浓度显著促进了尖孢镰刀菌的生长（图 5.15A），并且阿魏酸 75～125 μmol/L 浓度则促进尖孢镰刀菌产孢（图 5.15B）（Li et al.，2016）。地黄须根自毒物质与病原菌存在协同作用，地黄须根自毒物质特别是阿魏酸和对羟基苯甲酸不仅能诱导地黄专化型病原菌的菌丝生长和孢子增殖，还能促进孢子萌发，加剧病原菌对地黄的致害过程（李振方，2011）。

太子参根系分泌物中检测到 7 种酚酸（阿魏酸、对羟基苯甲酸、香草醛、香草酸、丁香酸、水杨酸、肉桂酸）。Zhao 等（2015）把以上 7 种酚酸及 7 种酚酸混合物分别按

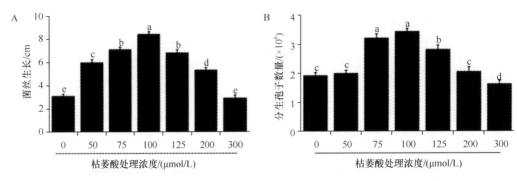

图 5.15 阿魏酸处理对尖孢镰刀菌（*Fusarium oxysporum*）菌丝生长（A）和产孢（B）
的影响（Li et al., 2016）

A. 镰刀菌菌丝生长；B. 镰刀菌分生孢子数。不同小写字母表示差异显著（$P < 0.05$）

不同浓度（0 mg/mL、0.67 mg/mL、2 mg/mL、6 mg/mL、18 mg/mL、54 mg/mL）外源添加到培养基中，发现 7 种酚酸及混合物总体上均显著促进了尖孢镰刀菌菌丝生长、产孢和孢子萌发，以阿魏酸和香草酸对尖孢镰刀菌菌丝生长的促进作用最大；以丁香酸对尖孢镰刀菌孢子萌发的促进作用最大；以对羟基苯甲酸对尖孢镰刀菌产孢的促进效果最好，并且随外源添加浓度增加，尖孢镰刀菌孢子萌发数急剧增加，在 54 mg/mL 浓度时达到最高值（图 5.16）。尖孢镰刀菌可以利用自毒物质作为碳源，促进其自身生长。从图 5.17 可看出，与不添加酚酸的对照相比，添加对羟基苯甲酸、香草醛和阿魏酸后尖孢镰刀菌能迅速利用这些酚酸，在培养 25 h 后全部利用了 3 种自毒物质（Zhao et al., 2015）。

李自博等（2016）从连作 8 年的人参根际土壤中共收集鉴定出水杨酸、没食子酸、苯甲酸、3-苯丙酸和肉桂酸 5 种酚酸类物质，并进一步采用外源添加的方法研究了这 5 种酚酸类物质对人参锈腐病菌的化感效应，结果表明：5 种酚酸对人参锈腐病菌的菌丝生长和孢子萌发都表现出高浓度抑制、低浓度促进的作用。没食子酸、水杨酸和苯甲酸在 0.5 mmol/mL 处理浓度下，3-苯丙酸和肉桂酸在 0.05 mmol/mL 处理浓度下，均能够显著促进人参锈腐病菌菌丝生长和孢子萌发，并显著加重人参锈腐病的发病严重度。

（2）蔬菜水果

黄瓜根系分泌物中总氨基酸含量随品种抗性的增加而降低；根系分泌物中半胱氨酸、苏氨酸、丙氨酸、缬氨酸、异亮氨酸、天冬氨酸、亮氨酸、苯丙氨酸、甘氨酸、甲硫氨酸、组氨酸、谷氨酸、酪氨酸含量与枯萎病的病情指数呈正相关（潘凯和吴凤芝，2007）。外源氨基酸对尖孢镰刀菌孢子萌发和产孢能力的影响表明，供试的 8 种氨基酸中丝氨酸为抑菌氨基酸，丙氨酸、谷氨酸、天冬氨酸、精氨酸为主要促菌氨基酸（郝文雅等，2011）。对羟基苯甲酸处理后，草莓培养基质中尖孢镰刀菌的数量明显上升，这很可能与草莓根系分泌不同作用型氨基酸含量与种类的变化有关（齐永志等，2016）。

酚酸类物质是决定土壤中病原菌密度及其在土壤中生长和存活状态以及寄主与寄生物间建立互作关系的关键性生态因子之一。许多植物的根系、秸秆等组织中的酚酸类物质对多种土传病害的病原菌生长有抑制或促进作用。化感效应的影响是浓度依赖型的，低浓度的化感物质通常被认为促进植物或病原生物的生长，高浓度的化感物质抑制

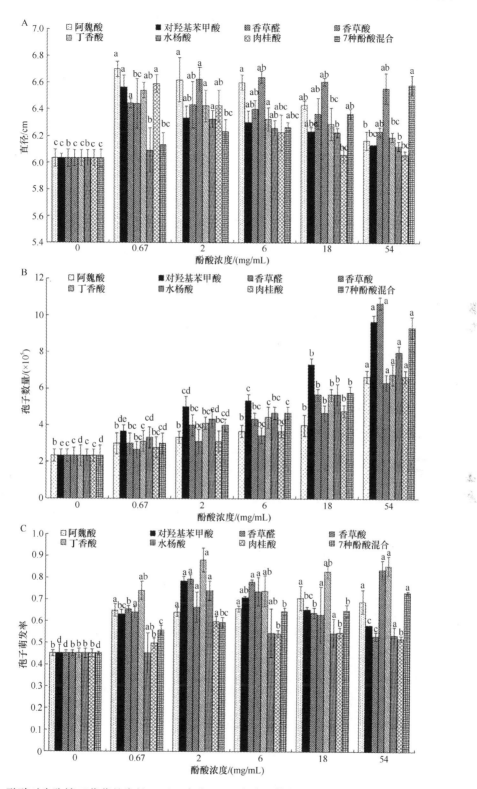

图 5.16　酚酸对尖孢镰刀菌菌丝生长（A）、产孢（B）和孢子萌发（C）的影响（Zhao et al.，2015）

图中相同酚酸不同浓度处理下不同小写字母表示差异显著（P＜0.05）

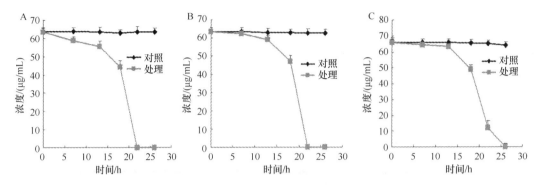

图 5.17 液体培养条件下尖孢镰刀菌对 3 种关键自毒物质
对羟基苯甲酸（A）、香草醛（B）、阿魏酸（C）的利用（Zhao et al.，2015）
对照为不添加酚酸；处理为添加酚酸

植物或病原生物的生长或没有影响（田给林，2015）。草莓耕作层土壤和草莓茎叶腐解物中含量最高的酚酸——*p*-香豆酸在低浓度（50 mg/L）时显著促进胶孢炭疽菌（*Colletotrichum gloeosporioides*）菌丝的生长，*p*-香豆酸高浓度（>200 mg/L）处理时显著抑制胶孢炭疽菌菌丝的生长（田给林，2015）。

在土壤环境中，自毒物质促进土传病害发生的原因可能是这些物质能够作为病原微生物的碳源，通过刺激病原菌的生长而减弱部分拮抗菌的生物活性，最终引发土传病害暴发（李石力，2017）。酚酸对黄瓜幼苗及枯萎病菌生长均有重要影响，它能刺激病原菌生长，为病原菌侵入幼苗创造便利条件（图 5.18）（胡元森等，2007；Zhou and Wu，2012）。在同一块土壤上，当重茬种植西瓜时，由于西瓜根系所分泌的阿魏酸以及与阿魏酸作用类似的其他物质的存在，大大刺激了尖孢镰刀菌孢子萌发，导致西瓜根际病原菌数量增加，增大了病原菌从根系侵入的概率，从而诱发西瓜枯萎病的发生（郝文雅等，2010）。综合外源酚酸对尖孢镰刀菌西瓜专化型（FON）孢子萌发、产孢能力和菌丝生长 3 项测定指标，*p*-香豆酸的抑菌效果最显著，抑制率分别为 9.1%～70.5%、24.1%～100.0% 和 2.5%～47.5%，其次是水杨酸；而阿魏酸、对羟基苯甲酸、邻苯二甲酸对 FON

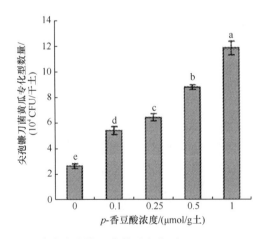

图 5.18 *p*-香豆酸对黄瓜根际土壤中尖孢镰刀菌黄瓜专化型（*Fusarium oxysporum* f. sp. *cucumebrium*）
数量的影响（Zhou and Wu，2012）

孢子萌发、产孢有不同程度的促进作用，以阿魏酸最为突出，（表 5.1，图 5.19，图 5.20）（郝文雅等，2010）。

表 5.1　外源酚酸类物质对尖孢镰刀菌黄瓜专化型菌丝生长的影响（郝文雅等，2010）

酚酸		浓度					
		0 mg/L	50 mg/L	100 mg/L	200 mg/L	400 mg/L	800 mg/L
p-香豆酸	菌落直径/cm	5.61±0.07b	5.75±0.07a	5.81±0.08a	5.61±0.05b	5.49±0.09b	3.32±0.04c
	影响率/%	0	2.98±1.42a	4.23±1.56a	0.07±1.07b	−2.49±1.78c	−47.54±0.84d
水杨酸	菌落直径/cm	5.23±0.04b	5.14±0.02b	5.53±0.00a	3.24±0.14c	2.33±0.12d	0.08±0.00e
	影响率/%	0	−1.96±0.52b	6.77±0.00a	−44.85±3.16c	−65.39±2.69d	−100.00±0.00e
对羟基苯甲酸	菌落直径/cm	5.70±0.00a	5.38±0.07b	5.73±0.06a	5.44±0.05b	3.04±0.10c	2.96±0.05d
	影响率/%	0	−6.60±1.39b	0.68±1.18a	−5.24±1.05b	−46.94±2.04c	−55.99±1.05d
邻苯二甲酸	菌落直径/cm	5.61±0.09a	5.61±0.08a	5.40±0.07b	4.17±0.09c	2.91±0.18d	1.65±0.07e
	影响率/%	0	0.07±1.56a	−4.37±1.46b	−30.01±1.77c	−56.13±3.79d	−82.40±1.42e
阿魏酸	菌落直径/cm	5.41±0.10a	5.04±0.05b	4.75±0.04c	4.43±0.10d	3.61±0.05e	2.53±0.15f
	影响率/%	0	−7.95±1.11a	−14.39±0.88b	−21.26±2.17c	−38.97±1.11d	−62.40±3.31e

注：菌丝生长影响率（%）=（处理菌落直径−对照菌落直径）/（对照菌落直径−0.8 cm×100）。"−"代表抑制作用，同行不同小写字母表示相同酚酸不同浓度处理间差异显著（$P<0.05$）

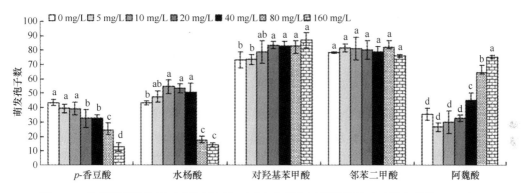

图 5.19　外源酚酸类物质对尖孢镰刀菌西瓜专化型孢子萌发的影响（郝文雅等，2010）

相同酚酸柱上不同字母表示不同浓度处理间差异显著（$P<0.05$）

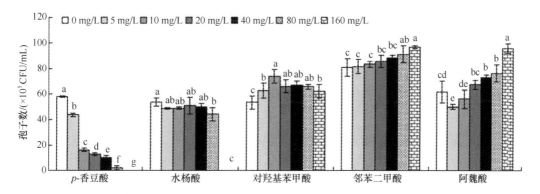

图 5.20　外源酚酸类物质对尖孢镰刀菌西瓜专化型产孢的影响（郝文雅等，2010）

相同酚酸柱上不同字母表示不同浓度处理间差异显著（$P<0.05$）

5.3.2 自毒物质对病原菌致病力的影响

尖孢镰刀菌（*Fusarium oxysporum*）是引起植物枯萎病的重要病原菌，在寄主植物与病原微生物互作过程中，病原物入侵寄主后能产生激素、酶类和毒素等物质，这些物质有利于病原菌更好地在寄主中生存和繁殖。为了入侵寄主植物，病原真菌通常会分泌出一系列细胞壁水解酶，从而侵入寄主细胞并在其细胞组织内扩展蔓延。在成功侵入寄主体内之后，下一步的致病策略通常是分泌毒素或者植物激素类物质来调控植物的生理生化过程，使其向有利于病原菌生长繁殖的方向改变（董鲜等，2017）。镰刀菌酸（fusaric acid，FA，5-丁基吡啶）是由镰刀菌产生的一种非特异性毒素，能引起谷物和其他许多农作物发病、萎蔫和死亡（吴洪生，2008）。镰刀菌孢子形成与产孢等生长过程与其真菌毒素的生物合成与生产量具有紧密联系（张岳平，2011）。尖孢镰刀菌番茄专化型（*Fusarium oxysporum* f. sp. *lycopersici*）在染病的番茄组织中产生萎蔫毒素，大约 150 mg/L 的浓度即可引起番茄萎蔫。在培养基中加入毒素可加重由病菌引起的番茄幼苗萎蔫症状，毒素在病原菌感染初期和症状发展阶段是主要的致病决定因子（吴洪生，2008）。

当酚酸类物质达到一定浓度时，亦会增加一些病原菌毒素产量。Wu 等（2010）的研究发现，连作西瓜根系分泌和组织腐解产生的阿魏酸在最高添加浓度时（1600 mg/L）导致尖孢镰刀菌西瓜专化型的生物量下降 71.6%，分生孢子萌发率降低 100%，毒素产量增加 227.7%。甜瓜根分泌物中阿魏酸、苯甲酸和肉桂酸对尖孢镰刀菌毒素的产生具有明显的促进作用，苯甲酸对尖孢镰刀菌的产毒促进作用最强，镰刀菌酸的含量为对照处理的 3 倍，肉桂酸对毒素致病力的促进作用最强，萎蔫指数显著高于未经酚酸处理的空白对照（杨瑞秀，2014）。甜瓜根系分泌的阿魏酸对蛋白酶、果胶酶活性具有明显的促进作用；苯甲酸明显促进蛋白酶、纤维素酶和葡萄糖苷酶活性，促进作用随处理浓度增加而加强。综合 3 种酚酸对镰刀菌产毒和细胞壁降解酶的影响，阿魏酸、苯甲酸和肉桂酸均可增强尖孢镰刀菌的致病力，是造成枯萎病严重发生的主要原因之一（杨瑞秀，2014）。

黄瓜连作自毒物质香草酸、肉桂酸、阿魏酸、水杨酸、对羟基苯甲酸、丁香酸、芥子酸等对尖孢镰刀菌蛋白酶活性起促进作用，肉桂酸、阿魏酸、水杨酸、苯甲酸、对羟基苯甲酸、丁香酸、咖啡酸和五倍子酸等都能提高果胶酶活性。一旦尖孢镰刀菌侵染寄主植物后，随寄主植物体内代谢过程中这些酚酸含量的增加，尖孢镰刀菌产致病酶活性增强，对寄主植物的侵害增强（吴洪生，2008）。

5.4 自毒物质对根际微生态的化感效应

5.4.1 自毒物质对根际微生物的影响

随着对根际微生态环境中植物-土壤-微生物相互作用各过程的深入了解，研究者认为土传病害的发生和植株发育不良是作物连作障碍发生的直观表象，但其致病的根本原因是根系分泌物和腐解物中酚酸类化感物质引起的土壤微生物区系失衡，最终导致土壤中病原菌激增而引发严重的土传病害。化感自毒物质是土壤微生物群落演变的重要推动者，在长期连作条件下，土壤中积累了大量的植物分泌物和腐解物，其释放的酚酸不断累积，极大地控制着土壤中优势微生物种群，因此自毒物质酚酸与土壤微生物数量和活性关系密切（侯慧等，2016）。自毒物质在土壤中不断地释放与降解的过程改变了植物根际土壤微生物的区系结构特征，导致土壤微生物多样性下降，结构单一，微生物之间的协调竞争性降低，逐渐发展为以病原微生物为主导的微生物区系，最终影响了土传病害的发生与土壤健康（李石力，2017）。地黄根系分泌物和残体中的主要成分水苏糖是一些土壤细菌的碳源，因此它能促进这些细菌在地黄根际的繁殖，对土壤细菌具有显著的筛选作用，从而导致土壤微生态失衡（张连娟等，2017）。外源添加烟草重茬土壤超声波浸提液后，根际土壤中细菌群落多样性水平显著下降，且随添加浓度的升高，下降显著，植烟土壤提取物质处理中存在较多的病原菌，表明外源添加物质处理使病原菌增加，破坏了原有烟草根际土壤微生物群落的平衡，使其微生态环境恶化（陈冬梅等，2012）。多数植物都有专属的有害或病原微生物，化感物质的产生和释放能够影响土壤微生物群落结构，土壤微生态失衡加剧了有害或病原微生物的暴发，化感物质可通过抵消土壤的抑菌作用，诱导病原体的繁殖体萌发，直接或间接地影响植物病原菌，即通过选择性地吸引植物病原微生物在根面、根际定植和扩繁，造成植物发病，最终导致植物减产和品质下降等连作障碍发生（张爱华等，2011）。

　　酚酸在土壤中积累到一定浓度时，会通过影响土壤微生物、酶活性、有效养分等多种方式改变土壤微生态环境，进而影响作物生长，造成作物产量降低（刘苹等，2018）。黄瓜连作地土壤中的酚酸能影响土壤微生物区系结构，当土壤微生物区系结构被改变时，土壤中有益微生物逐渐减少或消失，而有害微生物和病原菌群体增加。外源施用对羟基苯甲酸在黄瓜和土壤微生物互作中起着重要作用，且对连作土壤微生物区系的改变起着核心作用（田给林，2015）。对羟基苯甲酸的添加显著降低黄瓜根际土壤中细菌的香农-维纳指数而显著增加真菌的多样性指数（图 5.21）（Zhou et al.，2012）。当生姜化感物质随着淋溶进入土壤后，这些成分可能影响根际微生物组分，潜在地影响植物以及植物和微生物的相互作用。随生姜水浸液处理浓度的增加，其幼苗根际土壤中细菌和真

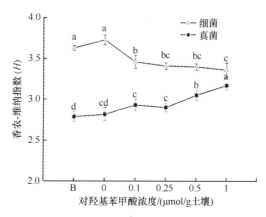

图 5.21　对羟基苯甲酸的添加对黄瓜根际微生物香农-维纳指数的影响（Zhou et al.，2012）

B 代表黄瓜种植前的土壤样品；同种微生物群落下不同小写字母表示差异显著（$P < 0.05$）

菌的数量呈增加趋势，而放线菌的数量呈减少趋势，说明生姜不同部位水浸液中的化感物质可引起生姜根际微生物区系组成的定向改变，有害菌增殖，有益菌减少，破坏了根际微生物平衡，减弱或消除了有益菌对有害菌的拮抗作用，这可能是导致生姜产生连作障碍的原因之一（韩春梅等，2012）。在集约化种植黄连的土壤中，其根系分泌的化感物质可能影响无机磷细菌的种群结构和生理生态功能，降低土壤无机磷的生物有效性，可视为发生连作障碍的潜在原因之一（王玉书等，2018）。肉桂酸处理显著降低了根际微生物功能多样性，以及根际微生物对碳水化合物、酚酸、羧酸、胺类等碳源的利用能力，提高了病原微生物的种群丰度，抑制有益菌群的比例，并进一步加剧烟草青枯病的发生（李石力，2017）。

土传病原菌多为真菌，其最适的生存环境为偏酸性，而连作导致的酚酸类物质积累致使土壤偏酸，促进病原菌繁殖，土著有益微生物数量显著减少（黄春艳等，2016）。南方红壤区的红壤酸化严重，花生连作积累的酚酸也导致土壤偏酸，其酸化环境有利于病原真菌的繁殖（王兴祥等，2010）。肉桂酸外源添加提高了黄瓜根际土壤微生物的呼吸速率，但降低了土壤微生物量碳，显著改变了土壤微生物群落的功能多样性和遗传多样性，表明土壤中化感物质的累积能改变土壤微生物生态而影响黄瓜的生长（Wu et al.，2009）。不同浓度肉桂酸、邻苯二甲酸、对羟基苯甲酸及其混合物添加处理，改变了花生开花下针期、结荚初期、结荚末期根际土壤微生物区系、活性和微生物量，显著降低了花生产量，浓度越高，化感作用越强，其中以3种酚酸类化感物质混合物的化感作用最强（刘苹等，2018）。

杨树二代林地中的酚酸抑制了酚酸降解细菌的生长和生理代谢活性，使酚酸降解酶的表达受到影响，导致杨树二代林地中的酚酸逐渐累积，从而导致连作障碍（王文波等，2016）。花生连作土壤中肉桂酸、邻苯二甲酸和对羟基苯甲酸使土壤微生物群落结构改变、病原真菌富集、微生物群落环境恶化，而恶化的微生物群落结构使土壤中的酚酸物质降解缓慢，造成酚酸物质积累，积累的酚酸不仅继续改变微生物群落结构，而且会抑制花生生长，提高花生发病率，如此恶性循环，产生花生连作障碍（李培栋等，2010）。

5.4.2 自毒物质对土壤养分和土壤酶的影响

土壤酶活性通常可以反映由于农业管理措施的改变引起的土壤性质的变化。蔗糖酶是土壤碳循环过程中的一种重要的酶，蔗糖酶活性提高，土壤中可溶性养分的含量将增加。脲酶与土壤氮循环关系密切，参与将有机氮转变为无机氮的反应过程，为植物的生长提供可利用氮。磷酸酶有助于将土壤中的有机磷转变为无机磷。当土壤中3种长链脂肪酸（豆蔻酸、软脂酸和硬脂酸）含量较高时显著抑制了蔗糖酶、脲酶和磷酸酶的活性，根际土壤有效养分含量减少，从而间接地抑制花生植株的生长发育，花生连作土壤中豆蔻酸、软脂酸和硬脂酸的累积与花生的连作障碍有着密切关系（刘苹等，2013）。

黄瓜连作自毒物质苯丙烯酸和对羟基苯甲酸降低了土壤碱解氮、速效磷、速效钾含量，有机质含量也降低，原因可能是苯丙烯酸和对羟基苯甲酸等化感自毒物质进入土壤后促进或抑制了某些土壤酶或微生物的活性（吕卫光等，2006）。花生连作自毒物质对羟基苯甲酸、肉桂酸处理后，花生根部土壤养分和酶活性均发生了明显的变化，以花针期受到的影响最大，土壤碱解氮、有效磷、有效钾和土壤脲酶、蔗糖酶、中性磷酸酶活性均显著降低，影响了花生荚果产量、单株结果数、饱果率和出仁率，显著降低了花生产量，且浓度越高，抑制作用越强。表明花生连作土壤中对羟基苯甲酸、肉桂酸的累积是导致土壤养分失调、土壤酶活性下降和花生产量降低的原因之一，与花生连作障碍的产生有着密切的关系（李庆凯等，2016）。高浓度的生姜水浸液降低了土壤养分的有效性，可能是由于水浸液中酚酸类物质降低了土壤中某些养分的含量，造成了土壤中养分的亏缺。此外，根、茎、叶 3 个部位的水浸液均随处理浓度的增加显著加剧了土壤中硝态氮的积累，表明生姜不同部位水浸液中的化感物质均能抑制 NO_3^--N 向 NH_4^+-N 的转化，并且高浓度的抑制效果明显，可见水浸液中的化感物质具有抑制土壤中氮素循环的作用（韩春梅等，2012）。在生姜长期生长过程中，不断通过淋溶、残体的分解等将化感物质带入土壤，改变土壤微生物区系，进而影响土壤酶活性和土壤养分的有效性，使得土壤环境条件向着不利于生姜生长方向演变（韩春梅等，2012）。

随酚酸（对羟基苯甲酸、苯甲酸、肉桂酸、阿魏酸、香草醛）处理浓度增大，杨树人工林土壤中 NH_4^+-N、NO_3^--N 的提取量均显著下降，在高浓度酚酸环境中，PO_4^{3-}、Mn^{2+} 的有效性显著提高，而 K^+、Fe^{3+} 的有效性被显著抑制；脲酶和碱性磷酸酶活性显著降低，而过氧化氢酶和多酚氧化酶活性则呈显著升高的趋势。随培养时间的延长，土壤中 NH_4^+-N、PO_4^{3-}、Mn^{2+} 的有效性逐渐增加，而 NO_3^--N、K^+、Fe^{3+}、Zn^{2+} 的有效性显著降低（王延平等，2013）。花椒凋落物在分解过程中，酚酸的动态释放及凋落物的浸提液显著地改变了土壤的微生态环境和土壤化学性质。在花椒凋落物分解的一个月内，酚酸释放总量达到最大，对土壤的"毒性"也最大，抑制了土壤纤维素分解菌的生长，降低了土壤 NH_4^+-N 的含量（梁晓兰等，2008）。

参 考 文 献

陈冬梅, 吴文祥, 王海斌, 等. 2012. 植烟土壤提取物质对烟株生长及根际土壤细菌多样性的影响[J]. 中国生态农业学报, 20(12): 1614-1620.

陈绍莉, 周宝利, 蔺姗姗, 等. 2010. 肉桂酸和香草醛对嫁接茄子根系生长及生理特性的影响[J]. 应用生态学报, 21(6): 1446-1452.

程莹, 白寿发, 庄敬华, 等. 2011. 甜瓜残茬腐解物对镰孢枯萎病的助长作用[J]. 中国农学通报, 27(8): 217-221.

邓家军, 张仕祥, 张富生, 等. 2017. 烟草幼苗根系分泌自毒物质种类及 PAEs 对根系抗氧化性能的影响[J]. 生态学报, 37(2): 495-504.

董鲜, 马玉楠, 马晓惠, 等. 2017. 尖孢镰刀菌侵染下香蕉幼苗抗病生理响应研究[J]. 热带农业科学, 37(5): 56-62.

杜国栋, 张鹤, 宋亚楠, 等. 2015. 草莓根系腐解物溶液对草莓叶片光系统功能的影响[J]. 沈阳农业大学学报, 46(1): 13-18.

韩春梅, 李春龙, 叶少平, 等. 2012. 生姜水浸液对生姜幼苗根际土壤酶活性、微生物群落结构及土壤养分的影响[J]. 生态学报, 32(2): 489-498.

郝文雅, 冉炜, 沈其荣, 等. 2010. 西瓜、水稻根分泌物及酚酸类物质对西瓜专化型尖孢镰刀菌的影响[J]. 中国农业科学, 43(12): 2443-2452.

郝文雅, 沈其荣, 冉炜, 等. 2011. 西瓜和水稻根系分泌物中糖和氨基酸对西瓜枯萎病病原菌生长的影响[J]. 南京农业大学学报, 34(3): 77-82.

侯慧, 董坤, 杨智仙, 等. 2016. 连作障碍发生机理研究进展[J]. 土壤, 48(6): 1068-1076.

胡元森, 吴坤, 李翠香, 等. 2007. 酚酸物质对黄瓜幼苗及枯萎病菌菌丝生长的影响[J]. 生态学杂志, 26(11): 1738-1742.

黄春艳, 卜元卿, 单正军, 等. 2016. 西瓜连作病害机理及生物防治研究进展[J]. 生态学杂志, 35(6): 1670-1676.

黄玉茜, 杨劲峰, 梁春浩, 等, 2018. 香草酸对花生种子萌发、幼苗生长及根际微生物区系的影响[J]. 中国农业科学, 51(9): 1735-1745.

黄钰芳, 张恩和, 张新慧, 等. 2018. 兰州百合连作障碍效应及机制研究[J]. 草业学报, 27(2): 146-155.

江冰冰. 2016. 三七根条分泌物的鉴定及其对根腐病菌生长的影响[D]. 昆明: 云南农业大学硕士学位论文.

李龙明, 李明, 黎韵琪, 等. 2016. 肉桂酸对广藿香幼苗品质影响的研究[J]. 中药材, 39(10): 2207-2209.

李培栋, 王兴祥, 李奕林, 等. 2010. 连作花生土壤中酚酸类物质的检测及其对花生的化感作用[J]. 生态学报, 30(8): 2128-2134.

李庆凯, 刘苹, 唐朝辉, 等. 2016. 两种酚酸类物质对花生根部土壤养分、酶活性和产量的影响[J]. 应用生态学报, 27(4): 1189-1195.

李石力. 2017. 有机酸类根系分泌物影响烟草青枯病发生的机制研究[D]. 重庆: 西南大学博士学位论文.

李勇, 刘时轮, 黄小芳, 等. 2009. 人参(*Panax ginseng*)根系分泌物成分对人参致病菌的化感效应[J]. 生态学报, 29(1): 161-168.

李振方. 2011. 自毒物质与病原真菌协同对连作地黄的致害作用研究[D]. 福州: 福建农林大学博士学位论文.

李自博, 周如军, 解宇娇, 等. 2016. 人参连作根际土壤中酚酸物质对人参锈腐病菌的化感效应[J]. 应用生态学报, 27(11): 3616-3622.

梁晓兰, 潘开文, 王进闯. 2008. 花椒(*Zanthoxylum bungeanum*)凋落物分解过程中酚酸的释放及其浸提液对土壤化学性质的影响[J]. 生态学报, 28(10): 4676-4684.

刘苹, 江丽华, 万书波, 等. 2009. 花生根系分泌物对根腐镰刀菌和固氮菌的化感作用研究[J]. 中国农业科技导报, 11(4): 107-111.

刘苹, 赵海军, 李庆凯, 等. 2018. 三种酚酸类化感物质对花生根际土壤微生物及产量的影响[J]. 中国油料作物学报, 40(1): 101-109.

刘苹, 赵海军, 仲子文, 等. 2013. 三种根系分泌脂肪酸对花生生长和土壤酶活性的影响[J]. 生态学报, 33(11): 3332-3339.

刘奇志, 李贺勤, 李星月, 等. 2013. 草莓连作障碍——化感自毒作用研究进展[J]. 中国果树, (3): 76-79.

刘业霞, 付玲, 艾希珍, 等. 2013. 嫁接对辣椒次生代谢的影响及其与青枯病抗性的关系[J]. 中国农业科学, 46(14): 2963-2969.

吕卫光, 沈其荣, 余廷园, 等. 2006. 酚酸化合物对土壤酶活性和土壤养分的影响[J]. 植物营养与肥料学报, 12(6): 845-849.

马丹炜, 王亚男, 王煜, 等. 2015. 化感胁迫诱导植物细胞损伤研究进展[J]. 生态学报, 35(5): 1640-1645.

潘凯, 吴凤芝. 2007. 枯萎病不同抗性黄瓜 (*Cucumis sativus* L.) 根系分泌物氨基酸组分与抗病的相关性[J]. 生态学报, 27(5): 1945-1950.

齐永志, 金京京, 常娜, 等. 2016. 对羟基苯甲酸对草莓枯萎病发生的助长作用[J]. 中国植保导刊, 36(9): 5-10.

齐永志, 苏媛, 王宁, 等. 2015. 对羟基苯甲酸胁迫下尖孢镰刀菌侵染草莓根系的组织结构观察[J]. 园艺学报, 42(10): 1909-1918.

齐永志, 甄文超. 2016. 对羟基苯甲酸胁迫对不同草莓品种光合作用及叶绿素荧光特性的影响[J]. 园艺学报, 43(6): 1157-1166.

任丽轩. 2012. 旱作水稻西瓜间作抑制西瓜枯萎病的生理机制[D]. 南京: 南京农业大学博士学位论文.

孙会军, 王倩. 2007. 苯甲酸、肉桂酸对西瓜根细胞保护酶及膜透性的影响[J]. 西北农业学报, 16(6): 142-145.

滕应, 任文杰, 李振高, 等. 2015. 花生连作障碍发生机理研究进展[J]. 土壤, 47(2): 259-265.

田给林. 2015. 连作草莓土壤酚酸类物质的化感作用及其生物调控研究[D]. 北京: 中国农业大学博士学位论文.

王倩, 李晓林. 2003. 苯甲酸和肉桂酸对西瓜幼苗生长及枯萎病发生的作用[J]. 中国农业大学学报, 8(1): 83-86.

王文波, 马雪松, 董玉峰, 等. 2016. 杨树人工林连作与轮作土壤酚酸降解细菌群落特征及酚酸降解代谢规律[J]. 应用与环境生物学报, 22(5): 815-822.

王兴祥, 张桃林, 戴传超. 2010. 连作花生土壤障碍原因及消除技术研究进展[J]. 土壤, 42(4): 505-512.

王延平, 王华田, 许坛, 等. 2013. 酚酸对杨树人工林土壤养分有效性及酶活性的影响[J]. 应用生态学报, 24(3): 667-674.

王艳芳, 潘凤兵, 展星, 等. 2015. 连作苹果土壤酚酸对平邑甜茶幼苗的影响[J]. 生态学报, 35(19): 6566-6573.

王艳芳, 沈向, 陈学森, 等. 2014. 生物炭对缓解对羟基苯甲酸伤害平邑甜茶幼苗的作用[J]. 中国农业科学, 47(5): 968-976.

王玉书, 刘海, 李佳. 2018. 黄连须根浸提液对无机磷细菌的负化感效应[J]. 土壤学报, 55(4): 977-986.

吴洪生. 2008. 西瓜连作土传枯萎病微生物生态学机理及其生物防治[D]. 南京: 南京农业大学博士学位论文.

吴林坤, 陈军, 吴红淼, 等. 2016. 地黄连作胁迫响应机制的块根蛋白质组学分析[J]. 作物学报, 42(2): 243-254.

谢越, 肖新, 周毅, 等. 2012. 5 种酚酸物质对滁菊扦插幼苗生长及酶活性的影响[J]. 南京农业大学学报, 35(6): 19-24.

薛启, 王康才, 梁永富, 等. 2017. 藿香不同部位浸提液对其种子萌发及幼苗生长的化感作用[J]. 南京农业大学学报, 40(4): 611-617.

闫敏, 庞金梅, 焦晓燕, 等. 2013. 番茄枯萎病对植株维管束危害及抗氧化系统影响的研究[J]. 中国生态农业学报, 21(5): 615-620.

杨敏. 2015. 三七根系皂苷的自毒作用机制研究[D]. 昆明: 云南农业大学博士学位论文.

杨瑞秀. 2014. 甜瓜根系自毒物质在连作障碍中的化感作用及缓解机制研究[D]. 沈阳: 沈阳农业大学博士学位论文.

杨瑞秀, 高增贵, 姚远, 等. 2014. 甜瓜根系分泌物中酚酸物质对尖孢镰孢菌的化感效应[J]. 应用生态学报, 25(8): 2355-2360.

尹承苗, 胡艳丽, 王功帅, 等. 2016. 苹果连作土壤中主要酚酸类物质对平邑甜茶幼苗根系的影响[J]. 中国农业科学, 49(5): 961-969.

张爱华, 邰玉钢, 许永华, 等. 2011. 我国药用植物化感作用研究进展[J]. 中草药, 42(10): 1885-1890.

张连娟, 沙本才, 龙光强, 等. 2017. 药用植物与微生物互利共生关系的研究进展[J]. 世界科学技术-中医药现代化, 19(10): 1750-1757.

张文明, 邱慧珍, 张春红, 等. 2015. 马铃薯根系分泌成分鉴别及其对立枯丝核菌的影响[J]. 应用生态学报, 26(3): 859-866.

张亚楠, 王兴祥, 李孝刚, 等. 2016. 连作对棉花抗枯萎病生理生化特性的影响[J]. 生态学报, 36(14): 4456-4464.

张亚琴, 陈雨, 雷飞益, 等. 2018. 药用植物化感自毒作用研究进展[J]. 中草药, 49(8): 1946-1956.

张岳平. 2011. 镰刀菌真菌毒素产生与调控机制研究进展[J]. 生命科学, 23(3): 311-316.

张重义, 尹文佳, 李娟, 等. 2010. 地黄连作的生理生态特性[J]. 植物生态学报, 34(5): 547-554.

赵静, 张晓东, 王连春, 等. 2018. 三七重茬根际土壤中化感物质的测定及其对三七根腐菌的生长作用[J]. 中国微生态学杂志, 30(2): 146-154.

甄文超, 王晓燕, 曹克强, 等. 2004. 草莓根系分泌物和腐解物中氨基酸的检测及其化感作用研究[J]. 河北农业大学学报, 27(2): 76-80.

Chen L L, Zhou B L, Lin S S, et al. 2011. Accumulation of cinnamic acid and vanillin in eggplant root exudates and the relationship with continuous cropping obstacle[J]. African Journal of Biotechnology, 10(14): 2659-2665.

Hartung A C, Stephens C T. 1994. Effects of allelopathic substance produced by *asparagus* on incidence and severity of *asparagus* decline due to *Fusarium* crown rot[J]. European Journal of Clinical Nutrition, 48 S1(2): 1-9.

Li Z F, He C L, Wang Y, et al. 2016. Enhancement of trichothecene mycotoxins of *Fusarium oxysporum* by ferulic acid aggravates oxidative damage in *Rehmannia glutinosa* Libosch[J]. Scientific Reports, 6: 33962.

Peirce L C, Colby L W. 1987. Interactions of asparagus root filtrate with *Fusarium oxysporum* sp. *asparagi*[J]. Journal of American Society of horticulture Science, 112: 35-40.

Wu F Z, Wang X Z, Xue C Y, et al. 2009. Effect of cinnamic acid on soil microbial characteristics in the cucumber rhizosphere[J]. European Journal of Soil Biology, 45(4): 356-362.

Wu H S, Luo J, Raza W, et al. 2010. Effect of exogenously added ferulic acid on *in vitro Fusarium oxysporum* f. sp. *niveum*[J]. Scientia Horticulturae, 124(4): 448-453.

Ye S F, Yu J Q, Peng Y H, et al. 2004. Incidence of *Fusarium* wilt in *Cucumis sativus* L. is promoted by cinnamic acid, an autotoxin in root exudates[J]. Plant and Soil, 26: 143-150.

Ye S F, Zhou Y H, Sun Y, et al. 2006. Cinnamic acid causes oxidative stress in cucumber roots and promotes incidence of *Fusarium* wilt[J]. Environmental and Experimental Botany, 56: 255-262.

Zhao Y P, Wu L K, Chu LX, et al. 2015. Interaction of *Pseudostellaria heterophylla* with *Fusarium oxysporum* f. sp. *heterophylla* mediated by its root exudates in a consecutive monoculture system[J]. Scientific Reports, 5: 8197.

Zhou X G, Wu F Z. 2012. *p*-Coumaric acid influenced cucumber rhizosphere soil microbial communities and the growth of *Fusarium oxysporum* f. sp. *cucumerinum* Owen[J]. PLoS One, 7(10): e48288.

Zhou X G, Yu G B, Wu F Z. 2012. Responses of soil microbial communities in the rhizosphere of cucumber (*Cucumis sativus* L.) to exogenously applied *p*-hydroxybenzoic acid[J]. Journal of Chemical Ecology, 38: 975-983.

第6章 自毒物质促进蚕豆枯萎病发生的机制

6.1 苯甲酸和肉桂酸促进蚕豆枯萎病发生的生理机制

随着现代农业规模化、集约化、单一化的发展，连续种植模式十分普遍，造成作物生长受抑，土传病害高发，产量锐减的连作障碍发生（Huang et al.，2013）。目前，我国是世界上作物土传病害发生最严重的国家，连作障碍已成为制约农业可持续发展的重大问题（蔡祖聪和黄新琦，2016）。蚕豆是典型的忌连作作物，近年来随着蚕豆生产的不断发展，土地资源短缺、种植习惯和经济利益等原因，使蚕豆连作现象较为普遍，由此引发的蚕豆连作障碍问题日益严重，严重制约了我国的蚕豆生产。国内外学者研究表明，引起连作障碍的原因较多，除土壤养分亏缺、土壤微生物区系恶化和土传病害等重点因素外，化感自毒作用也是不容忽视的，尤其是根系分泌物和残体腐解产生的自毒物质导致的自毒作用，许多作物的连作障碍与此有关（Asaduzzaman and Asao，2012；Huang et al.，2013；蔡祖聪和黄新琦，2016）。

近年来，很多研究者从果蔬、花卉和中药材等易发生连作障碍的作物根系分泌物及根际土壤中分离出 10 余种酚酸类化感物质（Chen et al.，2011；Li et al.，2012；Wu et al.，2015）。化感自毒物质胁迫下作物幼苗的株高、根长和根系活力指标均降低，同时体内过氧化物酶和过氧化氢酶等抗氧化酶活性下降，膜脂过氧化加重，表明自毒物质能抑制作物幼苗生长，破坏作物保护酶系统，降低其生理抗性，有助于病害发生（Tian et al.，2015；沈玉聪等，2016）。本课题组在前期田间试验中发现蚕豆连作后土传枯萎病发病严重、蚕豆产量降低等现象，从蚕豆连作土壤中检测到 7 种酚酸，其中苯甲酸和肉桂酸含量较高（董艳等，2016a）。进一步研究还发现，肉桂酸胁迫显著降低了蚕豆根际微生物的活性和多样性，改变了微生物群落组成，恶化土壤微生态环境从而加剧枯萎病的发生（董艳等，2016b）。但有关苯甲酸和肉桂酸处理对蚕豆植株抗氧化酶与病程相关蛋白活性的影响及其与枯萎病发生的关系尚不清楚。

基于此，本研究通过水培试验，在外源添加不同浓度的苯甲酸和肉桂酸并接种尖孢镰刀菌蚕豆专化型的条件下，研究苯甲酸和肉桂酸对蚕豆枯萎病发生、根系和叶片抗氧化酶活性、膜脂过氧化程度及病程相关蛋白活性的影响，从生理生化抗性角度探讨苯甲酸和肉桂酸促进蚕豆枯萎病发生的机制，以期揭示蚕豆连作自毒物质的作用机制及其在连作障碍形成中的作用。

6.1.1 材料与方法

6.1.1.1 材料

尖孢镰刀菌蚕豆专化型（FOF）由本实验室从蚕豆连作土壤中筛选并保存。

马铃薯葡萄糖琼脂（potato dextrose agar，PDA）培养基：马铃薯 200 g、葡萄糖 20 g、琼脂 20 g、蒸馏水 1000 mL。Hoagland 营养液：$CaCl_2 \cdot 6H_2O$ 1.5 g、KNO_3 0.51 g、$MgSO_4 \cdot 7H_2O$ 0.49 g、KH_2PO_4 0.14 g、H_3BO_3 2.86 g、$MnCl \cdot 4H_2O$ 1.81 g、$ZnSO_4 \cdot 7H_2O$ 0.22 g、$CuSO_4 \cdot 5H_2O$ 0.08 g、$(NH_4)_6Mo_7O_{24} \cdot 4H_2O$ 0.09 g、Fe-EDTA 2 g、蒸馏水 1000 mL。

试剂及仪器：苯甲酸、肉桂酸（分析纯），国药集团上海有限公司；几丁质酶试剂盒，南京建成生物工程研究所；β-1,3-葡聚糖酶试剂盒，北京索莱宝科技有限公司。721型可见光分光光度计，上海菁华科技仪器有限公司；UV-5800 型紫外可见分光光度计，上海元析仪器有限公司。

6.1.1.2 方法

（1）试验设计

尖孢镰刀菌孢子悬液配制方法为：FOF 在 PDA 平板上于 28℃培养箱中恒温培养 7 d，刮取菌丝于无菌水中振荡均匀，经两层纱布过滤后配成浓度为 1×10^6 CFU/mL 的孢子悬液用于接种。

蚕豆种子于室温下浸种 24 h，25℃催芽后播于 Hoagland 营养液浸透的无菌石英砂中培养，待蚕豆幼苗长至 4~6 片真叶时，选取长势一致的幼苗移入盛有不同浓度苯甲酸、肉桂酸的 2 L 容器中。苯甲酸和肉桂酸处理设 4 个浓度外源添加，即 C_0（0 mg/L，对照）、C_1（50 mg/L）、C_2（100 mg/L）、C_3（200 mg/L），每种浓度溶液为 1.5 L。共计8 个处理，每个处理 3 次重复，共计 24 盆。每盆种植 6 株蚕豆，24 h 通气泵通气。待处理 2 d 后，向营养液中添加浓度为 1×10^6 CFU/mL 的尖孢镰刀菌孢子悬浮液 100 mL。

（2）蚕豆枯萎病的调查

蚕豆接菌 36 d（蚕豆分枝期）后进行蚕豆枯萎病发病率和病情指数的调查，调查 6株，发病程度分为 5 级：0 级，无症状；1 级，茎基部或根的局部（除主根外）稍显病斑或稍变色；2 级，茎基部或主侧根有病斑，但不连片；3 级，1/3~1/2 的茎基部或根部出现病斑、变色或腐烂，侧根明显减少；4 级，茎基部被病斑环绕或根系大部分变色腐烂；5 级，植株枯萎死亡。调查完成后计算发病率和病情指数，重复 3 次。

$$发病率（\%）=发病株数/调查株总数 \times 100$$
$$病情指数=\Sigma（各级病株数 \times 相应级值）/（最高级值 \times 调查总株数） \times 100$$

（3）酶活性及丙二醛含量的测定

蚕豆接菌 36 d（蚕豆分枝期）后采集 6 株蚕豆，选用蚕豆叶片和根系鲜样测定 POD、CAT、几丁质酶、β-1,3-葡聚糖酶活性以及丙二醛（MDA）含量。重复 3 次。

POD 活性和 CAT 活性的测定：采用愈创木酚法测定 POD 活性（李合生，2000）。反应混合液包括 pH 7.8 0.05 mol/L 磷酸缓冲液 2.9 mL、2% H_2O_2 1 mL、愈创木酚 1 mL，4000 r/min 离心 2 min，得到的上清液即为酶液。最后加入 0.1 mL 酶液以启动反应。以煮沸 5 min 失活的酶液为对照，反应体系加入测定酶液后，立即置于 34℃水浴中保温 3 min，470 nm 处测定其在 1 min 内吸光度的变化值。以每分钟内Δ470 变化 0.01 为 1 个过氧化物酶活性单位[U/(g·min)]。

采用高锰酸钾滴定法测定 CAT 活性（李合生，2000）。取 4 个 50 mL 三角瓶并编号，1、2 号为样品测定，3、4 号为样品对照（以加热煮沸失去活性的酶液为对照），向 1、2 号三角瓶中加入酶液 1 mL，3、4 号加入对照酶液 1 mL 后立即加入 1 mL 10% H_2SO_4，各瓶再加入 1 mL 0.1 mol/L H_2O_2，同时计时，置于 30℃水浴中保温 10 min，向 1、2 号三角瓶中加入 1 mL 10% H_2SO_4 终止酶反应，用 0.1 mol/L $KMnO_4$ 滴定，至出现粉红色（30 s 内不消失）为滴定终点，滴定差为消耗值。1 个酶活性单位用每克鲜重样品 1 min 内分解 H_2O_2 的毫克数表示[mg/(g·min)]。

MDA 含量的测定：采用李合生（2000）的方法。称取 0.5 g 蚕豆叶片和根系鲜样，用 5 mL 5%三氯乙酸研磨，4000 r/min 离心 10 min，取 2 mL 上清液加入 0.67%硫代巴比妥酸 2 mL，对照为 5%三氯乙酸，沸水浴 30 min，迅速冷却，3000 r/min 离心 10 min，分别测定上清液在 600 nm、532 nm、450 nm 处的吸光度值。

几丁质酶和 β-1,3-葡聚糖酶活性的测定：几丁质酶采用几丁质酶试剂盒进行测定，1 个单位几丁质酶活性定义为每克组织每小时分解几丁质产生 1 mg N-乙酰氨基葡萄糖的酶量。β-1,3-葡聚糖酶采用 β-1,3-葡聚糖酶试剂盒进行测定，1 个单位 β-1,3-葡聚糖酶活性定义为每克组织每小时产生 1 mg 还原糖的酶量。

6.1.2　数据处理

实验数据通过 Excel 2010 和 SPSS 20.0 软件进行统计分析，用最小显著性差异法（LSD）进行差异显著性检验。

6.1.3　结果与分析

6.1.3.1　苯甲酸和肉桂酸对蚕豆枯萎病发生的影响

结果显示，不同浓度苯甲酸和肉桂酸处理均显著促进了蚕豆枯萎病的发生。与对照组 C_0 相比，在 C_1、C_2 和 C_3 浓度下，经苯甲酸处理后，蚕豆枯萎病发病率分别显著提高 33.3%、50.0%、50.0%，病情指数分别显著提高 25.0%、137.5%、362.4%；经肉桂酸处理后蚕豆枯萎病发病率分别显著提高 21.7%、46.5%、50.0%，病情指数分别显著提高 37.5%、200.0%、350.6%（图 6.1），尤其以高浓度处理对枯萎病发生的促进作用最大（表 6.1）。

表 6.1　不同浓度苯甲酸和肉桂酸对蚕豆枯萎病发生的影响

处理	苯甲酸		肉桂酸	
	发病率/%	病情指数	发病率/%	病情指数
C_0	66.67±3.61c	17.78±2.04c	66.67±3.61c	17.78±2.03c
C_1	88.89±1.92b	22.22±3.85c	81.11±5.09b	24.44±3.85c
C_2	100.00±0.00a	42.22±1.92b	97.67±2.52a	53.33±6.67b
C_3	100.00±0.00a	82.22±3.85a	100.00±0.00a	80.11±3.34a

注：表中数据为平均数±标准差。同列中不同小写字母表示经 LSD 法检验在 $P<0.05$ 水平差异显著

图 6.1　接种 FOF 及苯甲酸和肉桂酸处理对蚕豆根系生长的影响（彩图请扫封底二维码）
A、B 和 C 分别为对照、苯甲酸 C_2 处理和肉桂酸 C_2 处理

6.1.3.2　苯甲酸和肉桂酸对蚕豆植株 POD 活性的影响

苯甲酸和肉桂酸处理对蚕豆根系及叶片中 POD 活性的影响结果显示，与对照组 C_0 相比，苯甲酸 C_1 处理有增加蚕豆叶片和根系中 POD 活性的趋势，但无显著差异；苯甲酸 C_2 和 C_3 处理分别显著降低蚕豆根系中 POD 活性 15.7% 和 31.4%，分别显著降低叶片中 POD 活性 21.3% 和 38.7%。与 C_0 对照相比，肉桂酸 C_1、C_2 和 C_3 处理分别显著降低蚕豆根系中 POD 活性 17.1%、30.0% 和 48.6%，肉桂酸 C_2 和 C_3 处理分别显著降低叶片中 POD 活性 13.4% 和 36.0%（图 6.2）。

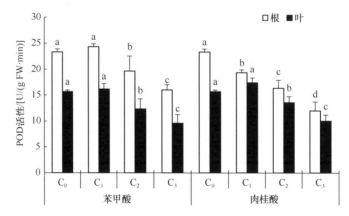

图 6.2　苯甲酸和肉桂酸对蚕豆根系及叶片中 POD 活性的影响
图中数据为平均数±标准差。同色柱上不同小写字母表示同试剂处理不同浓度间经 LSD 法
检验在 $P < 0.05$ 水平差异显著

6.1.3.3　苯甲酸和肉桂酸对蚕豆植株 CAT 活性的影响

苯甲酸和肉桂酸处理对蚕豆根系及叶片中 CAT 活性的影响结果显示，随苯甲酸和肉桂酸处理浓度升高，蚕豆根系和叶片中 CAT 活性均降低。与 C_0 相比，苯甲酸 C_1 处理对蚕豆根系和叶片中 CAT 活性均无显著影响，C_2 和 C_3 处理分别显著降低蚕豆根系中 CAT

活性 37.7% 和 42.8%，分别显著降低蚕豆叶片中 CAT 活性 28.4% 和 44.8%。与 C_0 处理相比，肉桂酸 C_1 处理显著降低蚕豆根系中 CAT 活性 15.6%，C_2 和 C_3 处理分别显著降低蚕豆根系中 CAT 活性 40.8% 和 61.0%，分别显著降低蚕豆叶片中 CAT 活性 35.4% 和 57.9%（图 6.3）。

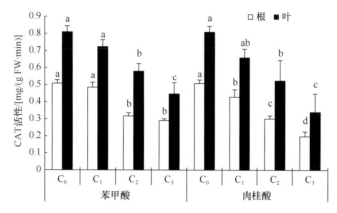

图 6.3　苯甲酸和肉桂酸对蚕豆根系及叶片中 CAT 活性的影响

图中数据为平均数±标准差。同色柱上不同小写字母表示同试剂处理不同浓度间经 LSD 法
检验在 $P<0.05$ 水平差异显著

6.1.3.4　苯甲酸和肉桂酸对蚕豆植株 MDA 含量的影响

苯甲酸和肉桂酸处理对蚕豆根系及叶片中 MDA 含量的影响结果显示，随苯甲酸和肉桂酸处理浓度升高，MDA 含量增加，膜脂过氧化加重，其中肉桂酸处理对蚕豆膜脂过氧化加重的程度比苯甲酸大（图 8.4）。与 C_0 相比，苯甲酸 C_1 处理对蚕豆根系和叶片中 MDA 含量无显著影响，C_2 和 C_3 处理分别显著提高根系中 MDA 含量 28.9% 和 42.6%，分别显著提高叶片中 MDA 含量 16.4% 和 45.0%。与 C_0 处理相比，肉桂酸 C_1、C_2 和 C_3 处理分别显著提高根系中 MDA 含量 24.5%、40.5% 和 51.8%，分别显著提高叶片中 MDA 含量 42.0%、68.3% 和 94.1%（图 6.4）。

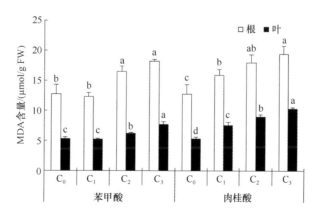

图 6.4　苯甲酸和肉桂酸对蚕豆根系及叶片中 MDA 含量的影响

图中数据为平均数±标准差。同色柱上不同小写字母表示同试剂处理不同浓度间经 LSD 法
检验在 $P<0.05$ 水平差异显著

6.1.3.5 苯甲酸和肉桂酸对蚕豆病程相关蛋白的影响

（1）对蚕豆根系几丁质酶活性的影响

苯甲酸和肉桂酸处理对蚕豆根系几丁质酶活性的影响结果显示，随苯甲酸和肉桂酸处理浓度增加，几丁质酶活性呈先增加后降低的趋势。与对照组 C_0 相比，苯甲酸 C_1 处理条件下蚕豆根系中几丁质酶活性提高 4.9%，但无显著差异；C_3 处理显著降低根系几丁质酶活性 39.4%，C_2 处理与对照相比无显著差异。与 C_0 处理相比，肉桂酸 C_1 处理条件下蚕豆根系中几丁质酶活性低于 C_0 处理，但无显著差异；C_2 和 C_3 处理分别显著降低几丁质酶活性 29.1% 和 48.9%（图 6.5）。

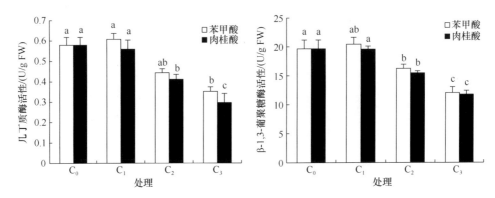

图 6.5　苯甲酸和肉桂酸对蚕豆根系几丁质酶和 β-1,3-葡聚糖酶活性的影响
图中数据为平均数±标准差。同色柱上不同小写字母表示同试剂处理不同浓度间经 LSD 法
检验在 $P<0.05$ 水平差异显著

（2）对蚕豆根系 β-1,3-葡聚糖酶活性的影响

苯甲酸和肉桂酸处理对蚕豆根系 β-1,3-葡聚糖酶活性的影响结果显示，苯甲酸和肉桂酸处理下 β-1,3-葡聚糖酶活性呈先增加后降低的趋势。与对照组 C_0 相比，苯甲酸 C_1 处理条件下蚕豆根系 β-1,3-葡聚糖酶活性提高 4.0%，但无显著差异；C_2 和 C_3 处理分别显著降低蚕豆根系 β-1,3-葡聚糖酶活性 17.4% 和 38.7%。肉桂酸不同浓度处理下，蚕豆根系 β-1,3-葡聚糖酶活性呈下降趋势，与对照组 C_0 相比，C_2 和 C_3 处理分别显著降低蚕豆根系 β-1,3-葡聚糖酶活性 21.3% 和 40.2%，C_1 处理无显著影响（图 6.5）。

6.1.4　讨论

研究表明，连作化感自毒物质不但使作物生长受抑，而且会加剧病害，尤其是土传病害的暴发流行，如草莓连作自毒物质阿魏酸和香豆酸可显著促进草莓炭疽病的发生（Tian et al., 2015）。本研究结果表明，苯甲酸和肉桂酸处理显著促进了蚕豆枯萎病的发生，且促进枯萎病发生的效果随浓度处理提高而增加。土传病原菌一般由根部伤口或根梢直接侵入，并由导管向上蔓延，导致整株作物发病。在连作条件下，作物通过根系分泌及残体腐解等途径在根际土壤中累积大量的酚酸类自毒物质，抑制根系生长并使其受损，为病菌的侵入创造了有利条件（Huang et al.，2013；Tian et al.，2015）。本研究中，苯甲酸和肉桂酸胁迫下蚕豆根系出现发黑现象，从根系损伤来看，肉桂酸处理对根系的损伤作用大于苯甲酸处理。从枯萎病发生来看，肉桂酸处理对病害的促进作用大于苯甲酸处理，由此反映出根系的损伤程度与枯萎病发生密切相关。齐永志等（2015）对草莓枯萎病的研究中也发现，草莓连作自毒物质对羟基苯甲酸胁迫可明显加重根系组织受损程度，根系表皮细胞、皮层细胞、中柱鞘细胞、薄壁细胞和导管分子的尖孢镰刀菌感染率均显著提高。由此可见自毒物质胁迫造成植株根系损伤，为病原菌的侵染提供了有利条件，从而促进病害发生。因此证明蚕豆自毒物质苯甲酸和肉桂酸是促进枯萎病发生的重要诱因。

SOD、POD 和 CAT 统称活性氧清除剂（Singh et al.，2010），抗氧化酶对活性氧代谢平衡的维持有利于提高植物对病菌侵染的抵抗力，其活性变化与植株抗病能力呈正相关关系（Yang et al.，2006；Ren et al.，2008；Maya and Matsubara，2013）。齐永志等（2016）发现，草莓连作自毒物质对羟基苯甲酸外源添加的同时接种尖孢镰刀菌显著降低草莓植株 SOD 和 POD 活性，加剧根系膜脂过氧化，促进草莓枯萎病的发生。本研究中，在浓度为 50 mg/L 苯甲酸和肉桂酸的处理下，蚕豆叶片和根系中 POD 活性均增强，说明在此浓度胁迫下蚕豆幼苗体内保护系统开启，在一定时期内能及时清除体内自由基，保护蚕豆植株免受伤害；当处理浓度为 100 mg/L 时，保护系统产生的 POD 和 CAT 活性急剧下降，表明自毒物质中等浓度胁迫下，蚕豆根系产生的 O_2^- 不能被其自身的抗氧化系统有效清除，尤其是在更加严重的胁迫阶段（200 mg/L 处理），产生速率过快的 O_2^- 及其产物 H_2O_2，过量的 O_2^- 和 H_2O_2 一方面能进一步使酶失活；另一方面能破坏细胞质膜结构，造成根尖细胞膜系统的氧化损伤（产物为 MDA），而损伤的细胞更易受到病原菌侵染，最终促进枯萎病的发生。

MDA 是植物细胞膜脂过氧化作用的重要产物，是反映膜脂过氧化程度的重要指标，其变化与作物受病原菌侵染程度呈正相关（Ye et al.，2006）。本研究中，接种尖孢镰刀菌的情况下，随苯甲酸、肉桂酸处理浓度增加，蚕豆根系和叶片中 MDA 含量显著提高，表明苯甲酸和肉桂酸处理加剧了蚕豆植株的膜脂过氧化程度，造成营养元素泄漏，促进病原菌对蚕豆的侵染而加剧枯萎病的发生。这与 Ye 等（2006）研究的黄瓜连作自毒物质肉桂酸加速膜脂过氧化程度，刺激病原菌生长而使其更易侵入黄瓜，最终促进黄瓜枯萎病发生的结论相同。

当寄主作物被病原菌侵染后，自身防御反应启动，病程相关蛋白表达，产生水解真菌细胞壁的重要水解酶（几丁质酶和 β-1,3-葡聚糖酶），降解真菌细胞壁而抑制真菌生长，在寄主作物抵御病原真菌侵染的防卫反应中起重要作用，可提高寄主对病原菌的抵抗能力（Xu et al.，2015）。在西瓜连作情况下，西瓜连作自毒物质阿魏酸和镰刀菌同时存在于根际环境中，阿魏酸可抑制西瓜根系中几丁质酶和 β-1,3-葡聚糖酶活性，降低西瓜自身抗病性，有利于镰刀菌侵染而诱导西瓜枯萎病的发生（任丽轩，2012）。本研究中，接种 FOF 条件下，浓度为 50 g/mL 苯甲酸和肉桂酸的处理提高了蚕豆根系 β-1,3-葡聚糖酶和几丁质酶活性，此时蚕豆根系防御系统开启保护功能；当苯甲酸和肉桂酸处理浓度超过 50 g/mL 时，β-1,3-葡聚糖酶和几丁质酶活性显著低于对照，此时蚕豆自身保护系统功能逐渐下降，不能抵抗病原菌侵染而加剧枯萎病的发生。表明苯甲酸和肉桂酸与枯萎病菌共同胁迫加剧了蚕豆自身防御系统的破坏程度，导致枯萎病严重发生。

蚕豆连作自毒物质苯甲酸和肉桂酸一方面对蚕豆根系细胞膜造成损伤，使细胞内活性氧自由基增加，破坏细胞膜的完整性，从而使土传病原菌更加容易入侵；另一方面抑制蚕豆根系病程相关蛋白表达，降低蚕豆植株生理生化抗性，这可能是连作自毒物质促进蚕豆枯萎病发生的重要原因之一。同时，苯甲酸和肉桂酸的自毒效应有一定差异，肉桂酸对 POD、CAT、几丁质酶、β-1,3-葡聚糖酶活性的抑制程度及其增加 MDA 含量的作用均大于苯甲酸，表明肉桂酸在蚕豆连作障碍形成中的作用强于苯甲酸。

6.2 对羟基苯甲酸促进蚕豆枯萎病发生的根际微生物学机制

蚕豆是重要的食用豆类作物之一，富含蛋白质，作为粮食、蔬菜和饲料在世界各地广泛种植。我国是世界上蚕豆种植面积最大、总产量最高的国家。据联合国粮食及农业组织统计，2014 年，全世界蚕豆生产面积 239.5 万 hm^2，总产量 434.3 万 t；其中我国生产面积 92.5 万 hm^2，总产量 159.5 万 t，分别占世界蚕豆总生产面积和总产量的 38.6% 和 36.7%，位列第一（黄燕等，2014；杨生华等，2016）。我国蚕豆种植情况和生产水平影响及决定世界的蚕豆生产（Jensen et al.，2010）。云南是我国最大的蚕豆主产区，云南蚕豆种植面积近年平均稳定在 30 万 hm^2 以上，占全国蚕豆播种面积的 1/3 左右，在全省各县皆有种植（肖焱波等，2007）。但由于中国人多地少，且过度追求较高的种植效益，蚕豆重茬连作现象严重。近年来蚕豆主产区的连作障碍现象非常普遍且日益严重，连作土传病害已成为制约我国蚕豆生产的重要因素，其中枯萎病是蚕豆连作障碍中的主要病害之一。该病在德国、埃及、日本、英国等均有报道，在我国蚕豆主产区发病严重，其中云南省是蚕豆枯萎病发生最重的省份。蚕豆枯萎病在整个生育期都有发生，造成根系腐烂、茎基部坏死直至植株萎蔫死亡，由于该病发生因素多，流行时间长，侵染过程复杂，发病后很难控制（Stoddard et al.，2010）。

连作障碍现象在作物中普遍存在，现有的众多研究结果表明，土壤理化性质恶化、土壤生物学环境恶化和作物的自毒作用是导致连作障碍的三大因素（黄玉茜等，2018；黄钰芳等，2018）。尽管引起连作障碍的原因较多，但自毒作用一直是连作障碍的研究重点，多年来被认为是大多数作物产生连作障碍的主要原因之一（Asaduzzaman and Asao，2012；Huang et al.，2013；Wu et al.，2015）。自毒作用与土传病害的发生具有密切关系。

连作障碍的发生与微生物群落结构失衡密切相关，酚酸类物质是影响微生物群落和结构的最重要因子之一，其主要以地上的淋溶作用、地表凋落物的分解和土壤中的根系分泌等方式进入土壤中。酚酸在调控土壤化学生态过程中扮演着重要角色，对植物与微生物间的相互作用和共生关系起着极大作用（及利和杨立学，2017）。酚酸类化感物质可以显著地影响土壤中微生物生物量、多样性和群落结构，选择性地增加土壤中特殊的微生物种类（刘苹等，2018），从而影响作物健康（Berendsen et al.，2012）。随着研究的深入，研究者认为土传病害的发生和植株发育不良是作物连作障碍发生的直观表象，但其致病的根本原因是根系分泌物中酚酸类物质引起的土壤微生态失衡，最终导致土壤中病原菌激增而引发严重的土传病害（Qu and Wang，2008；Wu et al.，2009）。近年来，学者主要研究了酚酸类物质在土壤中的累积变化（张丹等，2015），酚酸对作物生长（王倩和李晓林，2003）、病原菌的化感效应（王茹华等，2006；Ye et al.，2006）、微生物（及利和杨立学，2017）及作物生理抗性的影响（黄钰芳等，2018）等。而有关连作自毒物质酚酸对根际微生物多样性的影响及其与土传病害发生关系的研究较少，有关连作自毒物质–根际微生物多样性–土传病原菌的互作效应已成为连作障碍机制研究的重要内容，对深入揭示连作障碍的成因并为寻找有效控制连作障碍的途径提供了有力依据。

目前研究者已从多种作物根系分泌物和连作土壤中检测出肉桂酸、邻苯二甲酸、对羟基苯甲酸、苯甲酸、香草酸、丁香酸、香豆酸和阿魏酸等多种酚酸类自毒物质（Asaduzzaman and Asao，2012；张丹等，2015；齐永志等，2016；黄钰芳等，2018），其中对羟基苯甲酸是草莓、黄瓜等作物连作土壤中常见的自毒物质（黄彩红，2002；齐永志等，2016），且在草莓连作障碍中已证明对羟基苯甲酸能显著促进草莓枯萎病的发生（齐永志等，2016）。本课题组前期观察到连作田中蚕豆生长受到严重抑制，枯萎病发生严重。课题组前期的研究发现，蚕豆根系分泌的酚酸类物质与连作障碍间有着密切关系，且连作蚕豆土壤中酚酸类物质随连作年限增加有增加的趋势，并在连作蚕豆根际土壤中鉴定出对羟基苯甲酸、香草酸、丁香酸、阿魏酸、苯甲酸、水杨酸和肉桂酸 7 种主要成分（董艳等，2016a），其中对羟基苯甲酸含量较高，但关于对羟基苯甲酸是否是导致蚕豆生长受抑和枯萎病严重发生的自毒物质尚不清楚。基于以上研究，通过外源添加对羟基苯甲酸并接种尖孢镰刀菌蚕豆专化型，研究对羟基苯甲酸处理对根际微生物的影响及其与枯萎病发生的关系，从根际微生物角度探讨对羟基苯甲酸促进蚕豆枯萎病发生的机制，揭示自毒物质在作物连作障碍形成中的作用。

6.2.1　材料与方法

6.2.1.1　试验材料

供试土壤：从未种植过蚕豆的大田中采集非连作土壤，去除杂质，风干，过筛。土壤基本农化性状为有机质含量 23.2 g/kg，全氮 1.90 mg/kg，碱解氮 119.0 g/kg，速效磷 56.5 g/kg，速效钾 123.4 mg/kg，pH 6.4。

对羟基苯甲酸（分析纯）购于美国 Sigma 公司。尖孢镰刀菌菌种为尖孢镰刀菌蚕豆专化型，由本实验室筛选和保存，在 PDA 平板上培养。

6.2.1.2　试验设计与实施

外源添加不同浓度对羟基苯甲酸并接种尖孢镰刀菌蚕豆专化型，设 4 个处理，即接种尖孢镰刀菌+0 mg/L 对羟基苯甲酸（CK）；接种尖孢镰刀菌+50.0 mg/L 对羟基苯甲酸（C_1）；接种尖孢镰刀菌+100.0 mg/L 对羟基苯甲酸（C_2）；接种尖孢镰刀菌+200.0 mg/L 对羟基苯甲酸（C_3）。

从未种植过蚕豆的大田中采集非连作土壤，风干，去除杂质，过筛，与肥料（尿素、普通过磷酸钙和硫酸钾，N 100 mg/kg，P_2O_5 100 mg/kg，K_2O 100 mg/kg）混匀后每盆装入 2.0 kg 土壤。将蚕豆种子消毒催芽后播种于盆中，每盆播种 6 株，待幼苗生长至 8 cm 高时，向盆中分别浇灌不同浓度（0.0、50.0 mg/L、100.0 mg/L 和 200.0 mg/L）的对羟基苯甲酸溶液（每盆 80 mL），每 3 d 浇灌 1 次，共计 7 次。待幼苗长到 12 cm 高时，用铲子在离根 3 cm 的位置划一深约 5 cm 的沟，将感染尖孢镰刀菌的小麦麦粒 10 g 放入沟内。以只接种枯萎菌而不加对羟基苯甲酸的处理为对照。每个处理 3 次重复，共计 12 盆，接菌后进行正常管理。

6.2.1.3　采样

接种尖孢镰刀菌 30 d 后采样，倒扣盆钵，小心取出蚕豆植株，抖掉与根系松散结合的土体，与根系紧密结合的土壤刷下来作为根际土壤样品，用于测定镰刀菌数量和微生物代谢功能多样性。

6.2.1.4　蚕豆枯萎病的调查

参照 6.1.1.2。

6.2.1.5　微生物代谢功能多样性的测定

土壤微生物代谢功能多样性采用 Biolog ECO 板（ECO MicroPlate）进行测定。称取 10.0 g 土壤加入 90 mL 无菌的 0.85% 的 NaCl 溶液中，在摇床上振荡 30 min，将土壤样品稀释至 10^{-3}，吸取 150 μL 稀释液至 ECO 板的微孔中，将接种好的板置于 25℃恒温培养，每隔 24 h 在 Biolog Emax™ 自动读盘机上用 Biolog Reader 4.2 软件（Biolog，Hayward，CA，USA）读取 590 nm 波长的光密度值，培养时间为 168 h。以 31 个孔的单孔平均颜色变化率（AWCD）作为整体活性的有效指数之一。

6.2.1.6　根际镰刀菌数量的测定

镰刀菌数量采用稀释平板法进行测定，具体配方为：KH_2PO_4 1.0 g，KCl 0.5 g，$MgSO_4·7H_2O$ 0.5 g，Fe-Na-EDTA 0.01 g，L-天冬氨酸 2.0 g，D-半乳糖 20.0 g，蒸馏水 1000 mL（121℃灭菌 20 min）。灭菌后加入二硝基苯（75% WP）1.0 g，牛胆汁 0.5 g，$Na_2B_4O_7·10H_2O$ 1.0 g、硫酸链霉素 0.3 g（培养基用 10% 磷酸调节 pH 至 3.8 ± 0.2）。每个平板涂布 0.1 mL 孢子悬液，28℃培养 3 d 后记录平板菌落数，每个处理重复 3 次。

6.2.2　数据处理

采用培养 96 h 的数据计算 AWCD、Shannon 多样性指数（H）、丰富度指数（S）和主成分（PCA）分析。

$$AWCD = \Sigma(C_i - R)/31$$

式中，C_i 为各反应孔在 590 nm 下的光密度值；R 为 ECO 板对照孔的光密度值；$C_i - R$ 小于 0 的孔在计算中均记为零，即 $C_i - R$ 的值均大于或等于 0。

Shannon 多样性指数（H）

$$H = -\Sigma P_i \ln P_i$$

式中，$P_i = (C_i - R)/\Sigma(C_i - R)$。

群落丰富度指数（S）用碳源代谢孔的数目表示。

采用 Excel 2010 进行数据处理，采用 SAS 9.0 软件进行方差分析、主成分分析和相关分析，采用最小显著性差异法（LSD）检验各处理间的差异显著性。

6.2.3　结果与分析

6.2.3.1　外源添加对羟基苯甲酸对蚕豆生长和枯萎病发生的影响

如表 6.2 所示，与 CK 相比，对羟基苯甲酸 C_1 和 C_2 处理对整株干重和根系干重均无显著影响，但 C_3 处理使整株干重和根系干重分别显著降低 7.9% 和 11.1%。

与 CK 相比，对羟基苯甲酸 C_1 和 C_2 处理对枯萎病发病率、病情指数和镰刀菌数量均无显著影响；C_3 处理使发病率、病情指数和镰刀菌数量分别显著增加 37.5%、100.0% 和 84.6%。

表 6.2　对羟基苯甲酸胁迫下蚕豆干重、根际镰刀菌数量和枯萎病发生的变化

处理	整株干重/(g/株)	根系干重/(g/株)	发病率/%	病情指数	镰刀菌数量/(×10^2 CFU/g)
CK	1.89±0.43a	0.36±0.01a	66.67±0.00b	10.00±0.00b	40.56±0.32b
C_1	1.82±0.15a	0.34±0.02ab	66.67±0.00b	10.00±0.00b	44.23±1.25b
C_2	1.76±0.12ab	0.33±0.01ab	66.67±0.00b	11.67±2.89b	45.49±1.40b
C_3	1.74±0.052b	0.32±0.01b	91.67±14.43a	20.00±5.00a	74.89±0.60a

注：同列不同小写字母表示差异显著（$P<0.05$）

6.2.3.2　对羟基苯甲酸处理对根际土壤微生物活性的影响

从图 6.6 可看出，随着对羟基苯甲酸处理浓度的增加，蚕豆根际微生物活性（AWCD 值）明显降低，培养 96 h 时，与 CK 相比，C_1、C_2 和 C_3 处理分别降低根际微生物活性 8.34%、26.60% 和 52.85%。

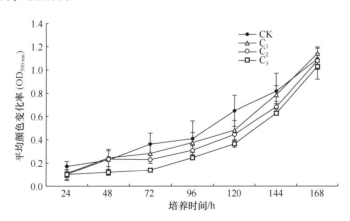

图 6.6　对羟基苯甲酸胁迫下根际微生物平均颜色变化率

6.2.3.3　对羟基苯甲酸处理对根际微生物 Shannon 多样性指数和丰富度指数的影响

与 CK 相比，对羟基苯甲酸 C_1 和 C_2 处理对 Shannon 多样性指数（H）无显著影响；C_3 处理 H 显著降低 25.0%（图 6.7A）。与 CK 相比，对羟基苯甲酸 C_1 处理条件下丰富度指数（S）无显著差异；C_2 和 C_3 处理时 S 分别显著降低 14.9% 和 31.9%（图 6.7B）。

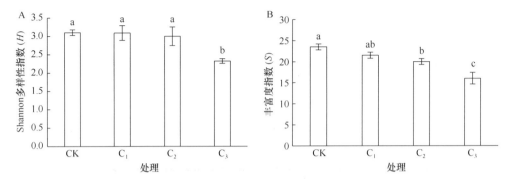

图 6.7　对羟基苯甲酸胁迫下蚕豆根际微生物 Shannon 多样性指数（A）和丰富度指数（B）的变化

柱上不同小写字母表示对羟基苯甲酸不同浓度处理间差异显著（$P<0.05$）

6.2.3.4　对羟基苯甲酸处理对根际微生物碳源利用强度的影响

与对照相比，对羟基苯甲酸 C_1 浓度处理对碳源的总利用强度无显著影响；C_2 和 C_3 处理使碳源的总利用强度分别显著降低 39.2% 和 44.5%（图 6.8A）。

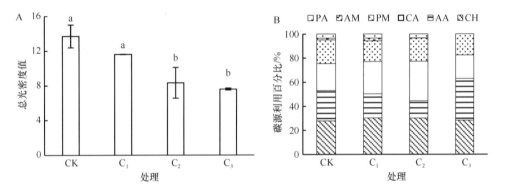

图 6.8　对羟基苯甲酸胁迫下根际微生物对 Biolog ECO 板中碳源利用强度（A）及碳源利用百分比（B）

图 A 中柱上不同小写字母表示对羟基苯甲酸不同浓度处理间差异显著（$P<0.05$）

对羟基苯甲酸胁迫下，蚕豆根际微生物对 6 类碳源的利用强度百分比以碳水化合物类（CH）、氨基酸类（AA）和羧酸类（CA）为主（图 6.8B），糖类占总碳源利用强度的 27.9%～29.9%，氨基酸类占总碳源利用强度的 14.5%～34.9%，羧酸类占总碳源利用强度的 19.5%～32.7%，聚合物（PM）占总碳源利用强度的 17.9%～19.9%；胺类（AM）占总碳源利用强度的 0～2.3%，酚酸类（PA）占总碳源利用强度的 0～3.4%。

对羟基苯甲酸显著影响了 Biolog ECO 板中 6 类碳源的利用（图 6.9）。与对照相比，对羟基苯甲酸 C_2 和 C_3 处理对碳水化合物类（CH）碳源的利用分别显著降低 34.78% 和 43.7%；C_1、C_2 和 C_3 处理对氨基酸类（AA）碳源的利用分别显著降低 34.2%、65.5% 和 24.1%；对于羧酸类（CA）碳源的利用，对羟基苯甲酸 C_3 处理比对照显著降低 51.5%，而 C_1 和 C_2 处理与对照相比无显著差异；C_1、C_2 和 C_3 处理分别显著降低聚合物（PM）碳源利用的 26.8%、40.8% 和 50.5%；C_2 处理显著降低胺类（AM）碳源和酚酸类（PA）碳源利用的 92.0% 和 43.2%。

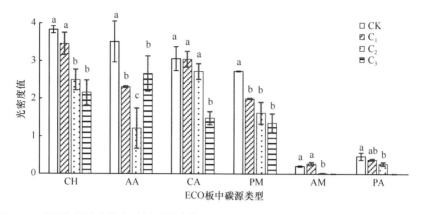

图 6.9　对羟基苯甲酸胁迫下根际微生物对 Biolog ECO 板中 6 类碳源利用强度的变化

柱上不同小写字母表示对羟基苯甲酸不同浓度处理间差异显著（$P < 0.05$）

6.2.3.5　根际微生物群落代谢功能的主成分分析

利用培养 96 h 的数据进行微生物群落代谢功能的主成分分析。31 个主成分因子中前 3 个累积方差贡献率达 100%，从 31 个变量中提取 2 个主成分因子，其中第 1 主成分（PC1）的方差贡献率为 42.81%，第 2 主成分（PC2）为 37.16%。前 2 个主成分累积方差贡献率达 79.97%，可认为前 2 个主成分能够表征原来 31 个变量的特征。因此，取前 2 个主成分（PC1 和 PC2）得分作图来表征微生物群落碳源代谢特征（图 6.10）。

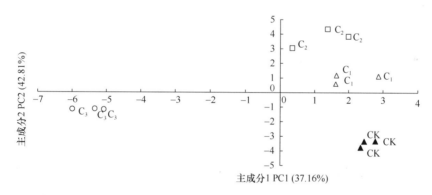

图 6.10　对羟基苯甲酸胁迫下根际微生物碳源利用特征的主成分分析

对羟基苯甲酸不同浓度处理改变了根际微生物的群落结构。对羟基苯甲酸 C_1 和 C_2 处理的微生物群落结构与对照在 PC2 上有明显的分离，得分为正值，即位于第 1 象限；对羟基苯甲酸 C_3 处理的微生物群落结构与对照在 PC1 上有较大分离，得分为负值，即位于第 3 象限；表明对羟基苯甲酸明显改变了微生物的群落结构，尤其是较高浓度处理时，微生物群落结构发生较大改变（图 6.10）。

为了找到对 PC1 和 PC2 影响较大的碳源种类，进一步利用 PC1 和 PC2 得分系数分析各碳源在主成分空间向量上的载荷，载荷的绝对值越大，表明该碳源对主成分的影响越大。Choi 和 Dobbs（1999）认为，PC1 和 PC2 上高于 0.18 或小于 –0.18 的载荷系数可认为具有较高的载荷量。在 PC1 和 PC2 上具有较高载荷量的碳源种类见表 6.3。从表 6.3

可看出，在 PC1 上载荷较高的碳源有 13 种，其中碳水化合物类 3 种，氨基酸类 3 种，羧酸类 2 种，聚合物 3 种，酚酸类 2 种。对羟基苯甲酸高浓度处理条件下，对主成分起分异作用的主要碳源涉及类型比较多，占六大类碳源的 5 种，说明对羟基苯甲酸高浓度处理对蚕豆根际土壤微生物碳源底物利用能力具有重要影响。贡献率最大的是 β-甲基-D-葡萄糖苷和 L-精氨酸，分别属于碳水化合物和氨基酸类碳源，表明碳水化合物类、氨基酸类和酚酸类碳源是区分 0 与 200 mg/L 处理间差异的敏感碳源。在 PC2 上载荷较高的碳源有 14 种，其中碳水化合物类 5 种，氨基酸类 2 种，羧酸类 4 种，聚合物 2 种，胺类 1 种。区分对羟基苯甲酸 50 mg/L 和 100 mg/L 处理与对照间差异的敏感碳源是碳水化合物类和羧酸类。

表 6.3　ECO 微孔板中在 PC1 和 PC2 上载荷较高的主要碳源

碳源类别	底物	主成分 1（PC1）	主成分 2（PC2）
碳水化合物	β-甲基-D-葡萄糖苷	−0.28	—
	D-半乳糖酸-γ-内酯	—	—
	D-木糖	—	−0.24
	i-赤藓糖醇	0.20	—
	D-甘露醇	−0.27	—
	N-乙酰基-D-葡萄糖胺	—	0.24
	D-纤维二糖	—	0.28
	葡萄糖-1-磷酸盐	—	0.24
	α-D-乳糖	—	—
	D,L-α-甘油磷酸盐	—	−0.22
氨基酸	L-精氨酸	−0.28	—
	L-天冬酰胺酸	—	−0.23
	L-苯丙氨酸	−0.26	—
	L-丝氨酸	—	—
	L-苏氨酸	—	−0.22
	葡萄糖-L-谷氨酸	−0.24	—
羧酸类化合物	丙酮酸甲酯	—	0.29
	D-半乳糖醛酸	—	0.25
	γ-羟基丁酸	0.25	—
	D-葡萄糖胺酸	—	—
	衣康酸	—	0.27
	α-丁酮酸	0.25	—
	D-苹果酸	—	0.28
聚合物	聚山梨醇酯 40	0.22	—
	聚山梨醇酯 80	0.19	—
	α-环糊精	—	−0.20
	糖原	−0.18	0.22
胺类化合物	苯基乙胺	—	0.26
	腐胺	—	—
酚酸类化合物	2-羟基苯甲酸	0.20	—
	4-羟基苯甲酸	0.22	—

注："—"表示载荷值＜0.18 或载荷值＞−0.18

6.2.4　讨论

6.2.4.1　对羟基苯甲酸对土传病害发生的影响

研究表明，自毒物质不但使作物生长受抑，而且会促进病害发生，尤其是土传病害的暴发流行，如茄子根系分泌物中自毒物质（香草醛和肉桂酸）助长了茄子黄萎病的发生（王茹华等，2006）。草莓连作土壤中检测到的阿魏酸和香豆酸可显著促进草莓炭疽病的发生（Tian et al.，2015）。黄瓜根系分泌物中肉桂酸显著加剧黄瓜枯萎病的发生（Ye et al.，2006）。苯甲酸、肉桂酸处理显著提高了西瓜幼苗枯萎病的发病率，随处理浓度提高，幼苗病情指数和死苗率逐渐上升（Wu et al.，2009）。本研究结果表明，对羟基苯甲酸 50 mg/L 和 100 mg/L 处理对蚕豆枯萎病的发生无显著影响，但 200 mg/L 处理显著促进枯萎病的发生，表明对羟基苯甲酸累积到一定量后显著促进枯萎病的发生与危害。刘苹等（2015）研究表明，种植花生的土壤中酚酸类化感物质对羟基苯甲酸呈现出累积的趋势；同样，Sène 等（2000）研究发现，连作高粱土壤中对羟基苯甲酸等酚酸类物质含量增加，说明连作时间越长，对羟基苯甲酸累积量越大，加大诱导土传病害发生的风险，因此，避免高浓度对羟基苯甲酸在土壤中累积，以及探索土壤中自毒物质降解的措施，对缓解连作障碍具有非常重要的生产意义。

6.2.4.2　对羟基苯甲酸促进土传病害发生的机制

（1）幼苗生长对对羟基苯甲酸胁迫的响应

本研究中对羟基苯甲酸 50 mg/L 处理对蚕豆生长无显著抑制效果，100 mg/L 虽然有抑制蚕豆生长的趋势，但抑制效果不显著，200 mg/L 处理显著抑制蚕豆生长，这与对羟基苯甲酸高浓度处理对小麦幼苗有抑制作用的研究结果相同（李翠香等，2009）；刘晓珍等（2012）的研究也表明低浓度对羟基苯甲酸对菊花组培苗的生长发育影响不大。高浓度（200 mg/L）处理显著抑制蚕豆生长，从而降低植株抗病性，为病原菌感染提供有利条件，加剧蚕豆连作障碍的发生。Ye 等（2006）研究发现肉桂酸引发黄瓜根部氧化应激反应，使黄瓜根受到损伤，导致其感染镰刀菌，患枯萎病概率增加。

（2）根际微生物对对羟基苯甲酸胁迫的响应

自毒物质酚酸是土壤微生物群落演变的重要推动者，酚酸类物质在土壤中的化感效应是通过改变土壤微生物群落变化而实现的（刘晓珍等，2012）。Qu 和 Wang（2008）通过向大豆土壤中施加 2,4-二叔丁基苯酚和香草酸，经过 PCR 分析后发现，两种酚酸处理后土壤中的细菌群落多样性有轻微变化，而真菌菌群的类型却发生了显著变化，甚至改变了真菌群落的多样性。姜伟涛等（2018）的研究表明，苹果连作自毒物质根皮苷和串珠镰刀菌组合处理后对平邑甜茶幼苗生物量的抑制作用最大，导致连作土壤中的细菌数量减少而真菌数量增加，根皮苷和串珠镰刀菌共同作用加重了苹果连作障碍。本研究结果显示，高浓度对羟基苯甲酸（200 mg/L）处理显著降低蚕豆根际微生物活性、多样性和丰富度指数，显著增加病情指数，表明对羟基苯甲酸高浓度处理降低根际微生物多样性而加剧枯萎病的发生。该研究结果与 Irikiin 等（2006）对番茄青枯病发病率与 Biolog ECO 板中碳源利用数目（丰富度）呈负相关关系的结论相同。本研究中，对羟基苯甲酸 50 mg/L 处理对根际微生物群落结构多样性和丰富度指数无显著影响，原因可能是不同酚酸类物质对不同微生物的影响阈值具有一定差异。刘艳霞等（2016）的研究发现，在一定浓度下，随着烤烟连作自毒物质（3-苯丙酸）外源添加浓度的增加，尽管土壤微生物数量稍有下降趋势，但处理间无显著差异，原因是土壤能够缓冲酚酸类物质对微生物的抑制作用，当3-苯丙酸浓度达到8 μg/kg时，土壤微生物数量显著下降。黄玉茜等（2018）的研究也发现，花生连作自毒物质——香草酸抑制根际土壤中细菌和放线菌的生长繁殖；而香草酸对土壤真菌的影响呈现低促高抑的现象，即低浓度的香草酸溶液对花生根际土壤中的真菌生长存在一定的促进作用，而高浓度的香草酸溶液对真菌生长具有一定的抑制作用。

花生连作土壤中肉桂酸、邻苯二甲酸和对羟基苯甲酸的累积与花生根际微生物群落结构发生变化、微生态环境劣化相关（刘苹等，2018）。土壤微生物群落结构的变化会导致以特定碳源为代谢基质的微生物类群发生显著变化，主成分分析解释了不同浓度对羟基苯甲酸处理下蚕豆根际微生物碳源利用存在的差异。本研究中，PCA 分析表明，第1 主成分（PC1）把对羟基苯甲酸200 mg/L 处理和对照较好地分开，在 PC1 上载荷较高的碳源是碳水化合物类 3 种（β-甲基-D-葡萄糖苷、i-赤藓糖醇和 D-甘露醇）、氨基酸类3 种（L-精氨酸、L-苯丙氨酸和葡萄糖-L-谷氨酸）、羧酸类 2 种（γ-羟基丁酸和 α-丁酮酸）、聚合物 3 种（聚山梨醇酯 40、聚山梨醇酯 80 和糖原）和酚酸类 2 种（2-羟基苯甲酸和4-羟基苯甲酸），表明对羟基苯甲酸 200 mg/L 处理改变根际微生物群落结构主要由多种碳源的利用差异导致，影响较大的碳源是碳水化合物类、氨基酸类和酚酸类。

第 2 主成分（PC2）把对羟基苯甲酸 50 mg/L 和 100 mg/L 处理与对照分开，在 PC2 上显著相关的碳源是碳水化合物类 5 种（D-木糖、N-乙酰基-D-葡萄糖胺、D-纤维二糖、葡萄糖-1-磷酸盐和 D,L-α-甘油磷酸盐）、氨基酸类 2 种（L-天冬酰胺酸和 L-苏氨酸）、羧酸类 4 种（丙酮酸甲酯、D-半乳糖醛酸、衣康酸和 D-苹果酸）、聚合物 2 种（α-环糊精和糖原）和胺类 1 种（苯基乙胺），表明对羟基苯甲酸 50 mg/L 和 100 mg/L 处理改变根际微生物群落结构主要由碳水化合物类和羧酸类碳源的利用差异导致。

碳水化合物既是酚类化合物、植物保卫素、木质素、纤维素等生物合成的原料，又是蛋白质和核酸的碳架，表明碳水化合物对抗病十分重要。本研究结果显示，对羟基苯甲酸处理浓度不同，微生物对碳水化合物的利用也不同，50 mg/L 和 100 mg/L 处理改变了微生物对 D-木糖、N-乙酰基-D-葡萄糖胺、D-纤维二糖、葡萄糖-1-磷酸盐和 D,L-α-甘油磷酸盐的利用；而 200 mg/L 处理改变了微生物对 β-甲基-D-葡萄糖苷、i-赤藓糖醇和 D-甘露醇碳源的利用。Irikiin 等（2006）的研究结果表明，D-木糖、D-葡萄糖胺酸和 D-半乳糖醛酸只能够被青枯病菌利用，如果这些能够被病原菌利用而不能被根际有益微生物利用的碳源在根际存在将会使病原菌大量利用这些碳源而无竞争地生长，最终促进病害的发生。表明对羟基苯甲酸处理，尤其是高浓度处理降低了根际微生物对以上碳水化合物类碳源的利用，刺激病原菌生长，最终促进枯萎病发生。

根据氨基酸对病原菌生长作用的不同，将氨基酸分为促菌氨基酸和抑菌氨基酸，促菌氨基酸包括天冬氨酸、谷氨酸、丙氨酸、苯丙氨酸、苏氨酸、甲硫氨酸等（张俊英等，2008）；西瓜枯萎病研究中已经证实天冬酰胺、苯丙氨酸、苏氨酸、精氨酸能够促进尖孢镰刀菌孢子萌发和菌丝生长（Hao et al.，2010）；蚕豆根系分泌物中天冬氨酸、谷氨酸、苯丙氨酸、酪氨酸和亮氨酸含量高，可能会促进枯萎病的发生（董艳等，2014）。本研究中，L-天冬酰胺酸和 L-苏氨酸的载荷在 PC2 上是负值，表明 50 mg/L 和 100 mg/L 对羟基苯甲酸处理降低了微生物对这两种氨基酸的利用；而 L-精氨酸、L-苯丙氨酸和葡萄糖-L-谷氨酸的载荷在 PC1 上也是负值，表明 200 mg/L 处理提高根际微生物对它们的利用，暗示了对羟基苯甲酸高浓度处理可能在一定程度上增加了对病原菌的营养刺激，从而促进镰刀菌的增殖，提高蚕豆根系病原菌感染概率，诱发枯萎病危害。

根际环境中低分子量有机酸对根表细菌的繁殖起着重要作用，西瓜根系分泌的有机酸，特别是苹果酸和柠檬酸能使有益的芽孢杆菌 SQR-21 向其趋化运动而增加芽孢杆菌在西瓜根表的繁殖，最终抑制镰刀菌侵染，减轻西瓜枯萎病的危害（Ling et al.，2011），这可能是对羟基苯甲酸 50 mg/L 处理不显著促进枯萎病发生的主要原因之一。有研究表明，γ-羟基丁酸只能被番茄青枯病菌利用而不能被根际有益微生物利用，最终将促进番茄青枯病的发生（Irikiin et al.，2006）。对羟基苯甲酸 200 mg/L 处理明显降低根际微生物对γ-羟基丁酸和 α-丁酮酸的利用，从而为病原菌生长提供有效碳源，有利于病原菌生长。

连作烟草土壤酚酸类物质的积累可能是导致烟草连作障碍产生的原因之一，烟草土壤的自毒潜力与土壤中以酚酸类物质为碳源的微生物利用效率存在密切的联系（杨宇虹等，2011）。刘艳霞等（2016）的研究表明，土壤外源添加 3 μg/kg 的苯甲酸或 8 μg/kg 的 3-苯丙酸时，土壤病原菌数量增加，同时土壤微生物功能多样性降低；烟草青枯病病原菌可以更好地利用烟草根系分泌物中的酚酸类自毒物质，从而更易定植于烟株根际，这可能是连作造成土传病害流行暴发的机制之一。本研究结果显示，2-羟基苯甲酸和4-羟基苯甲酸在 PC1 上载荷为正值，从根际微生物对其利用百分比可看出，50 mg/L 对羟基苯甲酸未显著降低微生物对酚酸的利用，而 200 mg/L 处理时微生物完全不利用此类碳源，表明 200 mg/L 处理完全抑制了土壤中以酚酸为碳源的微生物类群的繁殖，这将进一步增加酚酸类物质的累积，造成恶性循环，促进枯萎病的发生。

6.2.5　结论

低浓度（50 mg/L）的对羟基苯甲酸对蚕豆生长和枯萎病发生均无显著影响，而高浓度（200 mg/L）的对羟基苯甲酸显著抑制蚕豆幼苗生长，降低微生物活性和多样性，改变微生物群落结构，增加病原菌的数量，对羟基苯甲酸和镰刀菌的辅助与协同作用是形成蚕豆连作障碍的重要机制。但有关其他酚酸类物质以及多种酚酸联合作用对蚕豆连作障碍中自毒作用的影响有待进一步深入研究。

参 考 文 献

蔡祖聪, 黄新琦. 2016. 土壤学不应忽视对作物土传病原微生物的研究[J]. 土壤学报, 53(2): 29-34.

董艳, 董坤, 杨智仙, 等. 2016a. 间作减轻蚕豆枯萎病的微生物和生理机制[J]. 应用生态学报, 27(6):

1984-1992.

董艳, 董坤, 杨智仙, 等. 2016b. 肉桂酸加剧蚕豆枯萎病发生的根际微生物效应[J]. 园艺学报, 43(8): 1525-1536.

董艳, 董坤, 郑毅, 等. 2014. 不同抗性蚕豆品种根系分泌物对枯萎病菌的化感作用及根系分泌物组分分析[J]. 中国生态农业学报, 22(3): 292-299.

黄彩红. 2002. 外源酚酸对黄瓜生长及膜保护系统影响的研究[D]. 哈尔滨: 东北农业大学硕士学位论文.

黄燕, 朱振东, 段灿星, 等. 2014. 灰葡萄孢蚕豆分离物的遗传多样性[J]. 中国农业科学, 47(12): 2335-2347.

黄玉茜, 杨劲峰, 梁春浩, 等. 2018. 香草酸对花生种子萌发、幼苗生长及根际微生物区系的影响[J]. 中国农业科学, 51(9): 1735-1745.

黄钰芳, 张恩和, 张新慧, 等. 2018. 兰州百合连作障碍效应及机制研究[J]. 草业学报, 27(2): 146-155.

及利, 杨立学. 2017. 采煤沉陷区不同造林树种恢复土壤酚酸物质对土壤微生物的影响[J]. 应用生态学报, 28(12): 4017-4024.

姜伟涛, 尹承苗, 段亚楠, 等. 2018. 根皮苷和串珠镰孢菌加重苹果连作土壤环境及其对平邑甜茶生长的抑制[J]. 园艺学报, 45(1): 21-29.

李翠香, 刘娜, 宋威, 等. 2009. 对羟基苯甲酸对小麦幼苗生长及其生理特性的影响[J]. 河南工业大学学报(自然科学版), 30(1): 62-65.

李合生. 2000. 植物生理生化实验原理和技术[M]. 北京: 高等教育出版社.

李培栋, 王兴祥, 李奕林, 等. 2010. 连作花生土壤中酚酸类物质的检测及其对花生的化感作用[J]. 生态学报, 30(8): 2128-2134.

刘苹, 赵海军, 李庆凯, 等. 2018. 三种酚酸类化感物质对花生根际土壤微生物及产量的影响[J]. 中国油料作物学报, 40(1): 101-109.

刘苹, 赵海军, 唐朝辉, 等. 2015. 连作对不同抗性花生品种根系分泌物和土壤中化感物质含量的影响[J]. 中国油料作物学报, 37(4): 467-474.

刘晓珍, 肖逸, 戴传超. 2012. 盐城药用菊花连作障碍形成原因初步研究[J]. 土壤, 44(6): 1035-1040.

刘艳霞, 李想, 蔡刘体, 等. 2016. 烟草根系分泌物酚酸类物质的鉴定及其对根际微生物的影响[J]. 植物营养与肥料学报, 22(2): 418-428.

齐永志, 金京京, 常娜, 等. 2016. 对羟基苯甲酸对草莓枯萎病发生的助长作用[J]. 中国植保导刊, 36(9): 5-10.

齐永志, 苏媛, 王宁, 等. 2015. 对羟基苯甲酸胁迫下尖孢镰刀菌侵染草莓根系的组织结构观察[J]. 园艺学报, 42(10): 1909-1918.

任丽轩. 2012. 旱作水稻/西瓜间作抑制西瓜枯萎病的生理机制[D]. 南京: 南京农业大学博士学位论文.

沈玉聪, 张红瑞, 张子龙, 等. 2016. 酚酸类物质对三七幼苗的化感影响[J]. 广西植物, 36(5): 607-614.

王倩, 李晓林. 2003. 苯甲酸和肉桂酸对西瓜幼苗生长及枯萎病发生的作用[J]. 中国农业大学学报, 8(1): 83-86.

王茹华, 周宝利, 张启发, 等. 2006. 茄子根系分泌物中香草醛和肉桂酸对黄萎菌的化感效应[J]. 生态学报, 26(9): 3152-3155.

肖焱波, 段宗颜, 金航, 等. 2007. 小麦/蚕豆间作体系中的氮节约效应及产量优势[J]. 植物营养与肥料学报, 13(2): 267-271.

杨生华, 刘荣, 杨涛, 等. 2016. 蚕豆种质资源种子表型性状精准评价[J]. 中国蔬菜, (10): 32-40.

杨宇虹, 陈冬梅, 晋艳, 等. 2011. 不同肥料种类对连作烟草根际土壤微生物功能多样性的影响[J]. 作物学报, 37(1): 105-111.

张丹, 钟国跃, 曹纬国, 等. 2015. 重庆黄连种植土壤中酚酸类物质累积与消减规律的研究[J]. 世界科学技术-中医药现代化, 17(7): 1419-1424.

张俊英, 王敬国, 许永利. 2008. 大豆根系分泌物中氨基酸对根腐病菌生长的影响[J]. 植物营养与肥料学报, 14(2): 308-315.

Asaduzzaman M, Asao T. 2012. Autotoxicity in beans and their allelochemicals[J]. Scientia Horticulturae, 134: 26-31.

Berendsen R L, Pieterse C M, Bakker P A. 2012. The rhizosphere microbiome and plant health[J]. Trends Plant Science, 17: 478-486.

Chen S L, Zhou B L, Lin S S, et al. 2011. Accumulation of cinnamic acid and vanillin in eggplant root exudates and the relationship with continuous cropping obstacle[J]. African Journal of Biotechnology, 10(14): 2659-2665.

Choi K H, Dobbs F C. 1999. Comparison of two kinds of Biolog microplates (GN and ECO) in their ability to distinguish among aquatic microbial communities[J]. Journal of Microbiological Methods, 36: 203-213.

Hao W Y, Ren L X, Ran W, et al. 2010. Allelopathic effects of root exudates from watermelon and rice plants on *Fusarium oxysporum* f. sp. *niveum*[J]. Plant Soil, 336: 485-497.

Huang L F, Song L X, Xia X J, et al. 2013. Plant-soil feedbacks and soil sickness: from mechanisms to application in agriculture[J]. Journal of Chemical Ecology, 39: 232-242.

Irikiin Y, Nishiyama M, Otsuka S, et al. 2006. Rhizobacterial community level sole carbon source utilization pattern affects the delay in the bacterial wilt of tomato grown in rhizobacterial community model system[J]. Applied Soil Ecology, 34: 27-32.

Jensen E S, Peoples M, Hauggaard N H. 2010. Faba bean in cropping systems[J]. Field Crops Research, 115: 203-216.

Li X G, Ding C F, Hua K, et al. 2014. Soil sickness of peanuts is attributable to modifications in soil microbes induced by peanut root exudates rather than to direct allelopathy[J]. Soil Biology & Biochemistry, 78: 149-159.

Li Z F, Yang Y Q, Xie D F, et al. 2012. Identification of autotoxic compounds in Fibrous roots of rehmannia (*Rehmannia glutinosa* Libosch.)[J]. PLoS One, 7(1): e28806.

Ling N, Raza W, Ma J H, et al. 2011. Identification and role of organic acids in watermelon root exudates for recruiting *Paenibacillus polymyxa* SQR-21 in the rhizosphere[J]. European Journal of Soil Biology, 47(6): 374 -379.

Maya M A, Matsubara Y I. 2013. Tolerance to Fusarium wilt and anthracnose diseases and changes of antioxidative activity in mycorrhizal cyclamen[J]. Crop Protection, 47(5): 41-48.

Qu X H, Wang J G. 2008. Effect of amendments with different phenolic acids on soil microbial biomass, activity, and community diversity[J]. Applied Soil Ecology, 39(2): 172-179.

Ren L X, Su S M, Yang X M, et al. 2008. Intercropping with aerobic rice suppressed *Fusarium* wilt in watermelon[J]. Soil Biology and Biochemistry, 40(3): 834-844.

Sène M, Doré T, Pellissier F. 2000. Effect of phenolic acids in soil under and between rows of a prior sorghum (*Sorghum bicolor*) crop on germination, emergence, and seedling grow of peanut (*Arachis hypogea*)[J]. Journal of Chemical Ecology, 26(3): 625-637.

Singh B K, Sharma S R, Singh B. 2010. Antioxidant enzymes in cabbage: variability and inheritance of superoxide dismutase, peroxidase and catalase[J]. Scientia Horticulturae, 124(1): 9-13.

Stoddard F L, Nicholas A, Rubiales D, et al. 2010. Integrated pest, disease and weed management in faba bean[J]. Field Crops Research, 115: 308-318.

Tian G L, Bi Y M, Sun Z J, et al. 2015. Phenolic acids in the plow layer soil of strawberry fields and their effects on the occurrence of strawberry anthracnose[J]. European Journal of Plant Pathology, 143(3): 581-594.

Wu F Z, Wang X Z, Xue C Y. 2009. Effect of cinnamic acid on soil microbial characteristics in the cucumber rhizosphere[J]. European Journal of Soil Biology, 45: 356-362.

Wu H S, Raza W, Liu D Y, et al. 2008. Allelopathic impact of artificially applied coumarin on *Fusarium oxysporum* f. sp. *niveum*[J]. World Journal of Microbiology and Biotechnology, 24: 1297-1304.

Wu Z J, Yang L, Wang R Y, et al. 2015. *In vitro* study of the growth, development and pathogenicity responses of *Fusarium oxysporum* to phthalic acid, an autotoxin from Lanzhou lily[J]. World Journal of Microbiology and Biotechnology, 31: 1227-1234.

Xu W H, Liu D, Wu F Z, et al. 2015. Root exudates of wheat are involved in suppression of *Fusarium* wilt in watermelon in watermelon-wheat companion cropping[J]. European Journal of Plant Pathology, 141(1): 209-216.

Yang G Q, Wan F H, Liu W X, et al. 2006. Physiological effects of allelochemicals from leachates of *Ageratina adenophora* (Spreng.) on rice seedlings[J]. Allelopathy Journal, 18(2): 237-246.

Ye S F, Zhou Y H, Sun Y, et al. 2006. Cinnamic acid causes oxidative stress in cucumber roots, and promotes incidence of *Fusarium* wilt[J]. Environmental and Experimental Botany, 56(3): 255-262.

第7章 间套作缓解作物连作障碍

自20世纪60年代起,现代农业已取得了非常大的进步。然而,已建立起来的现代农业生态系统大多是一些高度单一的生态系统。在现代农业生态系统中,作物的高产主要依赖于改良品种以及大量化肥和农药的投入。因此,在现代农业的进程中,传统的耕作方式已逐渐被取代。这一改变导致农业生态系统中的生物多样性大大降低,因此,连作障碍在现代农业生态系统中的危害更为严重。这种影响不仅存在于一年生作物中,在果树、咖啡和茶树的种植中同样表现出非常严重的再植障碍问题(杨敏,2015)。随着人们对地球环境和食品安全的关注度越来越高,利用间套作种植控制病虫害,减少农药和化肥的施用,提高作物产量和品质,实现农业的可持续发展成为国际上的研究热点(廖静静,2013)。

间作(intercropping),又称为条块混合种植,指将2种以上(包括2种)生育期相同或相近的同种作物的不同品种或者不同种作物,在同一田块成行或成带地间隔种植。每种作物的种植相对整齐一致,方便人工或机器收割(董玉梅,2013)。间作、混作、套作是我国传统农业的精髓。早在公元前1世纪之前的西汉《氾胜之书》就有相关记载,在公元6世纪《齐民要术》中,进一步记述了桑园间作绿豆、小豆、谷子等豆科和非豆科作物;明代《农政全书》中有了关于大麦、裸麦和棉花套作,麦类作物和蚕豆间作;清朝的《农蚕经》记述了麦与大豆的套作;至新中国成立前,玉米与豆类间作在全国各地已有分布。经历了2000多年,间套作从过去的低投入、低产出演变为高投入、高产出的现代农业模式,在现代农业中仍然具有一定的地位(李隆,2016)。我国现代农业中间套作种植的模式和分布具有多样性。20世纪80年代全国旱地套作面积为0.17亿 hm^2,间套作面积为0.25亿~0.28亿 hm^2,除西藏、青海外,全国都有分布。北方棉区麦棉套种面积由1972年的13万 hm^2 发展到1981年的340万 hm^2,进入90年代,全国间套作面积发展到0.33亿 hm^2(李隆,2016)。

间套作是相对于同一地块单一种植而言的,其特点是通过各种作物(或者同种作物的不同抗病、感病品种)的不同组合、搭配构成抗/感病多样化、寄主/非寄主多样化、喜阴/阳多样化、高/矮秆多层次,以及地下部根生长层次多样化、土壤微生物群落多样性、根系分泌物多样化等的作物复合群体,利用不同作物在生长过程中形成的"空间差""时间差",把"天拉长,地拉宽",有效地发挥有限土地、空间、光、热、温度、湿度等农业资源的生产潜力,以获取最佳的经济效益、社会效益和生态效益(董玉梅,2013;董楠,2017)。

自绿色革命以来,农作物品种遗传改良的巨大成功和少数高产品种的大面积集约化生产,造成了严重的农作物品种"基因流失",极大地降低了农作物的遗传多样性。由此而带来的一系列问题,如病虫害的猖獗及其流行周期的缩短,高化肥、高农药的施用,农业生态环境变劣和基因资源的匮乏等，严重威胁着农业的可持续发展和世界的粮食安全（卢宝荣等，2002）。早在1859年，达尔文指出混种几个小麦（*Triticum aestivum*）品种的土地比单一小麦品种的土地产量更高。20世纪八九十年代，农学家通过在一块土地上混合种植一种农作物的多个品种来减少病虫害，增加粮食产量（张俪文和韩广轩，2018）。间套作种植控制病害的机制从本质上来说是利用物种和遗传多样性。间套作缓解作物连作障碍的机制主要包括以下几方面：①间套作种植打破单一品种大面积种植的模式，增加了农田生态系统中植物的多样性，从而使得病原微生物多样性增加，影响病害的发生；②不同的病原体及有害物质有其特定的寄主，对不同遗传特征的寄主有其不同的适应性，间套作种植在时间和空间上增加了农作物的多样性，农作物高矮搭配模式对病原菌起到了物理阻隔和稀释的作用，使病害不能大流行；③间套作种植中作物之间的化感作用，尤其一些作物的根系分泌物能杀灭或抑制土壤中的病原菌，控制病害的发生和扩展；④间套作小气候环境的改变也将直接影响到作物病害的发生（图7.1）（廖静静，2013；苏本营等，2013）。

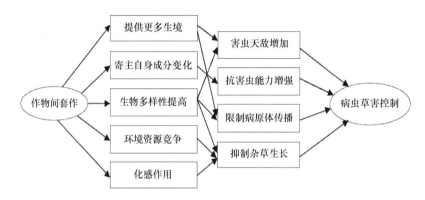

图 7.1　间套作控制病虫草害示意图（苏本营等，2013）

7.1　间套作缓解作物连作障碍的效果

合理的种植制度不但能降低土壤中化感自毒物质的含量、改善土壤理化性质、提高养分利用效率，还能够提高作物产量与质量，缓解连作障碍（张亚琴等，2018）。与对照（老龄苹果园单作）相比，3种作物（葱、小麦、芥菜）和苹果幼树的混栽均可显著增加苹果幼树的株高、地径、鲜重、干重、新梢平均长度和新梢总长，其中以葱和苹果幼树混栽处理效果最好，其株高、地径、鲜重、干重、新梢平均长度和新梢总长分别是对照的1.1倍、1.3倍、1.7倍、1.7倍、1.3倍和2.1倍（马子清等，2018）。

间作是防控土传病害、缓解连作障碍的有效手段，如间作辣椒处理使西瓜枯萎病发病率降低24.0%；间作能够提高根际土壤养分的有效性、促进植物生长，提高植株体内防御酶活性、增强根系活力，降低根际病原菌数量、提高植株抗病性（侯劭炜等，2018）。生姜是一种忌连作的作物，在生姜连作生产中，容易发生姜瘟病、茎腐病和斑点病，其中姜瘟病的发病率较高，因此造成生姜产量降低，甚至绝收。且一旦发生姜瘟病，次年几乎无法再种植生姜。玉米与生姜间作使姜瘟病的发生逐渐减少，与玉米间作能明显维持生姜较稳定的产量，是一种有利于改善生姜连作栽培根际微生态环境、缓解连作障碍的栽培模式（汪茜等，2018）。伴生芹菜能显著提高豇豆株高、茎粗、地上鲜重和地上干重等生长指标，说明伴生芹菜处理有利于豇豆的生长发育（陈昱等，2018）。魔芋与玉米间作能有效控制魔芋软腐病的发生，且魔芋和玉米的间作行比以4∶2较2∶2的防效更好（郑祥，2013）。当归与大蒜间作能提高当归产量，并能适当减少当归麻口病，因此当归与大蒜间作对减缓当归连作障碍有一定作用（王田涛等，2013）。烤烟分别与花生、黑麦草、大蒜间作能降低根际土壤中烟草黑胫病的病原菌数量，有效控制烟草黑胫病的危害，对烟草黑胫病的防控效果表现为烤烟间作大蒜＞烤烟间作黑麦草＞烤烟间作花生（薛超群等，2015）。玉米与辣椒合理间作能有效地控制辣椒疫病的传播和蔓延，适宜的玉米株距条件下玉米根系能相互串联在一起形成一道根墙，阻碍辣椒疫霉菌的传播（图7.2）（张彧，2013；Yang et al.，2014）。黄瓜与西芹间作处理条件下，黄瓜枯萎病的病情指数显著低于单作黄瓜（秦立金等，2018）。分蘖洋葱与番茄伴生显著降低了番茄黄萎病的发病率和病情指数（接种黄萎病菌后28 d）（图7.3）（Fu et al.，2016）。茅苍术间作显著提高了花生的抗病能力和花生产量，间作茅苍术后花生褐斑病的发病率从单作的87.4%下降到80.2%，与对应密度单作花生相比，间作后单行花生产量增产30.0%以上（李孝刚等，2015）。

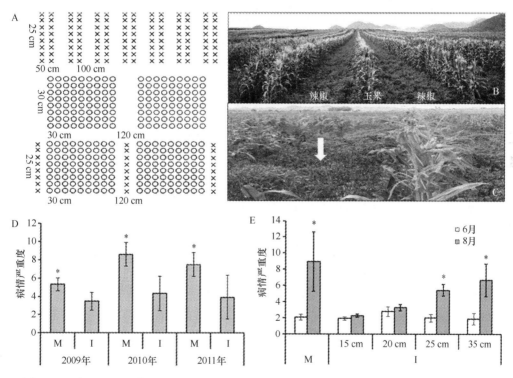

图 7.2　玉米与辣椒间作对辣椒疫病的控制效果（Yang et al.，2014）（彩图请扫封底二维码）

玉米与辣椒间作和单作种植；不同符号代表不同的作物，玉米（×），辣椒（O）。A. 在玉米单作系统，宽行间距是100 cm，窄行间距是50 cm，株距是25 cm；辣椒单作系统中，每一条带行间和行内的间距均为30 cm×30 cm，而条带间距为120 cm。在玉米与辣椒间作系统中，每个条带的宽度是3.4 m，且每个条带是1行玉米间作9行辣椒，辣椒的行间和行内间距是30 cm×30 cm，玉米的株距是25 cm，玉米和辣椒间的行距是60 cm；B. 玉米和辣椒间作；C. 辣椒疫病在田间发病情况，箭头显示的是发病中心，玉米能阻碍辣椒疫霉菌穿过玉米行；D. 2009～2011年辣椒疫病在辣椒单作和玉米与辣椒间作体系的发病程度差异。*表示相同年份辣椒单作、间作处理差异显著（$P<0.05$）。图 D 和 E 中 M、I 分别表示辣椒单作和间作

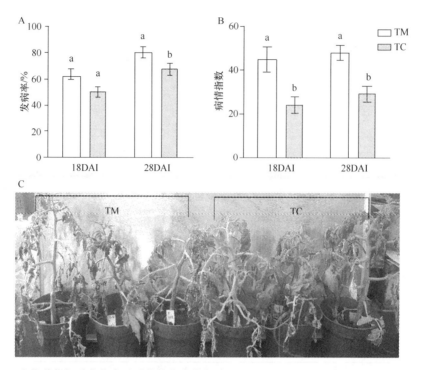

图 7.3 分蘖洋葱与番茄伴生对番茄黄萎病的影响（Fu et al.，2016）（彩图请扫封底二维码）

TM. 番茄单作；TC. 番茄与分蘖洋葱伴生；18DAI. 接种黄萎病菌后 18 d；28DAI. 接种黄萎病菌后 28 d。A. 发病率；B. 病情指数；C. 枯萎病发病症状。相同接菌天数不同小写字母表示差异显著（$P<0.05$）

7.2 间套作对根际微生态的影响与连作障碍缓解

7.2.1 间套作降低根际病原菌的数量

西瓜与旱作水稻间作的栽培方式能显著降低西瓜连作土壤中枯萎病致病菌——尖孢镰刀菌的数量。而间作系统对于尖孢镰刀菌的抑制作用是一个逐步发展的过程，在西瓜与旱作水稻间作初期，间作和单作处理的根际土壤中尖孢镰刀菌数量并没有差异，随着作物的生长、根系的扩大和共同根际的形成与完善，定植 30 d 后，间作处理中的尖孢镰刀菌数量开始下降，而且显著低于单作处理中的尖孢镰刀菌数量，而单作处理的尖孢镰刀菌数量继续上升（苏世鸣等，2008）。

间作能控制病害、消减连作障碍的主要机制是利用作物与病原菌之间的化感效应。很多植物茎叶产生的挥发性物质、根系产生的分泌物质具有抑菌活性，能够抑制病原菌的繁殖和生长（王鹏等，2018）。韭菜根系浸提液抑制了土壤中香蕉枯萎病菌和真菌数量的增长（杨江舟等，2012）。植物根系能够感知根际中微生物的存在，并通过根尖分泌一系列物质，诱导其他菌群繁殖，抑制致病菌的生长，水稻与西瓜间作系统中，水稻根分泌物中含有的碳水化合物构成不适宜西瓜枯萎病菌的正常生长，在旱作水稻与西瓜的间作系统中可以诱导其他有益菌群的定植，从而缓冲或阻断寄主根分泌物对病原菌的诱导作用（郝文雅等，2010）。黄瓜与西芹间作处理的土壤浸提液对枯萎病菌的化感抑制作用最强，明显抑制了尖孢镰刀菌黄瓜专化型的繁殖与生长（秦立金等，2018）。桔梗连作障碍主要表现为根腐病发病率显著升高，而桔梗与大葱间作降低病原真菌数量，有利于缓解桔梗连作障碍。原因是葱属植物产生的含硫化合物能够氧化巯基，使得与微生物生长繁殖有关的巯基酶失活，从而对众多致病菌起到抑制或杀灭作用，减少致病菌数量，提高了土壤中有益微生物所占比例，有利于恢复土壤生态平衡（王鹏等，2018）。与老龄苹果园土对照相比，幼龄苹果与葱、小麦和芥菜混栽处理的镰刀菌属基因拷贝数均有所降低，与葱混栽处理的根际土壤中串珠镰刀菌（*Fusarium moniliforme*）的数量降低了 61.0%，尖孢镰刀菌（*Fusarium oxysporum*）的数量降低了 37.1%，腐皮镰刀菌（*Fusarium solani*）的数量降低了 41.0%，层出镰刀菌（*Fusarium proliferatum*）的数量降低了 53.1%（马子清等，2018）。

土壤病原菌引起的负反馈作用驱动了植物多样性-生产力关系。植物单作条件下易积累寄主专性病原菌，而植物多样性可通过多种机制降低病原菌的负效应，如相邻植物根系分泌物的直接效应或间接地改变土壤微生物群落，对病原菌起到稀释作用。植物多样性还可提高拮抗菌（如荧光假单胞菌）的比例，对病原菌起到拮抗作用（王光州，2018）。

7.2.2　间套作对病原菌的化感作用

土传病害的防治是植物病理学研究领域的难题，而植物通过分泌根系分泌物直接与土壤中的微生物互作，根系分泌物在为土壤微生物提供碳源、氮源和能量的同时，对一些病原菌也具有一定的抑制和杀灭作用，改善土壤的微生物环境，从而能在一定程度上达到控制土传病害的效果（廖静静，2013）。韭菜与香蕉间作控制香蕉枯萎病的原因之一是韭菜根系浸提液对香蕉枯萎病菌菌丝生长和孢子萌发均具有明显的抑制作用，并表现出浓度效应，即随着韭菜根系浸提液质量浓度的增加，菌丝生长减缓，孢子萌发率降低，对病原菌菌丝生长和孢子萌发的抑制作用增强（杨江舟等，2012）。玉米与大豆间作系统中，玉米根系分泌的苯并噻唑类化合物（BZO）对辣椒疫霉菌的生长具有显著的抑制效果，辣椒疫霉菌的游动孢子在玉米根际聚集后，根系分泌物中的抑菌物质能快速地使游动孢子休止并裂解，最终丧失萌发和侵染能力（图 7.4），因此，根系分泌物中苯并噻唑类化合物的存在是玉米间作控制疫病的重要因素之一（梅馨月，2015）。大葱根系分泌物中含有杂环化合物、酯类、酰胺类、酸类、烃类、醛酮类、酚类、醇醚类及萘类等物质，其中，苯并噻唑及其衍生物、邻苯二甲酸酯类物质相对含量较高。邻苯二甲酸二丁酯是辣椒和茄子根系分泌物中的主要化感物质，对黄瓜种子萌发及幼苗生长有显著促进作用，且具有抑菌作用，这是合理间作有效减轻瓜类蔬菜土壤连作障碍的重要原因之一（徐宁等，2012）。

大蒜与辣椒间作能有效地控制辣椒疫病的传播和蔓延，其主要原因是大蒜根系一方面能分泌一些物质吸引游动孢子的游动，对辣椒根际的游动孢子起着稀释作用；另一方面大蒜根、茎、叶和蒜瓣的挥发物及浸提液能有效地抑制辣椒疫霉菌游动孢子的释放、游动、休止、萌发和菌丝的生长（刘屹湘，2011）。西芹种子和根物质（鲜根、腐根及

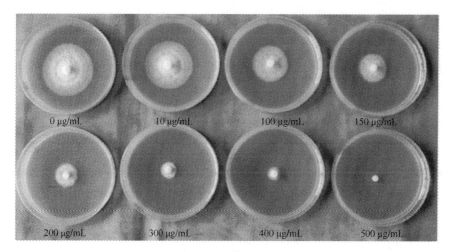

图 7.4 不同浓度苯并噻唑类化合物（BZO）对辣椒疫霉菌菌丝生长的影响（梅馨月，2015）
（彩图请扫封底二维码）

根际土）中的化感物质均能够抑制黄瓜枯萎病菌的生长（高晓敏等，2014）。分蘖洋葱与番茄伴生系统中，分蘖洋葱叶片挥发物及根部干物质挥发物对番茄枯萎病菌菌丝生长有显著抑制作用（李明强，2016）。

7.2.3 间套作对土壤生物的影响与连作障碍缓解

在自然生态系统中，土传病害的暴发相对少见，但在农业生产中却很普遍。人们一般认为植物的物种多样性降低使农业生态系统容易受到土壤有害生物的影响，但在物种较为丰富的系统中抑制病虫害作用的原因可以是多重的。例如，间作可以直接增加植物物种多样性，间接增加土壤微生物和昆虫等的物种多样性，改善栽培环境生态功能，从而减轻连作障碍的发生（宋尚成等，2009）。

7.2.3.1 间套作对土壤微生物区系的影响

连作土壤上由于同一类根系分泌物的持续释放，形成了特定的土壤环境和根际条件，导致土壤微生物种类与数量变化，即细菌、放线菌数量下降，有害真菌数量升高，土壤微生物从细菌主导型向真菌主导型转化（苏世鸣等，2008）。某些作物的根际可能会存在某种病原菌的拮抗菌，如果将根际携带病原菌拮抗菌的作物与该病原菌的易感作物间作，病原菌就会受其拮抗菌的抑制而不能生长和繁殖，从而使主栽作物避免病原菌的侵害（任丽轩，2012）。间作可增加根系分泌物、作物残体和根系残留物在土壤中的积累，为土壤微生物提供更多的营养物质和能源物质，不断改善根际土壤的营养状况，进而增加微生物的活性（张学鹏等，2016）。合理的间作有利于维持土壤微生物的平衡，能显著提高有益微生物的数量和活性，从而抑制单作栽培模式中病原菌的生长（郑亚强等，2018）。

对植物土传病害的抑制在一定程度上是土壤微生物群体的作用，根际土壤中的细菌及放线菌等是生物防治的贡献者，它们通过对病原菌的拮抗作用或直接杀死病原菌的菌丝及孢子而使作物免受病原菌的伤害（任丽轩，2012）。在西瓜与旱作水稻间作初期，西瓜根际微生物区系与单作处理无差异。30 d 后，间作西瓜根际微生物数量变化趋势开始不同于单作处理，可能是由于在作物生长初期，水稻的根系分泌物量较小，还不足以影响西瓜根际土壤中的微生物，因此各处理西瓜根际土壤的微生物区系无差异。随着植物的生长及种间根际互作的加强，西瓜定植 30 d 后，间作西瓜根际土壤中有更多的碳水化合物、氨基酸、维生素等促进生长的物质及根残体的存在，使之成为微生物活动旺盛的区域，其细菌、放线菌及总微生物数量升高，真菌数量降低，50 d 后间作系统中西瓜根际土壤中的细菌、放线菌及总微生物数量显著高于单作处理，真菌数量则显著低于单作处理（苏世鸣等，2008）。

谢慧等（2007）通过茅苍术、京大戟、黄姜（盾叶薯蓣）、半夏和阔叶麦冬 5 种药用植物与花生进行间种盆栽试验，测定了不同时期花生根际土壤中细菌、放线菌、霉菌和酵母菌的数量，结果表明：茅苍术和京大戟间作抑制土壤霉菌效果最好，在花针期间作花生分别比对照（单作花生）减少了 53.9%和 29.6%；花生收获后土壤中霉菌数量增加，有利于物质循环和养分还田，茅苍术、京大戟和半夏间作土壤中细菌数量增加。这种套作模式可以有效调节土壤微生物区系的定向发展，可为克服花生连作障碍提供一种新型、高效、环保的途径。

马子清等（2018）以老龄苹果园土壤为对象，研究了不同作物与再植苹果幼树混栽对再植苹果根际微生物区系的影响。结果表明：与葱、小麦、芥菜 3 种作物混栽均可增加苹果根际土壤中细菌的数量，减少土壤真菌的数量，其中与葱混栽较对照增加细菌数量 37.9%、降低真菌数量 41.3%，混栽小麦后细菌总量增加 31.0%，混栽芥菜增加细菌总量 14.0%，混栽葱、小麦、芥菜使苹果根际土壤细菌/真菌分别提高 135.1%、128.6%和 89.7%。李家家等（2016）研究苹果幼苗与葱混作时发现，混作大葱能提高苹果连作土壤中细菌的数量，降低真菌数量，减轻苹果连作障碍。与桔梗单作相比，桔梗与大葱间作对土壤微生物数量具有良好的调节作用，不仅提高了土壤微生物总量，而且提高了细菌所占比率，有利于改善土壤环境（王鹏等，2018）。香蕉套作韭菜时，香蕉枯萎病的病情指数显著低于香蕉单作模式。土壤中尖孢镰刀菌古巴专化型、真菌和放线菌数量显著降低，细菌数量显著增加，原因可能是韭菜作为化感作物，其根系分泌物对香蕉枯萎病菌及真菌和放线菌具有一定的抑制作用，同时又可促进土壤细菌的生长（柳影等，2015）。

7.2.3.2　间套作对土壤微生物群落结构的影响

间作系统中，地表生物多样性增加，土壤中微生物多样性也更加丰富。合理间作可以优化土壤微生物群落结构，使土壤向着良性健康的方向发展，进而形成与之相适应的根际微生物区系，并表现出比单作更明显的根际效应（汪春明等，2013）。苏世鸣等（2008）通过磷酸脂肪酸（PLFA）法分析土壤微生物多样性时发现，单作西瓜根际土壤中真菌数量较多，细菌数量较少，而且主要为革兰氏阳性菌，而间作西瓜根际土壤中则有较多的革兰氏阳性菌、革兰氏阴性菌和放线菌，间作有效地改善了西瓜根际土壤的微生物环境，表明西瓜与旱作水稻间作丰富了土壤微生物群落结构，抑制和影响病原菌的生长，从而降低土壤病原菌密度，减轻病害的发生。刘亚军等（2018）采用 PLFA 方法，研究了马铃薯与蚕豆、马铃薯与荞麦间作下土壤微生物群落结构及功能的变化规律。结果表明：与单作马铃薯相比，马铃薯与蚕豆、马铃薯与荞麦间作处理中以 PLFA 表征的细菌生物量升高、真菌生物量降低，真菌/细菌降低，说明在间作栽培影响下会有更高的细菌群落生物量，这可能有利于土壤向高效性的"细菌型"土壤类型转变，并间接表明间作栽培可以改变微生物的群落结构及减少土壤中有害真菌的数量。玉米与花生间作显著增加了微生物种群和细菌多样性，这主要是因为间作改变了土壤微生物群落，特别是使革兰氏阴性菌发生变化，能潜在地减少土壤中酚酸类物质的积累（Li et al.，2016）。

根系分泌物含有的糖类氨基酸和维生素等物质为根际微生物的生存与繁殖提供了所需的营养及能源物质，并形成与之相适应的根际微生物群落，从而提高土壤微生物的整体代谢活性，促进土壤微生物群落结构多样化的形成（付学鹏等，2016）。间作提高土壤微生物的种类和数量可能与根系分泌物有关。植物经光合作用固定的碳可通过根系分泌物的形式释放到土壤中，为土壤微生物提供丰富的营养，而土壤微生物可借助趋化感应向富含根系分泌物的根际移动以及在根表面进行定植与繁殖（付学鹏等，2016）。间作栽培时，不同作物根际效应、根系分泌物存在差异，影响了以碳源为基质的微生物群落，改变了土壤微生物群落结构组成及其多样性，进而影响其功能多样性（刘亚军等，2018）。杨智仙等（2014）的研究表明，不同品种小麦与蚕豆间作对蚕豆枯萎病产生不同抗性的原因：一是不同品种小麦与蚕豆间作处理增加了根系分泌物中有机酸的含量，提高了微生物活性，促进了根际微生物对根际碳源的利用而抑制了根际病原菌对碳源的竞争，最终抑制了病原菌的增殖；二是不同品种小麦与蚕豆间作改变了根际微生物群落结构，间作改变的根际微生物通过利用不同的碳源而影响对病原菌供应不同的营养，进而对枯萎病抗性产生不同的影响；三是不同品种小麦与蚕豆间作还对能促进土传病原菌增殖的可溶性总糖和游离氨基酸的分泌产生不同的抑制效果，最终减少了供应根际病原菌的氨基酸和可溶性糖，减轻了蚕豆枯萎病的危害。

汪春明等（2013）用 Biolog 方法对蚕豆与马铃薯间作体系的研究表明，马铃薯与蚕豆种间效应直接导致了马铃薯较强的作物生理变化而影响其根系分泌物的种类、数量和质量，使较多的有机物质输入土壤，导致土壤有机碳库的快速恢复，从而提供了更多样化的有机化合物及碳源，刺激形成更多样化的微生物群落，因此间作蚕豆明显促进了马铃薯根际微生物群落的碳代谢强度，而且能维持较稳定的产量，因而是一种有利于改善马铃薯连作栽培根际微生态环境、缓解连作障碍的栽培模式。马铃薯与荞麦间作系统中根际微生物对羧酸类、碳水化合物、芳香类及氨基酸类化合物的利用能力较强，显著影响了微生物群落丰富度和均匀度（刘亚军等，2018）。覃潇敏等（2015）采用 Biolog 技术研究了玉米与马铃薯间作对根际微生物群落结构和功能多样性的影响。结果表明：与单作相比，玉米与马铃薯间作增加了根际微生物对 31 种碳源的平均利用率，玉米和马铃薯间作后根际微生物群落的 Shannon 多样性指数、Simpson 多样性指数、均匀度指数、丰富度指数均高于单作。甘蔗与玉米间作种植能有效提高玉米根际土壤微生物的活性及多样性，改变了微生物群落的结构及代谢功能（郑亚强等，2018）。杨江舟等（2012）

对香蕉移栽后 40 d 的 Biolog 分析结果表明：韭菜根系浸提液能提高根际土壤微生物对碳源的利用能力和土壤微生物群落的多样性、丰富度和均匀度，说明韭菜根系浸提液能改善土壤微生物群落结构，增强土壤微生物生态系统的稳定性和抑病性，从而减少香蕉枯萎病病害的发生。

间作大豆改变了甘蔗根际土壤细菌及固氮细菌原来的群落组成结构和多样性，尤其对固氮菌群落组成和多样性的影响更大（彭东海等，2014）。小麦、毛苕子分别与黄瓜间作均能提高黄瓜根际土壤微生物群落多样性，其中小麦与黄瓜间作对黄瓜根际土壤微生物群落多样性的影响最为突出，小麦、毛苕子分别与黄瓜间作均降低了黄瓜角斑病、白粉病、霜霉病和枯萎病的病情指数及尖孢镰刀菌数量（吴凤芝和周新刚，2009）。不同化感潜力的分蘖洋葱根系分泌物对黄瓜幼苗生长均具有促进作用，且随着浓度的升高，促进作用增强，不同化感潜力的分蘖洋葱根系分泌物均增加了黄瓜根际土壤中细菌和放线菌数量，降低了真菌和尖孢镰刀菌数量（杨阳等，2013）。吴凤芝等（2014）以黄瓜为受体，以不同化感效应小麦品种为供体，采用 PCR-DGGE 技术，研究了小麦根系分泌物及伴生小麦对黄瓜生长和土壤真菌群落结构的影响。结果表明：小麦的伴生化感抑制效应显著降低了黄瓜根际土壤真菌群落 Shannon 多样性指数和均匀度指数，暗示了小麦根系分泌物及伴生小麦改变了土壤真菌群落结构。秦立金等（2018）利用宏基因组学 16S rDNA 高通量测序技术对黄瓜与西芹间作土壤细菌多样性进行了分析，结果表明：黄瓜与西芹间作增加了土壤细菌种群种类和数量，丰富了黄瓜与西芹间作土壤 α 多样性，提高了根际细菌生物多样性水平，改变了土壤细菌的群落结构，同时间作黄瓜接种尖孢镰刀菌黄瓜专化型后，其枯萎病发病率明显低于单作，原因可能与土壤放线菌门（Actinobacteria）、节杆菌属（*Arthrobacter*）、鞘氨醇单胞菌属（*Sphingomonas*）比例增加有关，这些菌门和菌属细菌种类的增加促进了黄瓜植株的生长，增强了黄瓜植株抵抗病原菌的能力，从而降低了黄瓜枯萎病菌的田间发病率。王悦等（2019）对丹参根际土壤中细菌的 16S rDNA 基因 V3-V4 区片段和真菌 18S rDNA 基因 V4 区片段进行了测序，结果表明，白芍与丹参套作可以在一定程度上改善土壤质量，提高根际细菌群落多样性，改变微生物群落组成，真菌群落中的接合菌门（Zygomycota）、壶菌门（Chytridiomycota）和子囊菌门（Ascomycota）的相对丰度显著高于连作。白芍与丹参套作系统中微生物–微生物、微生物–丹参的互作可能是缓解丹参连作障碍的重要原因。

7.2.3.3　间套作对土壤线虫群落结构的影响

茅苍术间作显著降低了花生根际植物寄生线虫的相对丰度，提高了非植物寄生线虫的相对丰度。多项生态指数表明，茅苍术间作增加了花生根际线虫的多样性，改善了根际线虫群落的结构及稳定性。这对于降低植物寄生线虫对花生的危害、发挥食微生物线虫等有益线虫的生态功能、保障根际土壤与花生的健康具有重要的生态学意义和生产实际意义（张亚楠等，2016）。

7.2.3.4　间套作对有益菌的影响

间作能有效增加单位面积生物多样性，使土壤中菌根（arbuscular mycorrhizal，AM）

真菌物种丰富度和种群多样性高于单作，间作可直接促进 AM 真菌的侵染与菌根的形成。例如，间作韭菜可显著提高番茄根系 AM 真菌侵染率（比番茄单作高出 20.0%），且根际尖孢镰刀菌的数量显著降低；间作玉米显著增加土壤中 AM 真菌的生物量（比马铃薯单作提高 18.0%），土壤真菌与细菌的生物量比值下降，促进土壤向高肥效的"细菌型"土壤发展。间作系统中，AM 真菌既能与病原物直接发生竞争关系，又能通过宿主间接发挥抗病作用，且与间作抑病有一定的叠加效应（侯劭炜等，2018）。间作栽培通过影响生姜根际微生物群落功能，可能诱导某些有益微生物群落的增长（如 AM 真菌），降低病原菌的数量，即可以通过间作套种达到增产和防病虫害的效果（汪茜等，2018）。西芹根能够分泌一些酸类、酯类、酚类、醇类及含氮化合物等物质，这些根系分泌物可为根际微生物提供糖、氨基酸等多种初级代谢产物和一些更复杂的次级代谢产物，同时，根际促生菌往往通过次生代谢产物的产生发挥促生和防病效应。光黑壳属（*Preussia*）、漆斑菌属（*Myrothecium*）真菌被证实是一种植物内生菌，黄瓜与西芹间作增加了光黑壳属和漆斑菌属的相对丰度，这可能是黄瓜与西芹间作降低黄瓜田间枯萎病发生的主要原因之一（秦立金等，2019）。

7.2.4　间套作对土壤酶活性的影响与连作障碍缓解

套作处理有效提高了土壤脲酶、蔗糖酶和中性磷酸酶活性，这可能是两种作物共生调节了根系的生理活动，提高了根系分泌物和腐解物的作用，继而增加了土壤微生物活动，使土壤多种酶活性处于较高水平，从而促进有机养分的转化和有效化，增强土壤的养分供应能力（张学鹏等，2016）。间作地豆和架豆可显著提高番茄根际土壤中脲酶、蔗糖酶和中性磷酸酶活性；间作苋菜可显著提高土壤蔗糖酶和磷酸酶活性。番茄与豆科或非豆科间作均显著提高了蔗糖酶和中性磷酸酶活性，可能是由于间作系统土壤根系密度大，释放的多糖和有机质多（代会会等，2015）。与单作相比，紫背天葵与豇豆伴生使豇豆根际土壤脲酶、蔗糖酶、多酚氧化酶和酸性磷酸酶活性分别显著增加了 7.1%、381.0%、21.6%和 42.8%，从而有效改善土壤理化性质，增强土壤肥力，更利于植物生长发育，这可能是伴生紫背天葵缓解豇豆连作障碍的原因之一（陈昱等，2018）。多酚氧化酶能分解土壤中酚类和有毒物质，具有修复土壤的功能，其活性与解毒能力密切相关，桔梗与大葱间作后根际土壤多酚氧化酶活性高于单作桔梗，而且随桔梗与大葱间作行比增加逐渐降低，说明桔梗与大葱间作有利于改善桔梗根系生长的土壤环境，是消减桔梗连作障碍的一种种植模式（王鹏等，2018）。玉米与蔬菜套作显著提高了土壤脲酶的活性，有利于减轻蔬菜连作障碍（张洁莹等，2013）。

7.2.5　间套作对自毒物质的影响与连作障碍缓解

在中国主要的苹果栽植区域，传统老果园中苹果连作障碍普遍发生。随着苹果树生命周期的缩短和更新品种加快，轮作耗时太长，满足不了苹果产业的需求，这使得苹果连作障碍的问题越来越显著。混栽葱、小麦、芥菜使连作苹果根际土壤中根皮苷的含量分别明显降低 81.2%、20.6%、86.1%；与老苹果园土壤对照相比，混栽葱能明显减少连作苹果根际土壤中儿茶素、香豆酸、香兰素、阿魏酸、根皮苷和咖啡酸的含量，酚酸总量与对照相比减少了 28.3%（马子清等，2018）。

7.2.6　间套作对土壤理化性质的影响与连作障碍缓解

农田生态环境条件（生物、土壤、气候、人为因素等）对病原物侵染寄主的各个环节都会发生深刻而复杂的影响。它们不但影响寄主植物的正常生长状态、组织质地和原有的抗病性，而且影响病原物的存活力、繁殖率、产孢量、传播方向、传播距离，以及孢子的萌发率、侵入率和致病性。另外，环境也可能影响病原物传播介体的数量和活性，各因子间对病害的流行还会出现各种互作或综合效应（高东等，2010）。健康的土壤可以生产出健壮的植株，使它具有一定活力，不易受害虫袭击。此外，由于许多作物都存在几种主要病虫害，即使是最健壮的植株也会受到影响。适当的土壤水分和养分调节，可以防止由于作物养分不平衡带来的病虫害。而且，危害土壤质量的作物经营管理系统常常需要更多的水分、养分、杀虫剂或更多的耕作能源投入以维持产量（高东，2009；张月萌等，2018）。

通过间作可以合理地利用作物间的化感作用，调控植物生长发育和改善土壤理化性质，达到生态平衡。适宜的土壤 pH 和电导率更有利于蔬菜植物的生长发育，芹菜和紫背天葵间作均能提高土壤 pH 和降低土壤电导率（陈昱等，2018）。生姜与玉米间作能够较好地促进生姜对土壤中氮和有机质的吸收，提高土壤 pH，是一种有利于改善生姜连作栽培根际微生态环境、缓解连作障碍的栽培模式（汪茜等，2018）。在间套作体系中，特别是禾本科和豆科植物根系互作后根茬的分解速率和根茬的养分释放速率明显高于单作。同时玉米与大豆根系混合更有利于土壤微生物的繁殖，有利于改善土壤养分有效性（王莉等，2018）。在蔬菜（青刀豆、西蓝花）与糯玉米套作种植模式下，套作蔬菜土壤有机质含量高于单作蔬菜处理，同时套作降低了蔬菜根际土壤无机氮浓度，提高了菜田氮素利用率，说明套作系统中由于不同作物利用不同土壤层次、不同形态的养分，提高了蔬菜对各土层有效养分的利用，减少了单一作物对养分的过度消耗（张洁莹等，2013）。山药行间间作苜蓿和三叶草两种豆科作物可有效提高山药生育期间 0～40 cm 土层的硝态氮、速效磷和速效钾含量，降低电导率。间作豆科绿肥作物增加山药田土壤生物多样性是培肥山药田土壤、改善土壤生态环境、缓解连作障碍的有效途径（张月萌等，2018）。间作可以提高土壤综合肥力，半夏与决明间作土壤肥力综合评分最高，半夏与玉米间作次之，半夏与决明间作可能成为消减半夏连作障碍的理想间作搭配（杭烨等，2018）。

土壤团聚体的含量和稳定性能够直接影响土壤结构质量的优劣，是评价土壤结构质量的重要指标。菜田频繁耕作和高强度农药、化肥等的施入都将使土壤团聚体的稳定性产生变化，这种变化可能是引起土壤结构恶化、加剧土壤连作障碍的主要因素。西蓝花与玉米套作促进了植株根系生长，增加了根系分泌物，为土壤微生物繁殖提供更多的碳源，进而增强土壤微生物活性，促进土壤有机物质的转化。因此，西蓝花连作田套作玉米能有效增加土壤大团聚体的分布,改善土壤物理性状,为减缓西蓝花连作田连作障碍、提高菜田的可持续发展提供有力的保障(杨燕等,2016)。

7.2.7 间套作对根系分泌物的影响与连作障碍缓解

7.2.7.1 间套作系统根系分泌物的差异与连作障碍缓解

植物根系释放到土壤中的化学物质统称为根系分泌物,其主要来源为衰老表皮细胞和细胞内含物的分解、健康组织有机物的释放、微生物修饰、植物根系的直接分泌作用及其自身的产物,主要包括渗出物、分泌物、植物黏液、胶质和裂解物。其中,占植物根系分泌物比例很大的一部分成分是分子量较大的一些黏液和蛋白质。另外一些组分,如氨基酸、有机酸、糖类、酚酸类和其他的一些次生代谢产物等是分子量较小的化合物(章芳芳,2018)。

根系分泌物中的化感物质对植物产生直接的影响从而影响植物种间相互作用是生态学研究中的一个热点。作为联系植物和根际土壤微生物的重要媒介,根系分泌物既能为根际微生物的生存和繁殖提供营养与能源物质,又是植物化感作用及化感物质产生的重要途径,通过释放化感物质抑制有害微生物的侵染和促进有益微生物生长,从而实现自身防御。在植物间作系统中,不同植物之间通过根系分泌物中的化感物质而相互影响,并发挥着抗病、增产等生态作用(图7.5)(章芳芳,2018)。

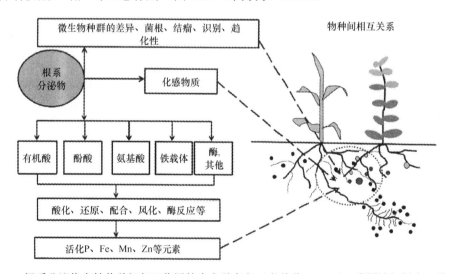

图7.5 根系分泌物在植物种间相互作用的生态学意义(章芳芳,2018)(彩图请扫封底二维码)

在同一块土地上连续种植同种植物,根系分泌物起着选择性培养基的作用,刺激根际病原生物生长而抑制有益生物生长,使得根际微生态系统失衡,土传病害愈发严重;另外,很多植物品种又具有通过根系分泌物抑制土著病原菌的化感作用。将具有抑菌化感作用的非寄主作物和寄主作物间作,可充分发挥植物天然的化学调控机制从而对有害微生物进行控制,并借以打破寄主作物根系分泌物对病原菌的趋化诱导,从而减轻病害发生(郝文雅等,2010)。与单作相比,当旱作水稻与西瓜间作时,旱作水稻就有更多的有机碳分配到根系，并分泌到水稻根际。旱作水稻根系分泌物释放到根际土壤后，通过质流的方式，经过土壤孔隙，到达西瓜根际。另外，一些根系分泌物很可能被土壤微生物获取，当微生物死后重新被释放，并沿着土壤孔隙到达西瓜根际。所以，水稻根系分泌物传递到了西瓜根际，并在西瓜根际发挥着其生态作用，抑制西瓜枯萎病危害（任丽轩，2012）。

间作系统中一种作物可以通过分泌特定的化感物质来抑制病原菌的生长和繁殖，从而达到抑制病害的作用（曹云和马艳，2015）。在番茄和万寿菊间作系统中，万寿菊的根系分泌物可以抑制番茄枯萎病病原菌——茄链格孢（*Alternaria solani*）的孢子萌发，从而减轻番茄枯萎病的发生（Gómez-Rodríguez et al.，2003）。玉米和辣椒间作能有效控制辣椒疫病扩展，原因是辣椒根系的根冠区对辣椒疫霉菌（*Phytophthora capsici*）游动孢子具有明显的吸引能力，且游动孢子找到寄主后就开始萌发并侵入寄主；而玉米根系一方面能分泌一些物质吸引游动孢子的游动，对辣椒根际的游动孢子起着稀释作用；另一方面又能分泌一些化感物质使靠近根系的游动孢子迅速休止并裂解，还能抑制休止孢子的萌发及菌丝生长，最终使辣椒疫霉菌丧失在土壤中的移动和侵染能力，从而有效地控制辣椒疫病的传播危害（祁蕾，2012）。郝文雅等（2010）对旱作水稻与西瓜间作系统的研究表明：西瓜根系分泌物对西瓜枯萎病菌的产孢表现出显著的促进作用，从而引起连作西瓜枯萎病的产生；而水稻根系分泌物则表现出一定的抑制作用（图 7.6）。说明间作栽培模式能改善西瓜枯萎病的发生，其主要原因在于水稻根系分泌物中可能含有有效抑制尖孢镰刀菌生长的化感物质，从而减少了根际土壤中的病原菌数量，保证了西瓜的正常生长。

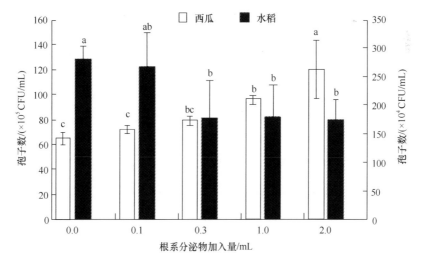

图 7.6　西瓜、水稻根系分泌物分别对尖孢镰刀菌西瓜专化型产孢的影响（郝文雅等，2010）

同种根系分泌物处理下不同小写字母表示差异显著（$P<0.05$）；左边纵坐标表示加入西瓜根系分泌物处理所产生的孢子数量，右边纵坐标表示加入水稻根系分泌物处理所产生的孢子数量

郝文雅等（2011）以不同抗性西瓜品种以及化感水稻品种为试验对象，对其根系分泌物中可溶性糖和游离氨基酸的含量与组成进行分析，并研究了氨基酸对尖孢镰刀

菌西瓜专化型（*Fusarium oxysporum* f. sp. *niveum*）生长的影响。结果表明：西瓜根系分泌物的高糖供给，可以为其致病菌提供丰富的营养，利于增殖；而作为间作系统中的非寄主作物，水稻根系分泌物的低糖供给不但利于其抑菌化感作用的充分发挥，更能在一定程度上削弱西瓜对病原菌的营养刺激。外源氨基酸对尖孢镰刀菌孢子萌发和产孢能力的影响表明：丙氨酸、谷氨酸、天冬氨酸、精氨酸为主要促菌氨基酸，谷氨酸、天冬氨酸、精氨酸、甲硫氨酸、苯丙氨酸对尖孢镰刀菌的孢子生殖具有一定的促进作用，而且只在西瓜根系分泌物中被检出，西瓜根系分泌物中游离氨基酸的组成适宜尖孢镰刀菌的生长，能够刺激其在根际的大量定植。水稻根系分泌物中不含天冬氨酸、丝氨酸、谷氨酸、缬氨酸、甲硫氨酸、异亮氨酸、酪氨酸、苯丙氨酸和精氨酸等9种氨基酸。水稻、西瓜根系分泌物在糖和氨基酸含量及组成方面存在的显著差异，在连作条件下，导致单作西瓜和与旱作水稻间作的西瓜对根际微生物的养分供应不同，对其生长的影响也随之改变，这为阐释连作条件下西瓜单作发病严重而间作发病减轻的机制提供了科学依据。

水稻和西瓜间作系统中，西瓜和水稻的根系分泌物中酚酸类物质种类不同，虽然水杨酸、对羟基苯甲酸、邻苯二甲酸在两种作物根系分泌物中同时存在，但阿魏酸仅在西瓜根系分泌物中被检测到，在水稻根系分泌物中不存在，它对尖孢镰刀菌的孢子萌发和产孢能力均有促进作用，阿魏酸是西瓜根系分泌物中诱导连作枯萎病发生的关键成分之一；而香豆酸以较高含量仅在水稻根系分泌物中被检测到，并在孢子萌发、产孢能力、菌丝生长三项指标测定中全部表现出显著抑制作用，且抑菌浓度很低，说明香豆酸是水稻根系分泌物有效的抑菌化感物质之一。酚酸类物质成分和含量上的差异，是西瓜、水稻根系分泌物对尖孢镰刀菌生长具有不同作用的原因之一，也是西瓜与水稻间作减轻西瓜枯萎病发生的机制之一（郝文雅等，2010）。Gao等（2014）进行了连续2年的玉米与大豆间作试验，结果表明间作抑制大豆枯萎病的效果随着2种作物种植距离的增加而降低，说明间作作物根系的互作是控制病害发生的重要原因；在间作系统作物根系分泌物中检测到5种酚酸类物质，其中肉桂酸分泌量显著高于玉米单作或大豆单作，肉桂酸对大豆红冠腐病病原菌——帚梗柱孢菌（*Cylindrocladium parasiticum*）有较强的抑制作用。

7.2.7.2 间套作调控根系分泌物的分泌

门布是禾本科植物产生的一种重要的次生代谢物，门布经常用来控制土传及种传病害，门布是调节小麦和玉米种间相互作用的一个关键化感物质。单作玉米、单作小麦和小麦/玉米间作体系的根系分泌物中均有门布的存在，且小麦和玉米共同生长体系的根系分泌物中的门布含量显著高于单作小麦（章芳芳，2018）。张宁等（2014）采用盆栽的方法，研究了西瓜与旱作水稻间作对西瓜枯萎病和西瓜根系分泌物中酚酸、氨基酸种类和含量的影响，结果表明：当植物受到尖孢镰刀菌胁迫时，西瓜根系显著提高了脯氨酸、精氨酸、谷氨酸等15种氨基酸的分泌量，而西瓜与旱作水稻间作系统接种尖孢镰刀菌处理后西瓜根系分泌的氨基酸量却没有升高，而且天冬氨酸显著降低，脯氨酸未检出（张宁等，2014）。西瓜单作时，根系分泌物中香豆酸未检出，间作促进了西瓜根系分泌香豆酸，且香豆酸含量与西瓜根系尖孢镰刀菌西瓜专化型数量呈正相关。西瓜根系分泌的阿魏酸在单作并接种尖孢镰刀菌的处理中显著提高，间作时，根系分泌阿魏酸的量显著降低，因此，西瓜根系分泌阿魏酸与西瓜感染枯萎病有关（图 7.7）。说明尖孢镰刀菌西瓜专化型对西瓜的感染，刺激了西瓜根系对酚酸的分泌，而当西瓜与旱作水稻间作时，缓解了尖孢镰刀菌西瓜专化型对西瓜根系的刺激，也降低了西瓜根系分泌酚酸的应激反应，因此根系分泌酚酸的量降低。

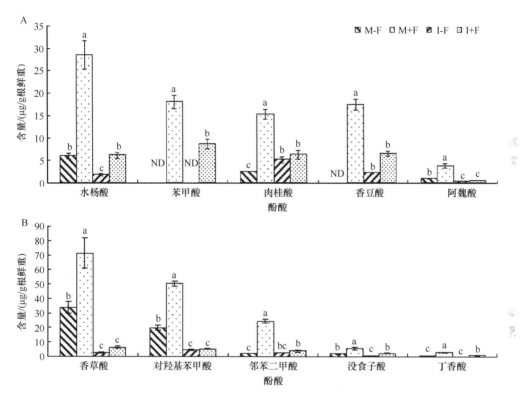

图 7.7　旱作水稻与西瓜间作对西瓜根系分泌酚酸的影响（张宁等，2014）

M-F. 西瓜单作不接种尖孢镰刀菌；M+F. 西瓜单作并接种尖孢镰刀菌；I-F. 西瓜间作不接种尖孢镰刀菌；I+F. 西瓜间作并接种尖孢镰刀菌；ND. 未检测到酚酸。相同酚酸处理下不同小写字母表示差异显著（$P<0.05$）

西瓜与旱作水稻间作系统改善了西瓜的根际环境，降低了西瓜枯萎病的病情指数，减少了根系分泌物中酚酸的种类，降低了根系分泌物中酚酸和游离氨基酸的含量，因此根系分泌物的变化可能与西瓜植株抗病能力的改变有关（张宁等，2014）。

西瓜单作条件下，与不接种尖孢镰刀菌西瓜专化型相比，接种尖孢镰刀菌西瓜专化型显著增加了各种酚酸的分泌，不接种镰刀菌条件下，单作西瓜和间作西瓜（小麦与西瓜间作）根系分泌的酚酸含量无显著差异，而接种尖孢镰刀菌西瓜专化型条件下，接种尖孢镰刀菌后 15 d 和 25 d 间作西瓜根系分泌的酚酸含量均显著低于单作西瓜（图 7.8）（Lv et al.，2018）。

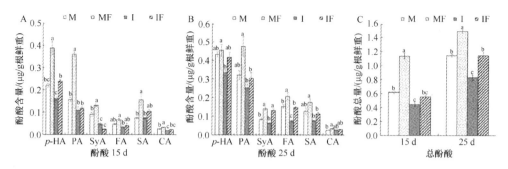

图 7.8　接种尖孢镰刀菌西瓜专化型后 15 d（A）和 25 d（B）间作对西瓜根系分泌物中酚酸含量及酚酸总量（C）的影响（Lv et al.，2018）

M. 西瓜单作不接种尖孢镰刀菌；MF. 西瓜单作并接种尖孢镰刀菌；I. 西瓜间作不接种尖孢镰刀菌；IF. 西瓜间作并接种尖孢镰刀菌。p-HA. 对羟基苯甲酸；PA. 邻苯二甲酸；SyA. 丁香酸；FA. 阿魏酸；SA. 水杨酸；CA. 肉桂酸。相同酚酸不同处理下不同小写字母表示差异显著（P<0.05）

　　西瓜单作时，接种尖孢镰刀菌西瓜专化型显著提高西瓜根系分泌物中各种有机酸含量。不接种尖孢镰刀菌西瓜专化型条件下，旱作水稻与西瓜间作后西瓜根系分泌物中琥珀酸含量和柠檬酸含量没有显著变化。在接种尖孢镰刀菌西瓜专化型条件下，间作西瓜根系分泌物中各种有机酸含量较单作西瓜均显著降低（图 7.9）。说明单作西瓜在接种尖孢镰刀菌西瓜专化型后根系分泌物中有机酸含量显著提高，在间作条件下有所缓解（张宁等，2014）。

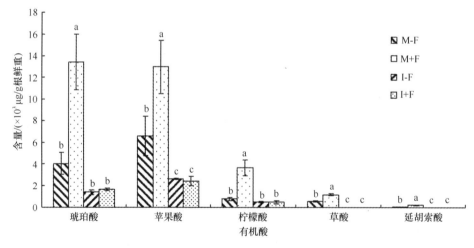

图 7.9　旱作水稻与西瓜间作对西瓜根系分泌有机酸的影响（张宁等，2014）

相同有机酸不同小写字母表示差异显著（P<0.05）

　　西瓜单作条件下，除延胡索酸（25 d）和柠檬酸（15 d）外，接种尖孢镰刀菌西瓜专化型 15 d 和 25 d 时，西瓜根系分泌物中各种有机酸含量及有机酸总量均显著高于不接种镰刀菌处理（图 7.10），接种镰刀菌 15 d 时单作西瓜根系分泌的苹果酸、柠檬酸和草酸含量比间作含量高 24.0%～46.9%（图 7.10A，图 7.10B）。接种镰刀菌 25 d，小麦与西瓜间作条件下西瓜根系分泌的琥珀酸含量显著低于单作西瓜（图 7.10C）。接种镰刀菌 15 d，间作西瓜分泌的有机酸总量显著低于单作西瓜（图 7.10E）（Lv et al.，2018）。

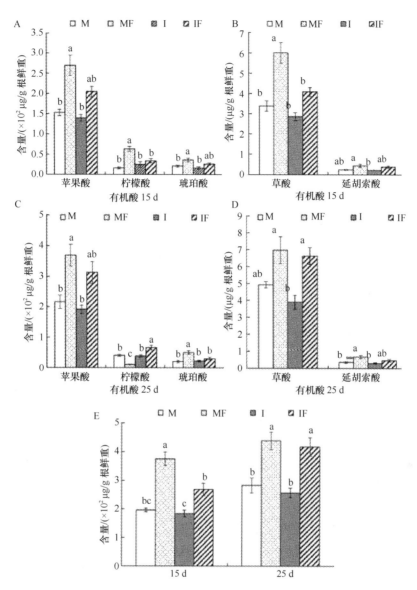

图 7.10　接种尖孢镰刀菌西瓜专化型后 15 d（A、B）和 25 d（C、D）间作对西瓜根系分泌物中有机酸含量及有机酸总量（E）的影响（Lv et al.，2018）
相同有机酸或相同接种时间不同小写字母表示差异显著（P＜0.05）

7.3　间套作对寄主作物抗性的影响与连作障碍缓解

7.3.1　间套作提高寄主作物的生理抗性

　　根据不同作物化感作用的性质和特点，充分利用化感作用中的相生效应，是农业可持续发展的新思路。徐伟慧（2014）选择根系分泌物对西瓜幼苗具有促进作用的小麦品种 D125 与西瓜伴生，发现西瓜定植 40 d 时，受到白粉病菌的侵染，D125 小麦伴生显著降低了西瓜白粉病的病情指数和西瓜叶片中 MDA 含量，并提高了西瓜叶片

SOD 活性，说明伴生小麦通过提高 SOD 活性消除体内多余的超氧阴离子自由基，降低膜脂过氧化程度，增加西瓜生物膜的稳定性。PPO 活性有助于形成对植株具有保护作用的酚类物质、醌类物质及木质素等，从而抑制病原菌的破坏与保护自身的生长和代谢，伴生小麦体系显著提高了西瓜叶片 PPO 活性，说明伴生小麦栽培提升了西瓜抵制病原菌侵染的能力。在分蘖洋葱与番茄伴生系统中，接种大丽轮枝菌后，伴生的番茄根系能够快速积累更多的木质素、总酚、谷胱甘肽、MDA 等抗性相关的物质（图 7.11），提高过氧化物酶（POD）、多酚氧化酶（PPO）和苯丙氨酸解氨酶（PAL）等抗病防御相关酶的活性（图 7.12），说明伴生的分蘖洋葱通过调控抗病相关物质的大量生成，从生理水平上提高了番茄对大丽轮枝菌的抗性（付学鹏，2016；Fu et al.，2016）。伴生小麦提高了西瓜根系 PPO、PAL、几丁质酶和 β-1,3-葡聚糖酶活性，降低了根系内 MDA 含量，提高了根系总酚、类黄酮和木质素含量，有效控制了黄瓜枯萎病的危害（徐伟慧，2014）。

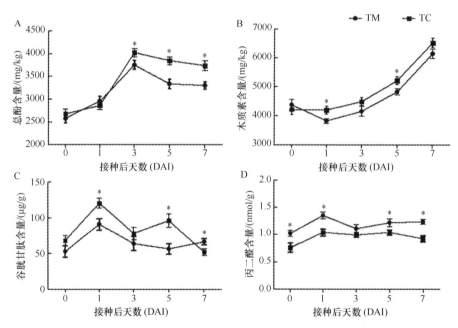

图 7.11　接种番茄黄萎病菌——大丽轮枝菌（*Verticillium dahliae*）不同天后分蘖洋葱伴生对番茄根系总酚（A）、木质素（B）、谷胱甘肽（C）和丙二醛（D）含量的影响（Fu et al.，2016）
TM. 番茄单作；TC. 番茄与分蘖洋葱伴生。*表示相同接种时间单作番茄和伴生番茄间差异显著（*P*<0.05）

植株在感染枯萎病病原菌后，叶片比叶重、叶绿素含量、净光合速率、气孔导度和蒸腾速率都显著降低，其中光合速率和气孔导度分别降低约 80.0% 和 60.0%（郭晋云等，2011）。不同抗性水稻混合间栽中冠层不同部位光照强度随行比的增加而上升，原因是混合间栽有利于增强植株的透光性，也有利于植株中下部叶片的光合作用，对提高植株的净光合速率、增加干物质积累及降低冠层中下部的湿度、减少病原菌入侵机会有利（高东等，2010）。与单作西瓜相比，与小麦伴生的西瓜叶片光合速率、气孔导度和胞间 CO_2

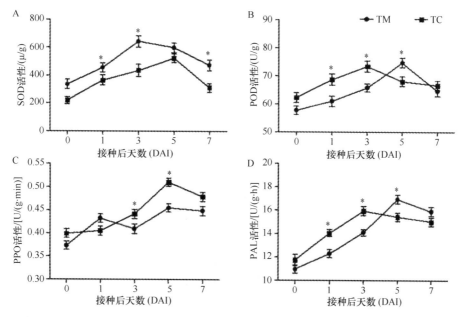

图 7.12　接种番茄黄萎病菌——大丽轮枝菌（*Verticillium dahliae*）不同天后分蘖洋葱伴生对番茄根系 SOD（A）、POD（B）、PPO（C）和 PAL（D）活性的影响（Fu et al.，2016）

浓度分别提高 32.2%、28.5% 和 7.8%，叶片叶绿素总量、叶绿素 a 含量和叶绿素 a/b 分别增加 7.5%、8.4% 和 3.2%；西瓜定植 60 d 时，与单作西瓜相比，与小麦伴生的西瓜叶片净光合速率、气孔导度和胞间 CO_2 浓度分别提高 52.9%、116.7% 和 33.8%，叶片叶绿素总量、叶绿素 a 含量和叶绿素 a/b 分别提高 5.8%、7.1% 和 4.9%，最终有效缓解了西瓜连作障碍（徐伟慧等，2014）。

7.3.2　间套作提高寄主作物的营养抗性

矿质养分是植物生长发育所必需的，一方面可以作为植物组织的构成成分或直接参与新陈代谢而起作用；另一方面也可通过改变植物的生长方式、形态和解剖特征，如使表皮细胞加厚、高度木质化或硅质化，形成机械屏障从而增强其抗病能力（任丽轩，2012）。连作土壤进行合理间作有利于增强作物的养分吸收，提高土壤中养分的有效性，减少单一作物连作时某些养分的积累，减轻病害的发生。在间作系统中，一种植物通过根系的不同部分向根际环境中释放根系分泌物，改善根际中土壤养分的供应形态和供给量，提高土壤养分的有效性，从而促进另一种植物的养分吸收（董楠，2017）。

蚕豆与玉米间作系统中，蚕豆根分泌并扩散到玉米根际的有机酸螯合土壤中与磷结合的钙、铁、铝等，活化磷，提高间作作物的磷含量。同样，小麦与白羽扇豆间作，白羽扇豆根系分泌的柠檬酸螯合 Ca-P 中的 Ca，从而把 P 释放出来供小麦利用。在高粱与木豆间作中，木豆根系释放的番石榴酸及其衍生物螯合 Fe-P 中的 Fe，活化难溶性磷，高粱则吸收利用 Ca-P，两种作物利用不同形态的磷，降低了磷的种间竞争。可见，间作中根系分泌物中的有机酸酸化根际，将植物难以利用的磷转化成可利用的磷，提高了磷的利用效率（付学鹏等，2016）。在豆科与禾本科间作体系中，禾本科植物吸收利用更多的土壤氮，降低了土壤中的氮素浓度，一方面使禾本科作物获得充分的氮素营养，具有显著的增产作用；另一方面土壤氮素浓度的降低，促进了豆科作物的结瘤固氮作用，从而实现了禾本科作物和豆科作物在氮素利用上的生态位分离，降低种间竞争，使两种作物均获得高产（图7.13）（李隆，2016）。

图 7.13　蚕豆与玉米间作（A）改善蚕豆结瘤（B）及其机制（C）（李隆，2016）

（彩图请扫封底二维码）

　　分蘖洋葱与番茄伴生栽培促进了番茄生长，显著降低番茄灰霉病的病情指数。伴生体系植株可能通过根系分泌物对 Mn^{2+} 的螯合作用而提高根际土壤中锰的有效性，进而促进对锰的吸收，从而使番茄植株内全锰含量显著增加，番茄的病情指数与全锰含量呈显著负相关。植株内锰含量能调节作物体内的氧化还原反应，提高植株的抗病性。锰还作为苯丙烷代谢途径相关酶的辅助因子，促进根系中酚类物质和木质素合成增加，从而提高植株抗真菌的能力。伴生的番茄植株内氮/钾和氮/锰显著降低，番茄植株内氮/钾与番茄灰霉病病情指数呈极显著正相关，说明分蘖洋葱伴生使番茄氮和钾养分的平衡状况发生变化，可能是植株抗病性提高的主要原因之一。表明分蘖洋葱伴生促进了番茄生长和对锰的吸收，以及植株内养分平衡，提高了番茄抗灰霉病的能力（吴瑕等，2015）。

7.3.3　间套作提高寄主植物抗性的分子机制

水稻根系分泌物中有香豆酸，而且香豆酸能够直接抑制尖孢镰刀菌的生长和繁殖（任丽轩，2012）。任丽轩（2012）采用外源施加香豆酸的方法，模拟西瓜与旱作水稻间作系统中水稻根系所分泌的香豆酸，研究水稻分泌的香豆酸对西瓜自身抗病能力的影响。结果表明：单独接种尖孢镰刀菌时，降低西瓜叶片几丁质酶基因的表达，根系几丁质酶活性也有所降低，叶片 β-1,3-葡聚糖酶活性也显著降低，因此降低了西瓜的抗病能力。当西瓜根际只施加香豆酸时，西瓜根中的几丁质酶基因表达上调，叶片中的几丁质酶活性提高，根系分泌肉桂酸的量提高，而叶片中 β-1,3-葡聚糖酶活性降低，在一定程度上提高了西瓜的抗病能力。当同时接种尖孢镰刀菌和施加香豆酸时，随着香豆酸浓度的提高，西瓜叶片几丁质酶基因的表达逐渐增强，叶片中几丁质酶活性也有提高的趋势，β-1,3-葡聚糖酶活性也逐渐升高。说明水稻根系分泌物中的香豆酸上调西瓜植株的抗病基因表达和提高抗病相关酶的活性，增强西瓜的抗病能力，是旱作水稻与西瓜间作抑制西瓜枯萎病的机制。

分蘖洋葱与番茄伴生种间相互作用可以诱导根系类黄酮的合成，这些预先存在的类黄酮可能作为一种信号分子或者直接在植物防御中起作用，从而增强番茄对黄萎病菌的防御能力。接菌后伴生番茄根中启动木质素合成关键基因的高表达，具有较高的木质素含量，在抗黄萎病过程中起重要作用（吴瑕，2016）。

在分蘖洋葱与番茄伴生系统中，番茄接种大丽轮枝菌（*Verticillium dahliae*）3 d 后共检测到伴生和单作两个处理间的差异基因 369 个，与单作相比，有 307 个上调表达，62 个下调表达。差异表达基因（differentially expressed gene，DEG）的基因本体（gene ontology，GO）功能分析表明具有催化活性、结合活性、转运活性和抗氧化活性等功能的基因显著富集并上调表达。Parthway 富集分析表明参与代谢途径、次生代谢物的生物合成、玉米素生物合成、苯丙烷生物合成、谷胱甘肽代谢途径、植物激素信号转导、苯丙氨酸代谢、植物-病原体互作、类黄酮物质生物合成、半胱氨酸和甲硫氨酸代谢等生物代谢过程的基因得到显著富集并上调表达。在差异表达的基因中，木质素生物合成相关的基因、抗病蛋白（酶）基因、植物激素代谢和信号转导相关基因、以及硫吸收和含硫化合物代谢相关的基因均在伴生的番茄根系上调表达。这些结果表明，伴生分蘖洋葱通过上调番茄体内抗病相关基因的表达增强了番茄对大丽轮枝菌的抗性（付学鹏，2016）。与小麦伴生的西瓜和单作西瓜根系接种枯萎病后都启动了合成途径上关键酶基因的表达，但在表达量的强弱和时序上有很大差异，伴生小麦的西瓜根系接菌后启动的强度比单作西瓜强，或者相关基因的启动早于西瓜单作，这可能是伴生小麦缓解西瓜枯萎病的原因之一（徐伟慧，2014）。

7.3.4　间套作诱导非寄主作物抗病性提高

植物受到病原菌的感染后会引起植物细胞壁的修饰，主要表现在木质化过程加强、胼胝质的沉积、胶质体和侵填体的产生。健康土壤上生长的植株叶柄中胼胝质含量最低，而连作土壤上，随着植株发病级别的增大，胼胝质在叶柄中的积累量增多，植株感病程度的增加与胼胝质在植株体内的积累量紧密相关（郭晋云等，2011）。病原菌侵染后产生胶质体和侵填体是植物维管束阻塞的主要原因，而维管束阻塞也是植物的一种重要的抗病反应，它既能防止真菌孢子和细菌菌体随植物的蒸腾作用上行扩展，防止病原菌的酶与毒素扩散，又能导致寄主抗菌物质积累（高东等，2010）。通过多样性种植，巧妙地诱导抗病性，相比采用抗病品种和农药防治有许多优点（高东等，2010）。玉米与大豆间作系统中，大豆在喷雾接种玉米小斑病菌后，叶片表皮细胞有胼胝质沉积、过氧化氢（H_2O_2）产生、防御酶活性变化及抗病相关基因差异表达等现象，表明大豆作为玉米小斑病菌的非寄主植物能够诱导其防御反应的产生，即玉米小斑病菌可诱导大豆的非寄主抗性（潘满华，2012）。玉米和辣椒间作体系中，来源于辣椒的物质（辣椒疫霉孢子悬浮液、孢子裂解液、孢子培养液和健康的辣椒根系分泌物、发病的辣椒根系分泌物）均能诱导玉米冠根、初生根和次生根中苯并噁嗪类防御物质的合成，进而使玉米小斑病发病面积减少 29.3%～35.8%（丁旭坡，2015）。

根际微生态系统是植物-土壤-微生物及其环境相互作用的特殊系统，协调三者之间的关系可能是解决连作障碍问题的关键，间作小麦对西瓜生长及枯萎病抗性调控的可能机制见图 7.14（徐伟慧，2014）。

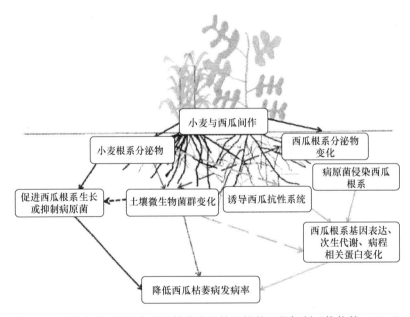

图 7.14　间作小麦对西瓜生长及枯萎病抗性调控的可能机制（徐伟慧，2014）

7.4　间套作与其他措施联合调控作物连作障碍

戴传超等（2010）利用盆栽试验研究了药用植物间作及接种内生菌拟茎点霉 B3 的菌丝对连作花生红壤微生物区系及花生产量的影响，以探索花生连作障碍的生物防治措施。结果表明：药材间作和接种 B3 能显著减少土壤霉菌数量、增加土壤细菌数量和土壤蔗糖酶活性，提高花生超氧化物歧化酶（SOD）活性和花生产量。与花生单作相比，与茅苍术（*Atractylodes lancea*）、京大戟（*Euphorbia pekinensis*）间作的花生产量增加9.0%～22.0%，接种 B3 处理花生产量增加 24%。茅苍术、京大戟与花生间作处理配合接种 B3 后，花生产量较未接种 B3 处理分别增加 30.0%和 4.0%。原因是花生与药材间作时，药材叶片中的内生真菌随着叶片的凋落进入土壤，与萜类成分共同拮抗土壤中的病原菌、调节土壤微生物区系，而增加的土壤微生物多样性也可以增加土壤酶活性；并且内生真菌进入土壤后，可以使得花生产生低强度的防御反应，有利于增加花生的抗逆性。

　　施用生物有机肥和香蕉与韭菜套作均能降低香蕉枯萎病的病情指数，其中以香蕉与韭菜套作配施生物肥处理效果最好。与香蕉单作配施化肥相比，香蕉与韭菜套作配施生物有机肥能显著提高根际土壤中可培养细菌数量，同时显著降低尖孢镰刀菌数量（胡伟等，2012）。香蕉套种韭菜及配施生物有机肥均对香蕉枯萎病有显著的防病效果，以生物有机肥+香蕉单作（A1B1）处理的防病效果为 0，生物有机肥+香蕉与韭菜套作（A1B2）、生物有机肥+香蕉单作（A2B1）和生物有机肥+香蕉与韭菜套作（A2B2）处理的防病效果分别达到 13.6%、18.7%和 45.2%；香蕉套种韭菜及配施生物有机肥均对香蕉生长有显著的促进作用，A2B2 对香蕉生长的促进效果最佳，香蕉移栽 240 d 后，株高、叶宽、茎围和产量分别比 A1B1 提高了 20.0%、6.6%、10.6%和 55.6%。香蕉套作韭菜配施生物有机肥对土壤微生态环境和土壤营养状况的改善具有促进作用，从而显著抑制香蕉枯萎病的发生（柳影等，2015）。

　　间作并接种幼套球囊霉（*Glomus etunicatum*）后，土壤微生物群落中细菌的比例下降；真菌、放线菌的比例升高；土壤微生物对胺类化合物和多聚化合物的利用强度增加，相应提高了能够利用这类碳源的微生物种群数量，整体表现出比单作有更高的土壤微生物功能多样性，其中以马铃薯‖玉米‖蚕豆的增效最为明显。接种幼套球囊霉后，增强了植物与菌根真菌间的共生关系，菌根真菌能通过在土壤中增殖，固定土壤中的营养物质和水分，改善连作土壤的理化性状，从而改变连作条件下土壤养分的偏耗现象（马玲等，2013）。在旱作水稻和西瓜间作系统中，将丛枝菌根（AM）真菌接种在水稻侧或西瓜侧，西瓜和水稻之间均可以形成菌丝桥，使非接种侧植株形成菌根，菌根形成后，丛枝菌根及其根外菌丝可以向土壤中分泌更多的磷酸酶，提高根际环境中酸性磷酸酶和中性磷酸酶含量，活化土壤的难溶性磷，从而引起旱作水稻和西瓜根际有效磷的增加，表明 AM真菌促进旱作水稻和西瓜根系之间的物质传递，进而有效控制了西瓜枯萎病的危害（赵第锟等，2012）。

　　蔬菜套作玉米及玉米秸秆还田能够有效提高作物产量，在一定程度上改善土壤环境，提高有机质含量及脲酶活性，提高作物对无机氮的吸收利用，使多酚氧化酶及过氧化氢酶活性维持在适宜的水平（张洁莹等，2013）。西蓝花连作田套作玉米并且玉米秸秆还田能有效增加土壤大团聚体的分布，改善土壤物理性状，是缓解菜田连作障碍、保持菜田可持续发展的有效途径（杨燕等，2016）。

参 考 文 献

曹云, 马艳. 2015. 间套作防治作物土传枯萎病的研究进展[J]. 土壤, 47(3): 466-473.

陈昱, 张福建, 杨有新, 等. 2018. 伴生芹菜和紫背天葵对连作豇豆生长发育及根际土壤环境的影响[J]. 植物营养与肥料学报, 24(5): 1406-1414.

代会会, 胡雪峰, 曹明阳, 等. 2015. 豆科间作对番茄产量、土壤养分及酶活性的影响[J]. 土壤学报, 52(4): 211-218.

戴传超, 谢慧, 王兴祥, 等. 2010. 间作药材与接种内生真菌对连作花生土壤微生物区系及产量的影响[J]. 生态学报, 30(8): 2105-2111.

丁旭坡. 2015. 玉米和辣椒多样性种植诱导玉米抗病性的化感机制[D]. 昆明: 云南农业大学博士学位论文.

董楠. 2017. 不同作物组合间作优势和时空稳定性的生态机制[D]. 北京: 中国农业大学博士学位论文.

董玉梅. 2013. 利用蛋白组学解析大豆对玉米小斑病菌的非寄主抗性响应[D]. 昆明: 云南农业大学博士学位论文.

付学鹏. 2016. 伴生分蘖洋葱调控番茄黄萎病抗性的生理机制[D]. 沈阳: 东北农业大学博士学位论文.

付学鹏, 吴凤芝, 吴瑕, 等. 2016. 间套作改善作物矿质营养的机理研究进展[J]. 植物营养与肥料学报, 22(2): 525-535.

高东. 2009. 元阳梯田传统稻种持久利用的分子生态机理[D]. 昆明: 云南农业大学博士学位论文.

高东, 何霞红, 朱有勇. 2010. 农业生物多样性持续控制有害生物的机理研究进展[J]. 植物生态学报, 34(9): 1107-1116.

高晓敏, 王琚钢, 马立国, 等. 2014. 尖孢镰刀菌致病机理和化感作用研究进展[J]. 微生物学通报, 41(10): 2143-2148.

郭晋云, 胡晓峰, 李勇, 等. 2011. 黄瓜枯萎病对黄瓜光合和水分生理特性的影响[J]. 南京农业大学学报, 34(1): 79-83.

杭烨, 罗夫来, 赵致, 等. 2018. 半夏间作不同作物对土壤微生物、养分及酶活性的影响研究[J]. 中药材, 41(7): 1522-1528.

郝文雅, 冉炜, 沈其荣, 等. 2010. 西瓜、水稻根分泌物及酚酸类物质对西瓜专化型尖孢镰刀菌的影响[J]. 中国农业科学, 43(12): 2443-2452.

郝文雅, 沈其荣, 冉炜, 等. 2011. 西瓜和水稻根系分泌物中糖和氨基酸对西瓜枯萎病病原菌生长的影响[J]. 南京农业大学学报, 34(3): 77-82.

侯劭炜, 胡君利, 吴福勇, 等. 2018. 丛枝菌根真菌的抑病功能及其应用. 应用与环境生物学报, 24(5): 941-951.

胡伟, 赵兰凤, 张亮, 等. 2012. 不同种植模式配施生物有机肥对香蕉枯萎病的防治效果研究[J]. 植物营养与肥料学报, 18(3): 742-748.

李家家, 相立, 潘凤兵, 等. 2016. 平邑甜茶幼苗与葱混作对苹果连作土壤环境的影响[J]. 园艺学报, 43(10): 1853-1862.

李隆. 2016. 间套作强化农田生态系统服务功能的研究与应用展望[J]. 中国生态农业学报, 24(4): 403-415.

李明强. 2016. 分蘖洋葱化感物质的分离、鉴定及其对番茄的化感作用研究[D]. 沈阳: 东北农业大学博士学位论文.

李孝刚, 张桃林, 王兴祥. 2015. 花生连作土壤障碍机制研究进展[J]. 土壤, 47(2): 266-271.

廖静静. 2013. 大蒜根系分泌物及类似根边缘细胞在间作控制辣椒疫病中的作用研究[D]. 昆明: 云南农业大学硕士学位论文.

刘亚军, 马琨, 李越. 2018. 马铃薯间作栽培对土壤微生物群落结构与功能的影响[J]. 核农学报, 32(6): 1186-1194.

刘屹湘. 2011. 大蒜辣椒间作控制辣椒疫病的效果及大蒜根系与辣椒疫霉菌的化感互作研究[D]. 昆明: 云南农业大学硕士学位论文.

柳影, 丁文娟, 曹群, 等. 2015. 套种韭菜配施生物有机肥对香蕉枯萎病及土壤微生物的影响[J]. 农业环境科学学报, 34(2): 303-309.

卢宝荣, 朱有勇, 王云月. 2002. 农作物遗传多样性农家保护的现状及前景[J]. 生物多样性, 10(4): 409-415.

马玲, 马琨, 汤梦洁, 等. 2013. 间作与接种 AMF 对连作土壤微生物群落结构与功能的影响[J]. 生态环境学报, 22(8): 1341-1347.

马子清, 段亚楠, 沈向, 等. 2018. 不同作物与再植苹果幼树混栽对再植植株及土壤环境的影响[J]. 中国农业科学, 51(19): 3815-3822.

梅馨月. 2015. 玉米根系分泌的苯并噻唑对辣椒疫霉菌的作用机制[D]. 昆明: 云南农业大学博士学位论文.

潘满华. 2012. 大豆对玉米小斑病菌非寄主抗性响应的研究[D]. 昆明: 云南农业大学硕士学位论文.

彭东海, 杨建波, 李健, 等. 2014. 间作大豆对甘蔗根际土壤细菌及固氮菌多样性的影响[J]. 植物生态学报, 38(9): 959-969.

祁蕾. 2012. 玉米根系分泌物在间作控制辣椒疫病中的化感机理研究[D]. 昆明: 云南农业大学硕士学位论文.

秦立金, 曹巨峰, 韩伟秋, 等. 2018. 黄瓜和西芹间作对黄瓜生长及枯萎病发生的影响[J]. 中国生态农业学报, 26(5): 684-692.

秦立金, 于田田, 王佳明, 等. 2019. 黄瓜与西芹间作对黄瓜土壤真菌 ITS 多样性分析[J]. 中国生态农业学报, 27(4): 529-536.

覃潇敏, 郑毅, 汤利, 等. 2015. 玉米与马铃薯间作对根际微生物群落结构和多样性的影响[J]. 作物学报, 41(6): 919-928.

任丽轩. 2012. 旱作水稻西瓜间作抑制西瓜枯萎病的生理机制[D]. 南京: 南京农业大学博士学位论文.

宋尚成, 李敏, 刘润进. 2009. 种植模式与土壤管理制度对作物连作障碍的影响[J]. 中国农学通报, 25(21): 231-235.

苏本营, 陈圣宾, 李永庚, 等. 2013. 间套作种植提升农田生态系统服务功能[J]. 生态学报, 33(14): 4505-4514.

苏世鸣, 任丽轩, 霍振华, 等. 2008. 西瓜与旱作水稻间作改善西瓜连作障碍及对土壤微生物区系的影响[J]. 中国农业科学, 41(3): 704-712.

汪春明, 马琨, 代晓华, 等. 2013. 间作栽培对连作马铃薯根际土壤微生物区系的影响[J]. 生态与农村环境学报, 29(6): 711-716.

汪茜, 刘增亮, 张金莲, 等. 2018. 间作栽培对生姜产量及其根际土壤丛枝菌根真菌的影响[J]. 分子植物育种, 16(12): 4124-4128.

王光州. 2018. 土壤微生物调节植物种间互作和多样性-生产力关系的机制[D]. 北京: 中国农业大学博士学位论文.

王莉, 周涛, 刘婷, 等. 2018. 玉米大豆根茬混合后的腐解特性[J]. 中国生态农业学报, 26(8): 1190-1196.

王鹏, 祝丽香, 陈香香, 等. 2018. 桔梗与大葱间作对土壤养分、微生物区系和酶活性的影响[J]. 植物营养与肥料学报, 24(3): 668-675.

王田涛, 王琦, 王惠珍, 等. 2013. 连作条件下间作模式对当归生长特性及产量的影响[J]. 草业学报, 22(2): 54-61.

王悦, 杨贝贝, 王浩, 等. 2019. 不同种植模式下丹参根际土壤微生物群落结构的变化[J]. 生态学报, 39(13): 4832-4843.

吴凤芝, 李敏, 曹鹏, 等. 2014. 小麦根系分泌物对黄瓜生长及土壤真菌群落结构的影响[J]. 应用生态学报, 25(10): 2861-2867.

吴凤芝, 周新刚. 2009. 不同作物间作对黄瓜病害及土壤微生物群落多样性的影响[J]. 土壤学报, 46(5): 899-906.

吴瑕. 2016. 伴生分蘖洋葱对番茄养分利用及黄萎病抗性的影响[D]. 沈阳: 东北农业大学博士学位论文.

吴瑕, 吴凤芝, 周新刚. 2015. 分蘖洋葱伴生对番茄矿质养分吸收及灰霉病发生的影响[J]. 植物营养与肥料学报, 21(3): 734-742.

谢慧, 王兴祥, 戴传超, 等. 2007. 花生与药材套种对土壤微生物区系的影响[J]. 应用生态学报, 18(3): 693-696.

徐宁, 王超, 魏珉, 等. 2012. 大葱根系分泌物对黄瓜种子萌芽和枯萎病病原菌的化感作用及其GC-MS分析[J]. 园艺学报, 39(8): 1511-1520.

徐伟慧. 2014. 伴生小麦对西瓜生长及枯萎病抗性调控的机理研究[D]. 沈阳: 东北农业大学博士学位论文.

徐伟慧, 吴凤芝, 王志刚, 等. 2014. 连作西瓜光合特性及抗病性对小麦伴生的响应[J]. 中国生态农业学报, 22(6): 655-660.

薛超群, 牟文君, 奚家勤, 等. 2015. 烤烟不同间作对烟草黑胫病防控效果的影响[J]. 中国烟草科学, 36(3): 77-79.

杨江舟, 张静, 胡伟, 等. 2012. 韭菜根系浸提液对香蕉枯萎病和土壤微生物生态的影响[J]. 华南农业大学学报, 33(4): 480-487.

杨敏. 2015. 三七根系皂苷的自毒作用机制研究[D]. 昆明: 云南农业大学博士学位论文.

杨燕, 张学鹏, 宁堂原, 等. 2016. 套作及秸秆还田对西兰花连作田土壤团聚体分布的影响[J]. 农业工程学报, 32(Z2): 85-93.

杨阳, 刘守伟, 潘凯, 等. 2013. 分蘖洋葱根系分泌物对黄瓜幼苗生长及根际土壤微生物的影响[J]. 应用生态学报, 24(4): 1109-1117.

杨智仙, 汤利, 郑毅, 等. 2014. 不同品种小麦与蚕豆间作对蚕豆枯萎病发生、根系分泌物和根际微生物群落功能多样性的影响[J]. 植物营养与肥料学报, 20(3): 570-579.

张洁莹, 宁堂原, 冯宇鹏, 等. 2013. 套作糯玉米对连作菜田土壤特性及产量的影响[J]. 中国农业科学, 46(10): 1994-2003.

张俪文, 韩广轩. 2018. 植物遗传多样性与生态系统功能关系的研究进展[J]. 植物生态学报, 42(10): 977-989.

张宁, 张如, 吴萍, 等. 2014. 根系分泌物在西瓜/旱作水稻间作减轻西瓜枯萎病中的响应[J]. 土壤学报, 51(3): 585-593.

张学鹏, 曹玉博, 宁堂原, 等. 2016. 套作糯玉米对西兰花连作田土壤微生物量及酶活性的影响[J]. 生态学杂志, 35(1): 149-157.

张亚楠, 李孝刚, 王兴祥, 等. 2016. 茅苍术间作对连作花生土壤线虫群落的影响[J]. 土壤学报, 53(6): 1497-1505.

张亚琴, 陈雨, 雷飞益, 等. 2018. 药用植物化感自毒作用研究进展[J]. 中草药, 49(8): 1946-1956.

张彧. 2013. 玉米根系及其分泌的抑菌物质在间作控制辣椒疫病中的效应[D]. 昆明: 云南农业大学硕士学位论文.

张月萌, 王倩姿, 孙志梅, 等. 2018. 间作豆科作物对山药田土壤化学和生物学性质的影响[J]. 应用生态学报, 29(12): 4071-4079.

章芳芳. 2018. 根系分泌物对间作体系种间根系相互作用的调控及其关键成分研究[D]. 北京: 中国农业大学博士学位论文.

赵第锟, 张瑞萍, 任丽轩, 等. 2012. 旱作水稻西瓜间从枝菌根菌丝桥诱导水稻磷转运蛋白的表达及对磷吸收的影响[J]. 土壤学报, 49(2): 339-346.

郑祥. 2013. 魔芋玉米间作控制魔芋软腐病及其对土壤肥力和魔芋根际微生物的影响研究[D]. 昆明:

云南农业大学硕士学位论文.

郑亚强, 杜广祖, 李亦菲, 等. 2018. 间作甘蔗对玉米根际微生物功能多样性的影响[J]. 生态学杂志, 37(7): 2013-2019.

Fu X P, Li C X, Zhou X G, et al. 2016. Physiological response and sulfur metabolism of the *V. dahlia* infected tomato plants in tomato/potato onion companion cropping[J]. Scientific Reports, 6: 36445.

Gao X, Wu M, Xu R, et al. 2014. Root interactions in a maize/soybean intercropping system control soybean soil-borne disease, red crown rot[J]. PLoS One, 9(5): e95031.

Gómez-Rodríguez O, Zavaleta-Mejía E, González-Hernández V A, et al. 2003. Allelopathy and microclimatic modification of intercropping with marigold on tomato early blight disease development[J]. Field Crops Research, 83: 27-34.

Li Q S, Wu L K, Chen J, et al. 2016. Biochemical and microbial properties of rhizospheres under maize/peanut intercropping[J]. Journal of Integrative Agriculture, 15(1): 101-110.

Lv H, Cao H, Nawaz M A, et al. 2018. Wheat intercropping enhances the resistance of watermelon to *Fusarium* wilt[J]. Frontiers in Plant Science, 9: 696.

Yang M, Zhang Y, Qi L, et al. 2014. Plant-plant-microbe mechanisms involved in soil-borne disease suppression on a maize and pepper intercropping system[J]. PLoS One, 9(12): e115052.

第 8 章　轮作、嫁接缓解作物连作障碍

8.1　轮作缓解作物连作障碍

8.1.1　轮作缓解作物连作障碍的效果

连作是在同一田地上连年种植相同的作物，而轮作是在同一田地上有顺序地轮换种植不同植物的种植方式。轮作是生产上用于减少病虫害、恢复地力、减轻植物连作障碍的重要措施（钟宛凌和张子龙，2019）。目前栽培的药用植物中，根类药材约占 70.0%，绝大多数"忌"连作，连作会使植株生长不良，药材的产量和品质均大幅度下降。轮作在药用植物栽培中广泛应用，如对黄芪、地黄、薄荷、西洋参、白术、细辛等实施合理轮作可有效减少田间病害，明显提高产量（钟宛凌和张子龙，2019）。烟稻轮作对烟草青枯病有较好的控制效果（方树民等，2011）。

连作香蕉地香蕉枯萎病发病率为 49.2%，而轮作甘蔗 1 年后茬香蕉枯萎病发病率降至 17.9%，轮作甘蔗 2 年和 3 年后茬香蕉枯萎病发病率仅为 1.8%（曾莉莎等，2019）。连作香蕉地轮作甘蔗 2 年后，4 年内仍能保持较好的抑病效果，香蕉与甘蔗轮作具有轮作时间短、抑病效果好、持续时间长、经济效益高等特点（林威鹏等，2019）。与连作香蕉相比，轮作茄子处理可显著降低可培养尖孢镰刀菌数量，使其数量从种植初的 10^4 CFU/g（干土）下降到 10^3 CFU/g（干土）（洪珊等，2017）。杨越等（2018）使用主成分分析法结合实测数据，根据不同土壤指标的敏感程度以及指标间的相关度筛选出的土壤 pH、速效钾、有效磷、碱解氮、有机质、细菌总数、真菌总数、放线菌总数、线虫数、香蕉枯萎病病原菌数量 10 项指标对 5 种轮作模式（菠萝、甘蔗、辣椒、冬瓜和南瓜与香蕉轮作）下的香蕉园土壤质量进行综合评价。结果表明：土壤质量综合评价指数可以较好地反映土壤实际的质量，并能够在一定程度上反映香蕉的产量及发病状况，是较为理想的土壤评价指标；用所得到的综合评价指数对 5 种轮作模式及香蕉连作进行对比发现，轮作能有效地提高土壤质量，降低香蕉发病率，提高香蕉产量，其中菠萝、甘蔗、辣椒、冬瓜 4 种作物相对适合与香蕉轮作。棉隆熏蒸老龄苹果园土壤后轮作葱处理，苹果株高、茎粗、鲜重和干重分别为连作土对照的 2.0 倍、1.8 倍、2.3 倍和 2.3 倍，根长、根面积、根体积和根呼吸速率较连作土对照分别提高了 155.0%、310.0%、294.0% 和 89.0%（徐少卓等，2018）。与小麦轮作 3 年的半夏，其株高、叶面积均显著高于连作 1 年的，与小麦轮作可有效克服半夏连作障碍（何志贵等，2019）。

与甘薯连作相比，轮作（休闲→甘薯；玉米—冬闲→甘薯；玉米—黑麦→甘薯；大豆—冬闲→甘薯；大豆—黑麦→甘薯）[①]提高甘薯产量 42.1%～55.8%，降低病情指数

---

① "—"指年内复种；"→"指年间作物接茬播种类

22.7%~30.8%，并显著降低根际土壤中茎线虫的数量，大豆—黑麦→甘薯是经济效益和生态效益较好的轮作措施（乔月静等，2019）。

8.1.2 轮作缓解作物连作障碍的机制

轮作是将各种作物以不同的方式进行轮换种植，这样既可避免土壤某种养分过度消耗而造成养分失衡，也可以调整土壤微生物种类和群落间的关系，从而减轻连作产生的病虫害，同时还能利用不同作物对化感物质反应不同的规律，以此减弱相克作用，增强相生作用（赵杨景等，2005）。

8.1.2.1 轮作改善土壤理化性状

水旱轮作模式对改善土壤理化性状、提高土壤肥力有特殊意义，其机制为改善土壤通气、透水条件，消除土壤中有害物质（Mn^{2+}、Fe^{2+}、H_2S 及盐分等），调整矿物元素活性状态，调节土壤 pH 等（钟宛凌和张子龙，2019）。吕毅等（2014）取老龄苹果园土壤，混匀后填入试验沟，并在试验沟中分别种植一茬小麦、花生、苜蓿、小葱、马铃薯后，测定土壤有机质，速效氮、磷、钾，有效铁、锰、铜、锌含量。结果表明：不同作物轮作能增加土壤有机质含量，这与作物根系特征及作物生长周期有关，轮作 1 年后，花生、小麦、苜蓿、小葱能明显提高土壤有机质含量，大大提高土壤的供肥能力。从土壤养分含量可以看出，马铃薯轮作能显著增加土壤中速效氮、磷，有效铜、铁、锰含量，协调土壤中各养分含量，轮作小葱、苜蓿后能调节土壤中大量元素与微量元素之间的平衡关系，从而改良土壤养分环境。合理轮作天蓝苜蓿、陇东苜蓿和箭筈豌豆 3 种豆科植物对马铃薯连作田土壤速效氮、速效磷及速效钾含量有不同程度的促进作用。对于马铃薯 2 年以上连作田，轮作 3 种豆科植物均能起到提高土壤速效氮的作用，速效氮含量最高提高 476.0%，且可显著提高 3 年以上连作田速效磷含量，增幅最高可达 207.0%。对于 3~4 年连作田，轮作天蓝苜蓿可提高土壤速效钾含量（秦舒浩等，2014）。轮作豆科植物后，马铃薯不同连作年限田土壤电导率值均显著下降，与对照相比，土壤电导率值最大降低 69.7%，说明马铃薯与豆科植物轮作对防止马铃薯连作田土壤盐渍化有显著效果（秦舒浩等，2014）。茄子与水稻轮作可明显改善茄子连作田中土壤酸化和盐渍化的严重状况，进而提供适宜茄子生长而抑制病虫害的环境条件（李戍清等，2017）。轮作系统对连作田土壤养分的恢复作用与连作年限有关，也与养分种类及轮作作物有关。一般来说，连作年限越长，轮作后对土壤速效养分补给越明显（秦舒浩等，2014）。

8.1.2.2 轮作改善土壤生物学性状

（1）增加有益微生物数量，重新建立土壤生态系统平衡

土壤中细菌、真菌和放线菌的组成及其所占比例在一定程度上反映了土壤的肥力水平，在土壤性质和水肥条件较好的土壤中，细菌所占比例较高，病原真菌积累能显著降低农作物产量，增加病虫害，苹果园连作土壤及根际真菌数量显著增加，细菌和放线菌数量显著减少，土壤类型由细菌性向真菌性转变可能是连作的重要特征（吕毅等，2014）。

不同作物轮作可以避免某种致病菌的大量积累,减轻土传病害的发生(吴艳飞等,2008)。轮作对作物根系生长和土壤养分吸收的差异,影响微生物的生长和繁殖,使土壤中真菌数量显著降低,放线菌数量及细菌/真菌值均显著增加。表明轮作可改善土壤微生态环境,是一种简单有效的减缓连作障碍的生物学方法(吴宏亮等,2013)。轮作还可以促进土壤中对病原菌有拮抗作用的微生物活动,从而抑制病原菌滋生,如通过抗病药材与易感病药材进行合理轮作,可减少病原菌在土壤中的积累(钟宛凌和张子龙,2019)。番茄连作导致土壤可培养细菌、放线菌数量显著降低,真菌数量显著增加,微生物群落由细菌型向真菌型转变;同时连作还导致土壤中指示土壤肥力的微生物生物量碳、氮和涉及碳、氮、磷循环的相关酶活性显著降低;此外,番茄连作导致土壤细菌多样性指数、均匀度指数和丰富度指数下降,番茄连作土壤中主要以不可培养细菌为优势种。相比之下,番茄轮作不仅能显著增加微生物数量,提高土壤微生物生物量碳、氮和酶活性,而且轮作土壤中除了维持较高的细菌多样性之外,还出现假单胞菌属(*Pseudomonas*)等促生细菌种。表明番茄轮作有利于提高土壤肥力和保持土壤健康,其中,番茄轮作黄瓜、白菜和菜豆 3 种不同科属蔬菜作物中,以轮作菜豆更有利于提高土壤肥力和保持土壤健康(杨尚东等,2016)。大蒜与黄瓜轮作不仅降低了土壤盐分积累,同时增加了土壤中细菌、放线菌数量,降低了真菌数量,并且对镰刀菌的抑制作用效果非常明显(吴艳飞等,2008)。

李威等(2012)于大棚番茄冬闲季节在连作两茬番茄的有机基质中分别轮作蒜苗、白菜和莴苣,后茬继续种植番茄,测试轮作不同蔬菜后基质中微生物种群与数量和酶活性的差异。结果表明:轮作蒜苗、白菜和莴苣均能显著增加基质中微生物总量、细菌数量和细菌/真菌值,降低真菌数量;基质中蔗糖酶、脲酶、碱性磷酸酶和过氧化氢酶活性也都表现出较高水平。在 3 种轮作蔬菜中,轮作蒜苗效果优于白菜和莴苣,其微生物种群更平衡且 4 种酶活性均最高,后茬番茄根系活力在整个生长期都高于对照,产量最高。因此,冬闲季节轮作蔬菜可改善大棚番茄连作基质的微生物种群平衡和酶活性,预防连作障碍,3 种轮作蔬菜中以轮作蒜苗效果最好。马铃薯连作 4 年后轮作油葵 1 年增加了土壤酶活性、细菌数量和细菌/真菌值,降低了真菌数量,改善了根际土壤微环境,对马铃薯生长发育起到促进作用(徐雪风等,2017)。多年的大棚设施栽培导致土壤质量下降、酸化、盐渍化和土传病害严重。旱地轮作方式由于细菌比例降低,真菌比例提高,导致土壤细菌/真菌值降低,作物生长表现出明显的障碍,产量低,效益低,很难实现可持续生产。但采取水旱轮作方式,微生物总数比旱地轮作多,有利于细菌繁殖,抑制真菌生长,细菌所占比例高达 96%左右,其细菌/真菌值为旱地轮作的 10 倍左右。如果实行草莓—水稻水旱轮作,可有效缓解大棚草莓连作障碍,实现草莓的可持续生产(杨祥田等,2010)。

烟蒜轮作显著提高根际土壤中细菌、放线菌、解磷菌和解钾菌的数量(阳显斌等,2016)。烤烟—苕子—水稻轮作属于水旱轮作,嫌/好气交替,创造了适合多种微生物繁衍的不同土壤环境;加之烤烟、水稻和苕子的近缘性小,有机成分差异较大,可满足不同微生物的碳源和营养需要,轮作的土壤适合多种真菌的繁殖生长,种群数量增加。多种真菌共同存在,互相制约,可防止病原真菌过度繁殖,降低烤烟发生真菌病害的概率(陈丹梅等,2016)。

轮作小葱、苜蓿能增加土壤中细菌含量，轮作苜蓿、马铃薯能增加土壤真菌含量，轮作小葱能抑制真菌的生长。轮作小葱能显著增加土壤中细菌/真菌值，提高细菌在土壤中所占比例，这将有利于控制土传病害的发生，促进土壤向"高肥"的细菌主导型转化。轮作小葱改善了土壤微生物环境，这可能是由于轮作相对于连作来说，增加了土壤细菌多样性，减少了有害真菌数量，向土壤中输入的物质种类和数量更丰富，有利于土壤的良性发育。可见，土壤细菌/真菌值是影响苹果再植障碍的关键因子（吕毅等，2014）。棉隆熏蒸老龄苹果园土壤后短期轮作葱相比于单纯棉隆熏蒸增加了土壤中的细菌数量，降低了真菌数量，尤其是致病真菌层出镰刀菌（*Fusarium proliferatum*）的数量。一方面可能是由于棉隆属于广谱性土壤杀菌剂，熏蒸后必然会造成非靶标微生物数量的减少；另一方面是轮作葱后能相对增加老龄苹果园土壤中的细菌数量，降低真菌数量，两者的复合加快了老龄苹果园土壤由"真菌主导型"向"细菌主导型"转变，因此，棉隆熏蒸后短期轮作葱相比于单纯棉隆熏蒸更有利于减轻苹果连作障碍（徐少卓等，2018）。

（2）改善微生物结构和功能的多样性

轮作花豆、辣椒的土壤微生物多样性指数和均匀度指数均高于西瓜连作土壤，原因可能是辣椒（茄科）、花豆（豆科）与西瓜（葫芦科）分属不同的科属，在一定程度上为根际土壤中微生物的繁殖提供了丰富的能源和碳源，从而影响到土壤微生物种类和数量，进而增加了土壤微生物多样性。表明轮作改变了砂田土壤微生物区系结构，提高了砂田土壤微生物多样性，改变了土壤微生态环境，降低了真菌数量和比例，有利于改善西瓜连作障碍（吴宏亮等，2013）。王劲松等（2016）通过 Biolog 方法对高粱穗花期根际土壤微生物群落功能多样性进行分析。结果表明：高粱连作 3 年再轮作苜蓿和葱后根际土壤微生物活性显著高于对照（高粱连作 5 年），且 Shannon 多样性指数分别是对照的 1.2 倍和 1.1 倍；轮作提高了根际土壤蔗糖酶活性。同时轮作苜蓿比轮作葱更能改善高粱根际土壤环境，提高土壤微生物活性和酶活性，缓解高粱连作障碍，提高高粱产量。川明参种植增加了原烟地土壤微生物的多样性，改变了其群落结构，使有益菌增加，有害菌减少（张东艳等，2016）。

大豆与玉米轮作后细菌群落结构组成发生了明显的分异。轮作条件下细菌多样性指数的增加不仅是由于微生物外源植物残体种类和数量的增加，土壤养分尤其是速效养分的升高也是微生物多样性增加的另一主要因素（刘株秀等，2019）。轮作可以提高植烟土壤细菌群落的多样性而缓解烤烟连作障碍（段玉琪等，2012）。轮作甘蔗通过改变土壤微生物群落结构而间接影响尖孢镰刀菌的生存环境，从而降低香蕉枯萎病发病率，轮作甘蔗 2 年即可达到显著控病效果（曾莉莎等，2019）。对于已严重发生香蕉枯萎病的地块，提高土壤细菌群落丰度和多样性不一定能有效防控香蕉枯萎病，但通过调节酸杆菌目（Acidobacteria）、假单胞菌目（Pseudomonadales）、浮霉菌目（Planctomycetales）、红杆菌目（Rhodobacterales）等特定细菌，可抑制尖孢镰刀菌，从而减轻香蕉枯萎病的发生，这可能是香蕉与甘蔗轮作防控香蕉枯萎病的重要作用机制之一（林威鹏等，2019）。轮作茄子配施生物有机肥显著改变了土壤细菌群落结构，增加了细菌丰度、稳定性和多样性，其中多样性指数（Shannon-Wiener 指数，3.22）较连作香蕉配施普通有机肥处理

（2.89）显著增加，表明茄子与香蕉轮作有利于改善连作蕉园土壤的微生态环境，同时轮作配施生物有机肥效果更优（洪珊等，2017）。

8.1.2.3 轮作提高寄主植物抗病性

轮作小葱能显著提高苹果根系 SOD、POD、CAT 活性，能够有效消除多余的自由基，从而增加植株根系活力，增强植株根系代谢，促进植株生长，提高抗逆性（吕毅等，2014）。马铃薯连作（4 年、6 年）后有机质含量下降，氮、磷比例失调，土壤理化性质发生改变，土壤酶活性降低以及土壤微生物组成变化，从根源上抑制了马铃薯的生长，使马铃薯叶片光合作用减弱，丙二醛积累，超氧阴离子产生速率增加，导致膜脂过氧化加重。轮作油葵在一定程度上改善了土壤环境，促进了马铃薯的生长发育，增强了连作马铃薯的光合作用和抗氧化能力，减轻了膜脂过氧化作用。连作 4 年后轮作油葵对改善土壤环境、增强叶片光合作用和抗氧化能力、降低丙二醛含量较连作 6 年后轮作油葵的效果更明显，更有利于减轻马铃薯连作障碍（徐雪风等，2017）。

8.1.2.4 轮作减轻植物化感自毒作用

轮作玉米和小麦后紫花苜蓿根际土壤中自毒物质含量呈不同程度的降低，说明轮作对紫花苜蓿自毒现象有一定的缓解作用，促进后茬作物的生长，轮作 1 年后已经表现出缓解作用，第 2 年消减强度更大；轮作小麦对自毒物质含量的消减幅度高于玉米（尹国丽等，2019）。杨树 I、II 代林和轮作花生地的土壤酚酸含量分别为 29.6 μg/g、31.1 μg/g 和 20.8 μg/g，杨树 II 代林主伐轮作花生后，土壤中酚酸含量明显降低。杨树 II 代林主伐轮作花生后，土壤中酚酸降解细菌的总丰度较杨树 II 代林增加了 1.7%，其中，假单胞菌（*Pseudomonas* sp.）和鲍曼不动杆菌（*Acinetobacter baumannii*）的丰度分别比杨树 II 代林地高 30.2% 和 112.4%（王文波等，2016）。轮作小葱使苹果园连作土壤中酚酸类物质总量较对照降低 45.3%，较轮作马铃薯降低 241.2%，较轮作小麦降低 190.1%，其中根皮苷含量较对照（苹果连作）下降了 84.2%，较轮作马铃薯下降了 55.8%，较轮作小麦下降了 9.3%。轮作小葱能显著降低土壤中酚酸类物质总量，原因可能是轮作后土壤中的细菌具有很高的丰富度，使酚酸类物质在微生物等的作用下转化为其他物质；根皮苷显著抑制苹果根系的呼吸速率，是产生苹果园连作障碍的重要原因，轮作小葱能显著降低连作果园土壤中的根皮苷含量，产生的这种变化将显著降低土壤有害化感物质含量，减少对果树根系生长的抑制作用（吕毅等，2014）。水旱轮作可通过直接减少甚至清除某些易溶于水的根系分泌物，或通过水季厌氧分解和旱季矿化等方式来快速分解有机质从而减轻药用植物自毒作用（钟宛凌和张子龙，2019）。

8.1.3 轮作植物的筛选

轮作植物的筛选应从前后茬植物的亲缘关系、收获部位、病害发生特点及其对养分需求的差异互补性等方面考虑。通常需符合以下原则：①同科属植物不能轮作，如玄参和地黄不可轮作，黄耆应避免与豆科作物轮作；②根类植物以谷类作物作其前茬比较适宜，如山药以根茎入药，需较多的磷钾肥，可通过谷类作物作前茬提供；③叶类和全草类药用植物以豆科作物或蔬菜作前茬较好，如莨菪、薄荷等生长需要充足的氮肥，可以利用具有固氮作用的豆科植物作为前茬；④以种子繁殖的药用植物要求播种在无草、水分充足的田地上，因此最好安排在中耕作物或成熟期早的作物之后，以便有充足时间进行土壤耕作，消灭杂草和积蓄水分；⑤有相同病虫害的植物之间不宜轮作，以避免病虫害的大量发生，如地黄和花生、珊瑚菜因均有枯萎病和根线虫病，不宜彼此轮作（钟宛凌和张子龙，2019）。

8.2　嫁接缓解作物连作障碍

8.2.1　嫁接缓解作物连作障碍的效果

嫁接是有效地将一株植物上的枝条或芽等器官嫁接到另一株带有根系的植物上，二者结合组成新的植株。这个枝或芽称为接穗，带有根系承受接穗的植株称为砧木，嫁接后形成的植株称为嫁接体或砧穗体。接穗和砧木相结合的部位为嫁接面或嫁接结合部。在嫁接体中，接穗将来发育成地上部分，进行光合作用，直至开花结实；而砧木作为地下部分，其根系在土壤中吸收水分和养分。在成功的嫁接体中接穗和砧木形成一个彼此影响的统一的有机体（王幼群等，2012）。根据接穗和砧木的来源，嫁接可分为自体嫁接、同种嫁接和异种嫁接。自体嫁接的嫁接双方来自同种的同一植株；同种嫁接的嫁接双方来自同种植物的不同植株；异种嫁接指不同种植株间的嫁接。根据嫁接的结果嫁接分为亲和嫁接和不亲和嫁接。生产上应用的嫁接组合多是亲和的，亲和表现在嫁接后嫁接双方可以成活、正常生长直至开花结果，这些组合是人们在长期生产实践中精心选择的结果（王幼群等，2012）。

在番茄、黄瓜、西瓜、果树等园艺作物上，利用嫁接来提高植物的抗病性、对矿物元素的吸收、耐低温或克服连作障碍等的应用已非常成功（郝俊杰等，2010）。嫁接使茄子重茬土壤水提液对茄子种子萌发及幼苗生长均有促进作用，而自根茄子的土壤水提液则表现为抑制种子萌发及幼苗生长（尹玉玲等，2009）。嫁接茄具有一定的生长优势，即在生长势、抗病性、增产效果等方面都优于自根茄（陈绍莉等，2008）。肉桂酸、香草醛在茄子连作土壤中存在，其含量随着种植年限的增加显著增加，嫁接能改善自毒物质肉桂酸和香草醛胁迫给茄子生长代谢以及土壤生化特性带来的不良影响。在肉桂酸、香草醛胁迫下，自根茄子生长受到了抑制，嫁接对茄子生长代谢显示出促进效应（陈绍莉等，2010b）。茄子与番茄嫁接有效降低了田间茄子黄萎病的发病率和病情指数，使茄子抗病能力增强（刘娜等，2008）。嫁接使西瓜根、茎叶中化感物质的种类和含量发生改变，可在一定程度上缓解自毒作用导致的连作障碍（郑阳霞等，2011）。

嫁接能提高番茄接穗的抗病性，从而能够防治番茄叶霉病（何莉莉等，2001）。嫁接可延缓烟草青枯病的发生，降低发病率和病情指数，防治效果可达 75%（黎妍妍等，2016）。利用抗病性强的砧木卫士嫁接辣椒，辣椒青枯病发病率和病情指数显著降低，嫁接可显著提高辣椒的抗病性（刘业霞等，2013）。通过嫁接可以提高辣椒感病品种对辣椒疫霉菌 3 号生理小种的抗性，嫁接苗发病率和病情指数显著低于对照，且砧木抗病性越强，嫁接苗抗病性越强（邹春蕾等，2015a）。自然条件下，嫁接可显著增强辣椒根腐病的抗性（段曦等，2016）。对海岛棉来说，选取对棉花黄萎病表现高抗或免疫的材料作砧木，可以有效控制棉花黄萎病的发生（郝俊杰等，2010）。以抗病品种 Florida 301 和革新 3 号为砧木的嫁接苗对烟草黑胫病具有很高的抗性，可作为抗黑胫病烟草嫁接高抗砧木（王海波等，2018）。

黄瓜嫁接后，嫁接植株根系发达，增强了黄瓜对根结线虫病的抗性，根部无根结线虫，而未嫁接植株根系着生大量虫瘿，形成大小不同的节瘤，根部膨大呈褐色（吕卫光等，2000）。接种南方根结线虫后，砧木嫁接番茄苗表现为高抗，自根嫁接番茄苗为高感（梁朋等，2012）。

8.2.2　嫁接缓解作物连作障碍的机制

8.2.2.1　嫁接缓解连作障碍的生理生化机制

嫁接提高植物抗病能力的机制可能有以下几点：一是依靠砧木的抗侵入能力，减少了病原菌接触接穗的机会，从而表现为不发病；二是砧木本身没有抗病性，而是具有强的生活力，从而增加了接穗的抗病能力；三是抗病砧木向接穗传输一些与抗病相关的物质（King et al.，2008）。采用嫁接试验体系证明了菌根诱导的抗病信号物质可以远距离从砧木根系传导至地上部接穗的茎叶，进而激发地上部的抗病反应，减少病害（刘润进，2017）；四是嫁接使植物叶绿素含量增加，光合速率增大，根系活力提高；束缚水/自由水值增大；根系和叶片中 POD、PAL 等酶活性提高，增强植株的抗病力（王茹华等，2003；张明菊等，2012）。

青枯病菌主要通过根系危害植物的维管束，造成植物维管束堵塞，影响水分和养分吸收，导致植株因水分和营养亏缺而枯萎死亡。辣椒受假单胞菌侵染后，根系和叶片的含水量、水势、渗透势均急剧降低，但束缚水/自由水值快速升高，表明辣椒对水分亏缺有主动防御机制，即可通过降低水势和渗透势，增加束缚水的相对含量，维持正常的生理活动。与对照（自根辣椒）相比，嫁接辣椒接种前的含水量、水势和渗透势较低，而束缚水/自由水值较高，说明嫁接辣椒的细胞液浓度高，对逆境的适应性强；接种后其含水量、水势、渗透势的降低幅度及束缚水/自由水值的增加幅度较小，表明嫁接植株受胁迫程度轻。可见，嫁接辣椒青枯病菌抗性增强与其感病前后水分含量、水势、渗透势及束缚水/自由水值变化有关（刘业霞等，2011）。随着感病时间的延长，辣椒青枯病发病率和病情指数快速增加，辣椒生长严重受抑，因此干物质积累大幅度减少。接种青枯病菌后嫁接辣椒根系和叶片中的可溶性糖及脯氨酸含量明显高于自根辣椒，表明嫁接可显著提高辣椒的渗透调节能力，从而维持较强的吸水功能，这是其抗病性增强的重要原因之一（刘业霞等，2011）。辣椒根系受到假单胞菌侵染后，嫁接与自根植株的过氧化氢（H_2O_2）含量快速增加。与自根辣椒相比，嫁接辣椒叶片和根系中的 H_2O_2 含量在病原菌侵染初期较高，但 8 d 后较低。表明青枯病菌侵染初期 H_2O_2 快速积累与侵染后期 H_2O_2 积累速度降低是嫁接辣椒抗病性增强的重要机制之一（刘业霞等，2013）。

与自根嫁接番茄苗相比，抗病砧木嫁接换根明显提高了接穗叶片的超氧化物歧化酶（SOD）、过氧化物酶（POD）、过氧化氢酶（CAT）和抗坏血酸过氧化物酶（APX）活性，降低了超氧阴离子（O_2^-）产生速率以及 H_2O_2 和丙二醛（MDA）含量。表明番茄植株体内的活性氧水平和抗氧化酶活性的高低与其抗根结线虫能力密切相关，较低的活性氧水平和较高的抗氧化酶活性有利于减轻对膜系统的伤害，提高番茄植株抗根结线虫能力（梁朋等，2012）。

在病原物侵染时，利用抗病性强的半野生型辣椒作为砧木的嫁接苗次生代谢增强，主要表现为体内次生代谢防御酶活性增强，进而促进酚类、木质素和植保素等抗病相关物质的合成，提高了嫁接苗的抗病性。在接种辣椒疫霉菌后，嫁接换根可提高接穗的 PAL、PPO、β-1,3-葡聚糖酶、POD 和 CAT 活性，其中前 3 种防御酶在接种后 15 d 均表现为砧木抗病性越强，接穗中酶活性越高，且高酶活性持续时间越长（邹春蕾等，2015b）。嫁接可使辣椒次生代谢增强，酚酸类物质和木质素含量增加，PAL 和 PPO 活性显著升高，这是其抗病性增强的重要机制（刘业霞等，2013）。陈绍莉等（2010a）以托鲁巴姆茄子为砧木，西安绿茄子为接穗，采用盆栽试验研究了自毒物质肉桂酸和香草醛对嫁接、自根和砧木茄子根系生长及抗氧化酶活性、渗透调节物质含量的影响。结果表明：茄子根系对自毒物质的耐性大小依次为砧木茄＞嫁接茄＞自根茄；在较高浓度肉桂酸（0.5~4 mmol/kg）和香草醛（1~4 mmol/kg）作用下，与自根茄子相比，嫁接茄子根系 SOD 活性提高 8.5%~24.5%，脯氨酸含量增加 9.4%~27.6%，可溶性糖含量增加 12.8%~81.8%，可溶性蛋白含量、根系鲜重、干物质量和根系活力显著高于自根茄，表明嫁接换根使茄子根系具有了砧木抗自毒物质的特性，缓解了自毒物质给茄子根系生长带来的不良影响。

张曼等（2013）以嫁接西瓜为材料，采用扫描电镜观察了枯萎病菌侵染下寄主的组织结构变化，荧光定量分析了相关防卫基因的表达，比较了嫁接西瓜对枯萎病菌侵染的抗感反应。结果表明：①枯萎病菌侵染后，与自根西瓜相比，嫁接西瓜的根木质部导管通过快速形成膜状物、侵填体及细胞壁增厚阻塞菌丝入侵；自根西瓜的防御反应较嫁接西瓜晚，严重侵染时薄壁细胞降解，导管组织脱落，导致维管系统空洞，从而使植株呈现萎蔫症状，该现象在嫁接西瓜中没有发现。②枯萎病菌侵染后，嫁接西瓜比自根西瓜具有较高的防卫基因表达水平，嫁接西瓜中，PR 蛋白几丁质酶（CHI）、抗坏血酸过氧化物酶（APX）和多酚氧化酶（PPO）基因的表达随枯萎病菌侵染时间的延长而升高，而苯丙氨酸解氨酶（PAL）基因呈现先升高后降低的表达趋势，但仍高于本底表达；自根西瓜中，仅 PPO 基因在枯萎病菌侵染后表达上调，而其他基因的表达则是先升高后降低，与嫁接西瓜中的 PAL 基因表达一致。表明嫁接植株一方面从组织结构方面提高形态结构抗性，另一方面从转录水平提高了相关防卫基因的表达，最终使植株具有抗病性；推测防御基因在嫁接植株与枯萎病菌互作中的强烈诱导响应可能是嫁接植株抗病的分子机制之一。

8.2.2.2　嫁接对根系分泌物的影响与连作障碍缓解

化感物质的积累是引起自毒作用的主要原因之一，因此根系分泌的化感物质含量与自毒作用的发生紧密相关（陈绍莉等，2008）。嫁接换根改变了茄子植株根系分泌物的化感效应，相同浓度的砧木和嫁接茄对受体的促进作用大于自根茄，表现出嫁接优势，嫁接使根系分泌的化感物质向有利于茄子种子萌发和幼苗生长的方向发生变化，缓解了连作自毒作用。嫁接也间接改变了根际环境，使其不利于根际中病菌的生存（张凤丽等，2005）。

周宝利等（2010a）探讨了嫁接对茄子土传黄萎病抗性的影响，结果表明：嫁接使茄子发病率显著降低，土壤中黄萎病菌数量随发育期的推进显著低于自根茄。嫁接茄根系分泌物对黄萎病菌菌丝生长有一定的抑制作用。气相色谱-质谱联用技术检测结果显示，嫁接换根使茄子根系分泌物的组成成分发生了一定的改变，嫁接根系分泌物中检测到了烃类、酯类、醇类、酚类、酮类、苯类和胺类物质，其中苯、醇和胺类在自根茄中未检测到，但嫁接茄也缺少自根茄中检测到的炔类和菲啶。嫁接使茄子根系分泌的肉桂酸和香草醛数量减少，尤其显著降低了香草醛的分泌，通过嫁接使茄子根系减少化感物质的分泌，降低化感物质在土壤中的积累，可在一定程度上缓解自毒作用导致的连作障碍（陈绍莉等，2008）。

嫁接茄子根系分泌物能够抑制病原菌的生长，抑制率达 15.4%（刘娜等，2008）。嫁接茄子根系分泌物中已经鉴定的主要化感物质对黄萎病菌菌丝生长的研究表明：邻苯二甲酸二丁酯在 0.05～0.5 mmol/L 浓度范围随浓度增加抑制作用增强，之后随浓度增加抑制作用有所减弱，而豆蔻酸和棕榈酸均表现出随浓度增加先促进后抑制黄萎病菌菌丝的生长。段曦等（2017）研究了嫁接辣椒根系分泌物对辣椒根腐病和假单胞菌的化感作用。结果表明，嫁接辣椒和自根辣椒根系分泌物的组分存在较大差异，与自根辣椒根系分泌物相比，嫁接辣椒的根系分泌物能够抑制根腐病病原菌腐皮镰刀菌（*Fusarium solani*）和假单胞菌青枯雷尔氏菌（*Ralstonia solanacearum*）的生长，说明嫁接辣椒根系分泌物组分发生变化可抑制病原菌生长和繁殖，减轻土传病害，并且嫁接辣椒根系分泌物对病原菌生长的抑制作用可能与邻苯二甲酸二异辛酯和二苯并呋喃有关。

8.2.2.3 嫁接对根际微生态的影响与连作障碍缓解

嫁接辣椒根际土壤脱氢酶、过氧化氢酶、过氧化物酶和多酚氧化酶活性显著高于自根辣椒（姜飞等，2010）。土壤酶活性提高与嫁接辣椒根腐病抗性增强密切相关，嫁接辣椒具有良好的抗根腐病效果（段曦等，2016）。嫁接辣椒根系发达，对土壤矿质元素的吸收能力增强，利用效率提高，从而优化了其根际土壤环境，使土壤酶活性提高，因此嫁接栽培为连作辣椒创造较好的根际土壤环境，降低嫁接辣椒的发病率，有利于对根腐病等土传病害的防治（段曦等，2016）。随着肉桂、香草醛胁迫加重，自根茄子蔗糖酶、脲酶、磷酸酶活性的根际效应减弱，甚至降低为负向根际效应，而嫁接茄土壤酶活性的根际效应逐渐增强，表现为正向根际效应（陈绍莉等，2010b）。

植物对土传病害的抗性与根际土壤微生物数量和组成有密切关系。嫁接茄子根际土壤微生物生物量碳和氮较自根茄均有所增加，增幅分别为 8.9%～29.5%和 2.0%～26.8%（郝晶等，2009）。接种腐皮镰刀菌后，嫁接和自根辣椒的根际土壤细菌、真菌、放线菌数量均大幅度增加。这一方面因为病原微生物侵染根部，导致碳水化合物、氨基酸、蛋白质、脂类和核酸等物质代谢的改变，使根的分泌作用加强，根际周围微生物种群数量增加；另一方面由于病原菌侵染根部破坏了细胞膜透性，使细胞内化合物以扩散的方式释放至根际，从而激发辣椒根际土壤主要微生物大量繁殖（姜飞等，2010）。嫁接辣椒根际土壤中细菌、真菌和放线菌数量的增加幅度显著大于自根辣椒，其细菌和真菌所占的比例明显减小，而放线菌比例显著增加，表明嫁接辣椒根际土壤微生物数量和放线菌比例增加是其根腐病抗性增强的重要原因之一（姜飞等，2010）。

随自毒物质肉桂酸和香草醛胁迫的加重，自根茄子土壤中细菌、放线菌的根际效应减弱甚至表现为负向根效应，真菌根际效应逐渐加强；而嫁接茄子的细菌、放线菌根际效应逐渐增强且为正向根效应，真菌根际效应减弱为负向根效应。由此说明，茄子嫁接后，根域的土壤微生物构成发生改变，促进了细菌、放线菌等有益菌的根际效应，抑制了真菌的根际效应，使土壤由真菌型向细菌型方向转化，在某种程度上起到了改善土壤生化特性的作用（陈绍莉等，2010b）。嫁接换根增加了茄子根际土壤微生物生理类群和土壤酶活性，提高了土壤生态系统中物质的转化及养分的有效性，尤其提高了氮素的转化能力，植株叶片也表现出较高的硝酸还原酶活性，提高了茄子植株的氮代谢水平，而嫁接茄根际土壤中固氮菌、硝化细菌数量和脲酶活性与叶片氮素代谢相关酶存在显著的相关性。说明嫁接对茄子根际生物环境的改善与嫁接茄呈现出长势旺盛和抗病增产密不可分（周宝利等，2010b）。

接种不同 AM 真菌或嫁接均改变了土壤微生物区系，即放线菌、细菌增加，真菌数量减少，其中菌根化的嫁接苗与非菌根化的自根苗相比，放线菌和细菌数量均显著升高，砧木与菌根协同作用，抑制了土壤病原菌的侵入，降低了土壤真菌数量，增加了土壤微生物数量。

根际中的糖类、氨基酸等物质主要来自根系分泌物。植物将 5%～21%的光合产物以根系分泌物的形式释放到土壤环境中，为微生物提供物质和能量。大量研究表明，根系分泌物中的糖、氨基酸等物质能够为土传病原菌提供生存必要的碳源和氮源，对病原菌的生长和孢子萌发有明显促进作用。尖孢镰刀菌是异养微生物，倾向利用碳氮比高的物质。根际环境中糖类含量高，可为致病菌提供营养。氨基酸参与多种生命过程，是微生物重要的营养源之一，对土壤微生物群落结构和活性均有直接影响。外源添加丙氨酸、谷氨酸、天冬氨酸、精氨酸、甘氨酸和苯丙氨酸对尖孢镰刀菌的生长有明显的刺激作用。根际微生物对糖类、氨基酸类的利用水平可能与枯萎病抗性存在一定关系（阮杨等，2018）。嫁接对土壤微生物群落结构的影响主要由于砧木根系分泌物的积累以及土壤理化性状的改变，从而在抗菌性方面起作用（谢宏鑫等，2018）。自根葫芦、自根西瓜和嫁接西瓜（葫芦砧木）分泌不同的根系分泌物，且分泌物对微生物活性有刺激作用，因此嫁接通过改变根系分泌物的组成进而影响根际微生物活性（阮杨等，2018）。阮杨等（2018）利用 Biolog 培养技术研究了自根葫芦、自根西瓜、嫁接西瓜（葫芦砧木）处理下根际微生物碳源代谢活性变化与西瓜枯萎病发生的关系。结果表明：自根西瓜处理微生物碳源的综合利用程度高，证明根际环境碳源种类丰富，能够为病原菌生长提供有利条件，可能诱导枯萎病产生；相反，自根葫芦根际环境中碳源物质相对贫乏，不利于病原菌大量繁殖。嫁接西瓜（葫芦砧木）处理与自根西瓜相比，根际微生物对碳源（尤其是糖类和氨基酸类）的利用普遍降低，不利于病原菌大量繁殖。张淑红等（2018）利用

Biolog 技术研究接种黄萎病菌条件下嫁接对茄子根际微生物群落结构的影响及其与茄子黄萎病发生的关系。结果表明：嫁接可提高茄子根际微生物活性，具体表现为嫁接苗根际土壤 AWCD 值和多样性指数以及对六大碳源（碳水化合物类、氨基酸类、羧酸类、聚合物、胺类和酚酸类）的利用程度均比自根苗高，同时嫁接增加了根际土壤微生物多样性，并对茄子土传病害有抑制作用。

吴凤芝和安美君（2011）以抗枯萎病西瓜品种甜妞和感枯萎病西瓜品种天使为试验材料，以南瓜（博强 1 号）为嫁接砧木，采用平板计数及 PCR-DGGE 技术，研究抗感枯萎病西瓜品种自根苗、嫁接苗和砧木不同生育期根际土壤微生物数量及群落结构的变化。结果表明：嫁接提高了感病品种根际土壤细菌、放线菌数量，改变了根际土壤微生物群落结构，抑制了枯萎病菌的积聚。

参 考 文 献

陈丹梅, 段玉琪, 杨宇虹, 等. 2016. 轮作模式对植烟土壤酶活性及真菌群落的影响[J]. 生态学报, 36(8): 2373-2381.

陈绍莉, 周宝利, 蔺姗姗, 等. 2010a. 肉桂酸和香草醛对嫁接茄子根系生长及生理特性的影响[J]. 应用生态学报, 21(6): 1446-1452.

陈绍莉, 周宝利, 王茹华, 等. 2008. 嫁接对茄子根系分泌物中肉桂酸和香草醛的调节效应[J]. 应用生态学报, 19(11): 2394-2399.

陈绍莉, 周宝利, 尹玉玲, 等. 2010b. 茄子自毒物质胁迫下嫁接对其生长及土壤生化特性的影响[J]. 园艺学报, 37(6): 906-914.

段曦, 毕焕改, 魏佑营, 等. 2016. 嫁接对辣椒根际土壤环境的影响及其与抗病性和产量的关系[J]. 应用生态学报, 27(11): 3539-3547.

段曦, 孙晨晨, 孙胜楠, 等. 2017. 嫁接辣椒根系分泌物对根腐病和青枯病的影响[J]. 园艺学报, 44(2): 297-306.

段玉琪, 晋艳, 陈泽斌, 等. 2012. 烤烟轮作与连作土壤细菌群落多样性比较[J]. 中国烟草学报, 18(6): 53-59.

方树民, 唐莉娜, 陈顺辉, 等. 2011. 作物轮作对土壤中烟草青枯菌数量及发病的影响[J]. 中国生态农业学报, 19(2): 377-382.

郝晶, 周宝利, 刘娜, 等. 2009. 嫁接茄子抗黄萎病特性与根际土壤微生物生物量和土壤酶的关系[J]. 沈阳农业大学学报, 40(2): 148-151.

郝俊杰, 马奇祥, 刘焕民, 等. 2010. 嫁接棉花对棉花黄萎病抗性、产量和纤维品质的影响[J]. 中国农业科学, 43(19): 3974-3980.

何莉莉, 侯丽霞, 葛晓光, 等. 2001. 嫁接番茄抗叶霉病效果及其与体内几种抗性物质的关系[J]. 沈阳农业大学学报, 32(2): 99-101.

何志贵, 应浩, 董娟娥, 等. 2019. 小麦与半夏轮作对减轻半夏连作障碍的效应[J]. 西北农业学报, 28(3): 1-6.

洪珊, 剧虹伶, 阮云泽, 等. 2017. 茄子与香蕉轮作配施生物有机肥对连作蕉园土壤微生物区系的影响[J]. 中国生态农业学报, 25(1): 78-85.

姜飞, 刘业霞, 艾希珍, 等. 2010. 嫁接辣椒根际土壤微生物及酶活性与根腐病抗性的关系[J]. 中国农业科学, 43(16): 3367-3374.

黎妍妍, 王林, 彭五星, 等. 2016. 嫁接对烟草青枯病抗性及产质量的影响[J]. 中国烟草学报, 22(5): 63-69.

李威, 程智慧, 孟焕文, 等. 2012. 轮作不同蔬菜对大棚番茄连作基质中微生物与酶及后茬番茄的影响[J]. 园艺学报, 39(1): 73-80.

李戍清, 张雅, 田忠玲, 等. 2017. 茄子连作与轮作土壤养分、酶活性及微生物群落结构差异分析[J]. 浙江大学学报(农业与生命科学版), 43(5): 561-569.

梁朋, 陈振德, 罗庆熙. 2012. 南方根结线虫对不同砧木嫁接番茄苗活性氧清除系统的影响[J]. 生态学报, 32(7): 2294-2302.

林威鹏, 曾莉莎, 吕顺, 等. 2019. 香蕉-甘蔗轮作模式防控香蕉枯萎病的持续效果与土壤微生态机理(Ⅱ)[J]. 中国生态农业学报(中英文), 27(3): 348-357.

刘娜, 周宝利, 李轶修, 等. 2008. 茄子/番茄嫁接植株根系分泌物对茄子黄萎病菌的化感作用[J]. 园艺学报, 35(9): 1297-1304.

刘润进. 2017. 菌根真菌是唱响生物共生交响曲的主角——菌根真菌专辑序言[J]. 菌物学报, 36(7): 791-799.

刘业霞, 付玲, 艾希珍, 等. 2013. 嫁接对辣椒次生代谢的影响及其与青枯病抗性的关系[J]. 中国农业科学, 46(14): 2963-2969.

刘业霞, 姜飞, 张宁, 等. 2011. 嫁接辣椒对青枯病的抗性及其与渗透调节物质的关系[J]. 园艺学报, 38(5): 903-910.

刘株秀, 刘俊杰, 徐艳霞, 等. 2019. 不同大豆连作年限对黑土细菌群落结构的影响[J]. 生态学报, 39(12): 4337-4346.

吕卫光, 张春兰, 袁飞, 等. 2000. 嫁接减轻设施黄瓜连作障碍机制初探[J]. 华北农学报, 15(增刊): 153-156.

吕毅, 宋富海, 李园园, 等. 2014. 轮作不同作物对苹果园连作土壤环境及平邑甜茶幼苗生理指标的影响[J]. 中国农业科学, 47(14): 2830-2839.

乔月静, 刘琪, 曾昭海, 等. 2019. 轮作方式对甘薯根际土壤线虫群落结构及甘薯产量的影响[J]. 中国生态农业学报(中英文), 27(1): 20-29.

秦舒浩, 曹莉, 张俊莲, 等. 2014. 轮作豆科植物对马铃薯连作田土壤速效养分及理化性质的影响[J]. 作物学报, 40(8): 1452-1458.

阮杨, 王东升, 郭世伟, 等. 2018. 葫芦与西瓜砧穗在不同土壤上根际碳代谢指纹特征与差异[J]. 土壤学报, 55(4): 967-975.

王海波, 时焦, 雒振宁, 等. 2018. 烟草嫁接苗对黑胫病的抗性鉴定[J]. 植物保护, 44(3): 168-171.

王劲松, 樊芳芳, 郭珺, 等. 2016. 不同作物轮作对连作高粱生长及其根际土壤环境的影响[J]. 应用生态学报, 27(7): 2283-2291.

王茹华, 周宝利, 张启发, 等. 2003. 茄子/番茄嫁接植株的生理特性及其对黄萎病的抗性[J]. 植物生理学通讯, 39(4): 330-332.

王文波, 马雪松, 董玉峰, 等. 2016. 杨树人工林连作与轮作土壤酚酸降解细菌群落特征及酚酸降解代谢规律[J]. 应用与环境生物学报, 22(5): 815-822.

王幼群, 卢善发, 杨世杰. 2012. 植物嫁接实践与理论[M]. 北京: 中国农业大学出版社.

吴凤芝, 安美君. 2011. 西瓜枯萎病抗性及其嫁接对根际土壤微生物数量及群落结构的影响[J]. 中国农业科学, 44(22): 4636-4644.

吴宏亮, 康建宏, 陈阜, 等. 2013. 不同轮作模式对砂田土壤微生物区系及理化性状的影响[J]. 中国生态农业学报, 21(6): 674-680.

吴艳飞, 张雪艳, 李元, 等. 2008. 轮作对黄瓜连作土壤环境和产量的影响[J]. 园艺学报, 35(3): 357-362.

谢宏鑫, 刘润进, 孙吉庆, 等. 2018. AMF 与嫁接对西瓜连作土壤理化和微生物状况的影响[J]. 菌物学报, 37(5): 625-632.

徐少卓, 刘宇松, 夏明星, 等. 2018. 棉隆熏蒸加短期轮作葱显著减轻苹果连作障碍[J]. 园艺学报, 45(1): 11-20.

徐雪风, 李朝周, 张俊莲, 等. 2017. 轮作油葵对马铃薯生长发育及抗性生理指标的影响[J]. 土壤, 49(1): 83-89.

阳显斌, 李廷轩, 张锡洲, 等. 2016. 烟蒜轮作与套作对土壤微生物类群数量的影响[J]. 土壤, 48(4): 698-704.

杨尚东, 李荣坦, 吴俊, 等. 2016. 番茄连作与轮作土壤生物学特性及细菌群落结构的比较[J]. 生态环境学报, 25(1): 76-83.

杨祥田, 周翠, 李建辉, 等. 2010. 不同轮作方式下大棚草莓产量及土壤生物学特性[J]. 中国生态农业学报, 18(2): 312-315.

杨越, 赖朝圆, 士一鸣, 等. 2018. 轮作作物对连作香蕉园玄武岩砖红壤综合质量的影响[J]. 土壤, 50(3): 633-639.

尹国丽, 蔡卓山, 陶茸, 等. 2019. 不同草田轮作方式对土壤肥力、微生物数量及自毒物质含量的影响[J]. 草业学报, 28(3): 42-50.

尹玉玲, 周宝利, 李云鹏, 等. 2009. 嫁接对茄子连作土壤生物活性及种子萌发和幼苗生长的影响[J]. 生态学杂志, 28(4): 638-642.

曾莉莎, 林威鹏, 吕顺, 等. 2019. 香蕉-甘蔗轮作模式防控香蕉枯萎病的持续效果与土壤微生态机理(Ⅰ)[J]. 中国生态农业学报(中英文), 27(2): 257-266.

张东艳, 赵建, 杨水平, 等. 2016. 川明参轮作对烟地土壤微生物群落结构的影响[J]. 中国中医药杂志, 41(24): 4556-4563.

张凤丽, 周宝利, 王茹华, 等. 2005. 嫁接茄子根系分泌物的化感效应[J]. 应用生态学报, 16(4): 750-753.

张曼, 羊杏平, 徐锦华, 等. 2013. 嫁接西瓜对西瓜枯萎病菌侵染的防御机制研究[J]. 西北植物学报, 33(8): 1605-1611.

张明菊, 夏启中, 吴冰. 2012. 嫁接棉苗对黄萎病的抗性及相关生理指标的变化[J]. 华中农业大学学报, 31(4): 414-418.

张淑红, 詹林玉, 王月, 等. 2018. 托鲁巴姆与西安绿茄嫁接对茄子根际土壤微生物群落结构的影响[J]. 沈阳农业大学学报, 49(2): 196-202.

赵杨景, 王玉萍, 杨峻山, 等. 2005. 西洋参与紫苏、薏苡轮作效应的研究[J]. 中国中药杂志, 30(1): 12-15.

郑阳霞, 唐海东, 李焕秀, 等. 2011. 嫁接西瓜根、茎叶的化感效应及化感物质的鉴定[J]. 核农学报, 25(6): 1280-1285.

钟宛凌, 张子龙. 2019. 我国药用植物轮作模式研究进展[J]. 中国现代中药, 21(5): 677-683.

周宝利, 尹玉玲, 李云鹏, 等. 2010a. 嫁接茄根系分泌物与抗黄萎病的关系及其组分分析[J]. 生态学报, 30(11): 3073-3079.

周宝利, 尹玉玲, 徐妍, 等. 2010b. 嫁接对茄子根际土壤微生物和叶片硝酸还原酶的影响[J]. 园艺学报, 37(1): 53-58.

邹春蕾, 刘长远, 王丽萍, 等. 2015a. 嫁接辣椒根际土壤氧化还原酶及水解酶活性与疫病抗性的关系[J]. 东北农业大学学报, 46(4): 29-35.

邹春蕾, 刘长远, 王丽萍, 等. 2015b. 辣椒不同砧木嫁接组合的疫病抗性评价及叶片防御酶活性的变化分析[J]. 沈阳农业大学学报, 46(2): 155-160.

King S R, Davis A R, Liu W, et al. 2008. Grafting for disease resistance[J]. HortScience, 43(6): 1673-1676.

第9章　有益生物缓解作物连作障碍

9.1　蚯蚓缓解作物连作障碍

作物连作障碍的问题是植物进化过程中产生的一种自然现象，对植物自身而言，有利于避免近亲繁殖，提高自身的适合度；对于生态系统而言，有利于提高生物多样性。而在农业生态系统中，人们为了获得特定的农产品，某些时候不得不进行重茬种植。连作障碍不仅严重影响作物产量，而且会导致土壤生物多样性下降、有益微生物减少及病原菌增加等一系列微生态失衡问题。土壤微生态失衡反作用于植物，导致植物发生更严重的病害、减产等。因此，充分利用土壤食物网的相互作用关系以减少连作障碍对作物和土壤的影响，是农业可持续发展的有效途径（毕艳孟和孙振钧，2018）。土壤生物可以通过生物间的拮抗、竞争、捕食关系在一定程度上控制土传病害。土壤食物网间接作用于根系，通过构建良好的土壤和养分条件来帮助有益生物与病原生物进行养分竞争、捕食病原生物、占据病原生物侵染位点、改变土壤条件等来抑制病原生物（曹志平等，2010）。

蚯蚓是陆地生态系统中最重要的大型土壤动物之一，属于寡毛纲后孔寡毛目（Opisthopora），至今为止全球已记录的陆栖蚯蚓4000多种，其中我国有306种（曹佳等，2015）。蚯蚓通过取食、消化、排泄（蚯蚓粪）、分泌（黏液）和掘穴等活动对土壤过程的物质循环和能量传递作贡献，是对多个决定土壤肥力的过程产生重要影响的土壤无脊椎动物类群（主要是蚯蚓、螨和蚂蚁）之一，被称为"生态系统工程师"（张卫信等，2007；王笑等，2017）。蚯蚓在土壤生态系统中具有重要的作用，包括促进有机质分解和养分循环、改变土壤理化性质，以及与植物、微生物和其他动物的相互作用（毕艳孟和孙振钧，2018）。蚯蚓是土壤有机质的"搅拌机"，在吞食过程中可充分混匀土壤和有机质，加速有机质分解转化和养分释放（曹佳等，2015）。蚯蚓活动促进土壤大团聚体的形成，使土壤中>2 mm的团聚体比例增加。蚯蚓可增加土壤容重的15%左右。蚯蚓活动形成的大孔隙（洞穴）、中孔隙、微孔隙（排泄物）增加土壤孔隙度和通气性。良好的土壤结构有助于改善微生物微环境，促进微生物生长和繁殖。因此，蚯蚓在土壤生态系统中不仅有助于土壤物理结构和化学性质的改善，而且能够调控土壤微生物进而有效激活整个土壤生态系统，提高土壤生物肥力，促进土壤养分循环（曹佳等，2015）。

蚯蚓经过吞咽、破碎、混合及排泄将凋落物及土壤颗粒转变为蚯蚓粪，蚯蚓粪具有很好的通气性、排水性和高的持水量。蚯蚓粪中富含大量微生物和有机质，可以明显改善土壤的理化性质，增加土壤养分、有机质和土壤酶活性，并为土壤微生物的生存提供养分和能量，促进微生物繁殖，增加微生物的数量（曹佳等，2015）。此外，蚯蚓粪可抑制病原菌生长，控制病害。蚯蚓粪中含有几种放线菌和链霉菌，可通过释放几丁质酶和抗生素来降解植物病原菌，限制病原微生物的生长。蚯蚓粪中的链霉菌可对大多数真菌病原体产生拮抗作用（曹佳等，2015）。

植物连作造成化感物质多样性的下降，不仅会导致土壤微生物群落失衡，而且会直接影响植物的生长。研究表明，以酚酸为代表的化感物质在一定条件下不仅抑制植物发芽和生长，还会抑制植物的光合、呼吸等生理活动，使植物抗病能力下降。因此，研究蚯蚓与连作土壤中化感物质的关系，以及蚯蚓加速某些化感物质降解的机制，对调控连作土壤环境具有重要意义。蚯蚓作为生态系统的分解者，能够加速化感物质的降解，而且可能改变土壤中化感物质的比例，调整失衡的化感物质（毕艳孟和孙振钧，2018）。

在正常土壤系统中，由于地上部分植物是多样的，其分泌、淋溶或腐解产生的化感物质与土壤微生物、土壤动物以及植物根系间具有相互促进和抑制作用，共同作用的结果使土壤生态系统处于平衡状态，土壤能够稳定地发挥功能（毕艳孟和孙振钧，2018）。但是，连作导致地上部分植物长期单一化，使得土壤中化感物质不均衡累积，多样性下降；同时由于单一植物对土壤动物的选择，使得土壤动物类群定向改变，造成动物区系平衡被打破，多样性下降，功能紊乱。蚯蚓能够直接调控微生物，影响微生物的总量、活性和多样性，改变微生物的比例。同时，蚯蚓作为土壤生态系统的高级消费者，能够取食某些中、小型土壤动物，通过下行效应调控土壤动物区系，提高土壤动物的多样性。蚯蚓对微生物的调控作用主要有 3 条途径：一是直接调控微生物群落；二是通过改变化感物质比例调控微生物群落；三是通过调控土壤动物区系调控微生物群落。3 条途径的综合作用共同改善了土壤根际微生态环境，从而缓解了作物连作障碍（图 9.1）（毕艳孟和孙振钧，2018）。

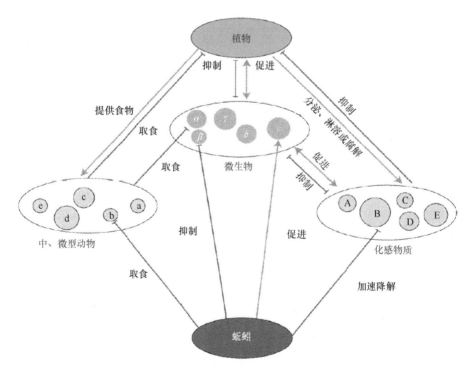

图 9.1 蚯蚓调控连作障碍的土壤微生态机制（毕艳孟和孙振钧，2018）（彩图请扫封底二维码）

9.2 有益微生物缓解作物连作障碍

9.2.1 根际促生细菌

根际（rhizosphere）是植物根系-土壤界面数毫米范围内，根系、原核生物、真菌、动物与土壤相互作用形成的具有独特的不同于本体土壤、动态变化的微域环境。早在 1904 年，德国科学家 Lorenz Hiltner 就提出了植物根际的概念，该微域中植物根系生长与生理代谢对土壤理化特性及其生物学特性产生强烈影响，进而改变根际环境，对植物生长形成反馈作用。一般认为，根际效应是一个由植物根系分泌物主导的、受植物种类与发育阶段、土壤理化因子和气候条件影响的动态过程。

根际内定植着大量细菌、放线菌、真菌、线虫等，其中存在一类具有自生（游离或共生）固氮、溶磷、分泌抗生素和植物激素、拮抗病原物和促进植物生长的细菌，被称为植物促生根际菌（plant growth-promoting rhizobacteria，PGPR）（刘丹丹等，2016）。PGPR 是一类能在植物根际存活和定植并具有促进植物生长或/及防控土传病害能力的有益微生物，也能诱导植物产生系统抗性从而增强抗病能力。目前发现的有假单胞菌属（*Pseudomons*）、芽孢杆菌属（*Bacillus*）、根瘤菌属（*Rhizobium*）、农杆菌属（*Agrobacterium*）、沙雷氏菌属（*Serratia*）等。PGPR 菌株因其环境友好、安全无毒等优点，常与腐熟堆肥混合制成微生物有机肥，在农业生产中得到广泛应用，并在促进作物生长及防控土传病害等方面取得良好效果。

9.2.1.1 根际促生菌的促生抑病效果

李文英等（2012）从香蕉根际土壤中分离筛选到芽孢杆菌菌株 PAB-1、PAB-2 制剂，并研究其对香蕉养分吸收和枯萎病防治的效果。结果表明：试验处理 56 d 后，施用植物根际促生菌剂的处理，地上部氮、磷、钾、钙、镁养分吸收量分别比对照增加 51.1%、46.1%、165.2%、7.4%和 32.8%。在接种尖孢镰刀菌香蕉专化型（*Fusarium oxysporum* f. sp. *cubense* race 4，FOC4）条件下，施用 PGPR 菌剂的香蕉叶片丙二醛含量比对照（接种 FOC4 而不施用 PGPR）显著降低 4.4%～10.6%；56 d 后香蕉枯萎病病情指数比对照降低 12.5%～31.3%，防控效果达到 18.8%～46.9%，表明施用 PGPR 菌剂能显著提高植株养分吸收，有效防控香蕉枯萎病的发生。康贻军等（2012）将两株植物根际促生细菌波斯欧文氏菌（*Erwinia persicinus*，RA2）和短小芽孢杆菌（*Bacillus pumilus*，WP8）进行浸种和拌土处理并研究其对番茄青枯病的防治效果。结果显示，两个菌株都具有防治番茄青枯病的作用，并能不同程度地促进番茄幼苗生长。嗜麦芽窄食单胞菌（*Stenotrophomonas maltophilia*）和枯草芽孢杆菌（*Bacillus subtilis*）复配后形成的种衣剂对黄瓜细菌性茎软腐病的田间防治效果达到 73.1%（贺字典等，2017）。

多黏类芽孢杆菌（*Paenibacillus polymyxa*）是一类具有重要生防作用的 PGPR 菌株，能产生多黏菌素等抗生素和杀镰刀菌素等抗菌蛋白来抑制革兰氏阴性菌或真菌病原菌的生长，从而起到防控病害的作用，并通过固氮和溶磷作用帮助植物获取营养，促进植物生长（马菁华等，2015）。多黏类芽孢杆菌菌株 SQR-21 作为比较理想的拮抗和促生细菌，其能够分泌纤维素酶、甘露聚糖酶、果胶酶等，用于生物肥料中可以很好地在西瓜根际定植生长并能保护西瓜根部免受病原菌侵染，降低病害发生率并提高作物生物量和产量（马菁华等，2015）。

张杨等（2017）分离获得一株同时具有产吲哚乙酸（IAA）和NH$_3$，且对尖孢镰刀菌（*Fusarium oxysporum*）和青枯雷尔氏菌（*Ralstonia solanacearum*）均有拮抗作用的植物根际促生菌株 N23，经鉴定菌株 N23 为芽孢杆菌属细菌，利用芽孢杆菌菌株 N23 研制的生物育苗基质能够有效提高所育不同作物种苗质量，增强移栽后作物的生长和田间产量。刘丽英等（2018a）从连作苹果园土壤中分离到大量的串珠镰刀菌（*Fusarium moniliforme*）、尖孢镰刀菌、腐皮镰刀菌（*Fusarium solani*）和层出镰刀菌（*Fusarium proliferatum*），并进行盆栽试验，发现 4 种镰刀属真菌对苹果幼苗均具有强致病性，以这 4 种镰孢属真菌为对峙菌，对拮抗菌进行反复筛选，获得一株拮抗能力达到 57.6%的枯草芽孢杆菌，该菌能导致病原菌菌丝体发生局部变形、细胞壁消解及细胞内容物浓缩等，其原因可能是芽孢杆菌在生长的过程中产生的细胞壁降解酶、蛋白质类、肽类等抗菌物质影响菌丝体的正常生长。表明枯草芽孢杆菌菌株 SNB-86 对苹果连作障碍有一定的减缓作用，具有生防应用的潜力。

刘丽英等（2018b）以苹果连作障碍病原真菌层出镰刀菌、串珠镰刀菌、尖孢镰刀菌和腐皮镰刀菌为靶标菌，通过平板对峙法研究了甲基营养型芽孢杆菌菌株 B6 对上述4 种病原真菌的抑菌率，最高分别达到 71.8%、70.1%、72.6%、91.5%（图 9.2）。盆栽试验表明，B6 菌肥处理显著提高连作土壤中蔗糖酶、磷酸酶、脲酶和过氧化氢酶活性，

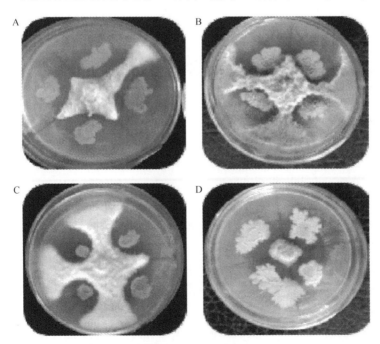

图 9.2　B6 对苹果连作障碍病原真菌的抑制作用（刘丽英等，2018b）（彩图请扫封底二维码）
A. 层出镰刀菌（*Fusarium proliferatum*）；B. 串珠镰刀菌（*Fusarium moniliforme*）；C. 尖孢镰刀菌（*Fusarium oxysporum*）；
D. 腐皮镰刀菌（*Fusarium solani*）

促使苹果连作土壤由真菌主导型向细菌主导型转化，优化连作土壤中可培养微生物群落结构，改善土壤生态系统，使土壤中营养物质的转化与分解速率加快，继而增加土壤肥力，缓解苹果连作障碍。

9.2.1.2 根际促生菌的促生抑病机制

PGPR 可通过合成植物激素（吲哚乙酸、细胞分裂素、赤霉素等）、提高土壤中矿物质和氮素有效性（固氮、解钾和溶磷作用等）以及释放挥发性有机物质（2,3-丁二醇等）等途径直接促进植物生长，并通过产生抗生素类物质，与病原菌竞争空间和营养，以及诱导植物系统抗性等机制防控土传病害（沈怡斐等，2017）。生防菌荧光假单胞菌 2P24 能产生嗜铁素、2,4-二乙酰基间苯三酚、氢氰酸、蛋白酶等抑菌物质，是非常具有商业潜力的生防菌株（朱伟杰等，2010）。

（1）产抗生素

抗生素是由微生物体在一系列内源信号和 *N*-高丝氨酸内酯共同作用下产生的一类具有生物活性的多酮类或含氮杂环类化合物，也是多数促生菌具有抑制土传病原菌繁殖与诱导宿主植物产生系统抗性的主要机制之一。已见报道的产抗生素菌种主要为假单胞菌、链霉菌、芽孢杆菌及沙雷氏菌等，其所产生的抗生素种类则主要有 2,4-二乙酰基间苯三酚、硝基吡咯、吩嗪-1-羧酸、藤黄绿菌素、新霉素、氨基多肽与卡那霉素等。据报道，芽孢杆菌与假单胞菌类促生菌所产生释放的各类抗生素能够改变土传病原真菌的细胞膜通透性并直接抑制其孢子萌发和菌丝生长（张亮等，2018）。

（2）产水解酶

水解酶类物质是根际促生菌代谢产物中具有抑菌活性的蛋白质，具有水解病原菌细胞壁、毒害病原菌或提高寄主植物防御能力的特性。目前已见报道的水解酶类主要有几丁质酶、蛋白酶、β-1,3-葡聚糖酶、纤维素酶及昆布多糖酶等。蛋白酶、纤维素酶等水解酶亦对土传病害防控有重要影响。部分促生菌可代谢产生多种水解酶类物质，并经水解酶的复合作用强化对病原菌的抑制作用，有学者指出根际促生菌产生的几丁质酶与β-1,3-葡聚糖酶的复合作用能够更好地抑制病原菌生长（张亮等，2018）。

（3）诱导系统抗性

受根际促生菌诱导效应的影响，寄主植物可产生诱导系统抗性（induced systemic resistance，ISR），该抗性不受诱导部位局限，具有系统性与广谱性特征，对土传病害防控具有重要意义。该诱导效应可激活寄主植物防卫基因并产生植保素类、十八碳三烯酸类、水解酶类、儿茶酚-*O*-甲基转移酶及木质素等抑菌化合物，从而起到抑制病原菌侵染的作用（张亮等，2018）。

（4）分泌植物激素

部分根际促生菌代谢所产生的植物激素具有加速植物呼吸、促进代谢或提高根际水分、养分吸收利用效率的作用，对植物生长具有直接促进效应。目前较为明确的主要有生长素、赤霉素（GA）等。植物激素已被证实在芽孢杆菌属和假单胞菌属等根际促生菌防控土传病害方面具有重要价值（张亮等，2018）。

（5）释放挥发性抑菌气体

根际促生菌在代谢过程中释放的某些挥发性气体对植物具有促进发育、产生化学感应、诱导抗性以及抑制土传病原微生物繁殖与侵染等重要作用（张亮等，2018）。

（6）产生嗜铁素

铁是所有生活细胞许多酶系统的必需组成成分，但微生物从环境中吸收铁的能力是有限的。铁的运输基本上依靠高亲和铁的螯合体产物绿脓菌素和水杨酸，因此，这些能特异性地与 Fe^{3+} 结合的化合物称为嗜铁素。病原微生物自身不能产生嗜铁素或产生量很少，而 PGPR 能够产生嗜铁素，并且不能被病原微生物所利用。因此，病原微生物由于缺铁而不能生长繁殖（谭周进等，2004）。

9.2.1.3 根际促生菌的定植

PGPR 在植物根际的存活和定植对于其充分发挥促生和防病作用至关重要，也是拮抗土传病原菌的重要机制之一，该定植过程主要包括促生菌向根际的趋化和在根际聚集形成生物被膜两个步骤，其中前者是后者的基础和前提（沈怡斐等，2017）。趋化性（chemotaxis）指微生物对多种化学物质的浓度梯度产生趋向或趋避响应的行为，是微生物适应环境变化而生存的一种基本属性（沈怡斐等，2017）。根际促生菌普遍具有趋化性，受病原菌生物胁迫条件下根系代谢中各类多糖、有机酸等信号源的吸引，土壤中的各类有益微生物能够向植物根表迁移集中（张亮等，2018）。最初由于细菌对根系分泌物的趋化性而向根部移动，之后附着在根系并随根的生长而增殖，这一过程还涉及与土著微生物的竞争。微生物间的竞争包括营养竞争和位点竞争，假单胞菌的强竞争能力是其发挥生防作用的关键（谭周进等，2004）。

PGPR 向植物根际的趋化与其根际定植主要由寄主植物产生的根系分泌物所介导（沈怡斐等，2017）。根系分泌物不仅可为根际微生物提供碳源与能量，而且作为信号物质吸引或排斥特异微生物，促进根际有益微生物的定植（沈怡斐等，2017）。例如，类黄酮类物质是诱导经典的豆科作物-根瘤菌共生关系建立的重要信号分子（罗兴等，2019）。根系分泌物中诱导根际微生物趋化的特定信号分子主要包括氨基酸、小分子有机酸类物质等。精氨酸、组氨酸和苯丙氨酸均能显著提高多黏类芽孢杆菌菌株 SQR-21 在西瓜根际的定植能力（沈怡斐等，2017）。多黏类芽孢杆菌菌株 SQR-21 对某些氨基酸的趋化可能依赖于浓度梯度，即在中等浓度时的趋化能力较强，而在低浓度和高浓度时则有所下降（沈怡斐等，2017）。香蕉根系分泌物可刺激解淀粉芽孢杆菌 SQR9 的生长代谢、根际趋化和活性物质合成，这些都有利于根际促生解淀粉芽孢杆菌菌株 SQR9 在香蕉根际的存活定植和促生/生防功能的发挥，有助于其与香蕉合作关系的建立（罗兴等，2019）。

9.2.2 拮抗真菌

9.2.2.1 木霉菌

（1）木霉菌的控病效果

木霉属（*Trichoderma*）真菌属于半知菌亚门丝孢纲丛梗孢目丛梗孢科。木霉广泛存在于植物种子、根围、球茎、叶围和土壤等自然生态环境中（邹佳迅等，2017）。木霉菌是具有重要价值的植物病害生防菌，并且无毒、无污染，用于作物土传病害的生物防治无明显风险，随着人们环保意识的增强，木霉生防菌已逐渐成为研究热点（徐少卓等，2018）。木霉菌的抑菌机制主要有 2 种：一是通过抗生、重寄生、溶菌、竞争作用来抑制病原菌生长；二是通过木霉菌诱导植株产生抗性机制来实现（图 9.3）（邹佳迅等，2017）。施用木霉菌剂后可抑制土壤中大丽轮枝菌的繁殖，并引起土壤理化环境的改变，使得某些真菌微生物无法生存或趋同进化，从而降低土壤真菌的物种丰度，即滴施生物药剂会使棉田土壤由"真菌型"向"细菌型"方向转化（吕宁等，2019）。从生理角度来说木霉菌肥作为有益菌、拮抗菌优化了连作土壤环境，减轻了连作土壤对再植植株的逆境胁迫，此外，也有研究从分子角度认为木霉菌与植物互作后可以激活促分裂原活化蛋白激酶 MPK6 的活性，增加植物体内抗性蛋白含量，增强植物的系统抗性（徐少卓等，2018）。

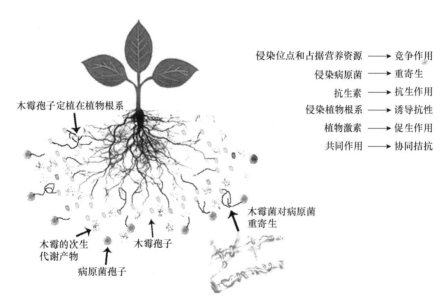

图 9.3 木霉菌防治植物土传病害的生防机制示意图（邹佳迅等，2017）（彩图请扫封底二维码）

（2）木霉菌的抗病机制

1）木霉菌对病原菌空间与营养的竞争

木霉菌较病原菌的生长和繁殖速度快、腐生性强、适应性广，可迅速占领生存空间和利用有限的营养，因此可以通过对病原菌生存空间和营养资源的竞争达到抑菌的效果。试验表明，向土壤中添加木霉菌，经过一段时间后，作物根际土壤中的微生物种群结构发生改变，总细菌、放线菌、木霉菌数量升高，而其他病原真菌数量下降。将木霉菌与腐皮镰刀菌进行对峙培养，由于木霉菌的生长速度远远快于镰刀菌，可观察到镰刀菌的生存空间被严重压缩，说明木霉菌可以通过与病原菌竞争营养物质和生存空间来抑制病原菌侵染植物（图 11.3）。木霉菌的强竞争力还表现在其顽强的生命能力，它能够克服土壤环境中残留的化学农药和其他生物的有毒代谢产物所带来的抑制作用，并且可以将有毒的代谢产物进行分解、转化，形成自身和植物可以利用的物质（邹佳迅等，2017）。

2）木霉菌对病原菌的重寄生

重寄生是指一种寄生生物又被其他寄生生物寄生的现象。寄主菌丝会分泌一些物质，而木霉菌可以对这些物质进行识别，使木霉菌趋向寄主真菌生长，当木霉菌丝和病原菌接触后，木霉菌丝沿病原菌菌丝螺旋状缠绕生长，并产生附着胞状分枝吸附于病原菌菌丝上（图 11.3）（邹佳迅等，2017）。

3）木霉菌次生代谢产物对病原菌的抗生作用

木霉菌通过次生代谢可以产生抑制病原菌生长的拮抗性化学物质，如木霉素、抗菌肽和胶霉素（图 11.3）。根据性质不同，木霉菌产生的抗生素大致可分为 3 类：具有离子载体活性的抗生素；具有水溶性的抗生素，如一些萜类化合物；具有显著挥发性的抗生素，产生这类抗生素的木霉菌被认为具有显著的生态优势，也是生防微生物中的主力军（邹佳迅等，2017）。

4）木霉菌对系统诱导抗性

系统诱导抗性是指植物受到某些因子的刺激后，对随后的病原菌侵染表现出快速的防卫反应。木霉菌丝不仅可以对病原菌进行寄生，同时还可以穿透植物根系的表皮，在植物根系定植，在产生一些刺激植物生长代谢物的同时也释放一些可以诱发植物局部和系统防御反应的化合物，如抗毒素、糖苷配基、酚的衍生物、萜类化合物、类黄酮等（图 11.3）。植株经诱导激发后产生一系列防卫反应，从而加强与植物抗病性有关的物质代谢，使植物可以更好地抵御病原菌侵染（邹佳迅等，2017）。

5）木霉菌促进植物生长与营养利用

许多木霉菌可以促进植物种子萌发、幼苗及根系的生长发育，主要原因如下：第一，木霉菌可以产生植物生长调节物质。植物生长调节物质又称为外源植物激素，是一类对植物生长发育有显著调节作用的微量有机物质，浓度低时对植物生长的促进作用不明显，而浓度高时抑制植物生长，只有适宜浓度才促进植物生长，而木霉菌可对其起到双向调节的作用，既可以产生植物生长调节物质促进植物胚芽和幼苗的生长，又可以降低由于外源植物生长调节物质浓度过高而对植物生长产生的抑制作用（图 11.3）（邹佳迅等，2017）。

9.2.2.2 内生真菌

内生真菌是生长于植物组织细胞间，不表现出感染症状的一类真菌。它分布于植物的叶鞘、种子、花、茎、叶和根中，与植物互惠共生，一方面植物为内生真菌提供光合产物，另一方面内生真菌的代谢产物能刺激植物的生长发育，提高寄主植物对生物胁迫与非生物胁迫的抵抗能力，两者之间存在物质与能量的循环交流，内生真菌进入土壤后，可使植株产生低强度的防御反应，从而增加植株的抗逆性（周晓鸿等，2012；宋富海等，2015）。

多种植物内生菌均可作为土壤益生菌，内生真菌角担子菌菌株 B6 具有驱杀菜青虫、降解菲等功能，可作为生物菌剂使用。研究表明，连作西瓜土壤添加 B6 后，西瓜枯萎病的主要致病菌尖孢镰刀菌的数量减少 29.9%，病情指数下降 38.3%，西瓜单果重和总产量分别增加 44.8% 和 103.8%，可溶性糖含量增加 35.1%，西瓜连作障碍得到一定程度的缓解（肖逸等，2012）。施加内生真菌角担子菌 B6 后，在开花期和成熟期，细菌和放线菌数量显著增加，真菌数量明显减少（肖逸等，2012）。球毛壳菌（*Chaetomium globosum*）菌株 ND35 是从健康毛白杨中分离的优势内生真菌，球毛壳菌属于子囊菌亚门核菌纲毛壳菌目毛壳菌科毛壳菌属，已被用于田间防治松苗猝倒病和苹果黑星病。球毛壳菌的某些特定品系代谢所产生的物质能够诱导植物某些组织抗氧化能力增强，提高植物的抗病能力，还能竞争性抑制植株病原菌的生长。苹果连作土壤中施加有机肥和球毛壳菌菌株 ND35 改变了苹果连作条件下的微生物群落结构，使细菌增多，土壤中营养物质转化和分解速率加快，对缓解苹果连作障碍效果较为明显（宋富海等，2015）。

谢星光等（2015）通过向土壤中添加花生残体，利用盆栽试验探讨施加内生真菌拟茎点霉（*Phomopsis liquidambari*，B3）对花生残茬腐解率、土壤部分酚酸类物质和酶活性的影响。结果表明：与对照相比（不添加 B3），在花生种子萌发期和苗期，添加 B3 处理显著加快残茬腐解，提高纤维素、木质素降解率，增加土壤中对羟基苯甲酸、香草酸和香豆酸的含量；在花生整个生育期，施加 B3 显著调节了土壤中漆酶、锰过氧化物酶（manganese peroxidase，MnP）、木质素过氧化物酶（lignin peroxidase，LiP）和多酚氧化酶（polyphenol oxidase，PPO）的活性，酶活性提高有利于花生残茬快速腐解和酚酸类化感物质及时降解。王宏伟等（2012）研究了在土壤中施加植物内生真菌拟茎点霉菌株 B3 对花生连作障碍的缓解效果。结果表明：①B3 处理对连作导致的微生物多样性降低起到了很好的恢复作用，有利于农业生态系统的稳定和初级生产力的保持；②土壤中作物的凋落物和残茬是导致连作障碍的重要因素，而 B3 对秸秆有很好的降解作用，尤其具有很强的漆酶分泌能力，能够降解植物残体中难以分解的木质素；③随着连作年限的增加，土壤中自毒物质不断积累，B3 对酚酸类自毒物质具有很好的降解能力，减轻了这类物质对花生种子萌发及植株生长产生的不利影响；④B3 本身能够分泌植物激素 IAA、氨基酸和脂肪酸等营养物质，对花生的生长起到促进作用。

9.2.3 生防放线菌

放线菌是具有重要实用价值的一类微生物，其种类繁多，代谢产物多样，但应用于植物病害生物防治的放线菌多数为链霉菌，常见的有灰色链霉菌（*Streptomyces griseus*）、吸水链霉菌（*S. hygroscopicus*）、利迪链霉菌（*S. lydicus*）、淡紫灰链霉菌（*S. lavendulae*）等（王靖等，2011）。链霉菌可以产生抗生素、水解酶、生物碱、生长调节剂，能够与植物病原菌竞争营养物质，诱导植物产生抗性，在植物的健康生长发育过程中起重要作用，是一种重要的潜在生物防治因子（王靖等，2011）。

王靖等（2011）从白菜根际土壤及红豆树根部分离得到能抑制根肿病菌（*Plasmodiophora brassicae*）休眠孢子萌发的生防菌株 A316 和 A10，经鉴定菌株 A316 为灰红链霉菌，菌株 A10 为链霉菌中的灰褐类群。菌株 A316、A10 对白菜根肿病的室内盆栽防治效果分别为 72.8%和 67.2%，而大田小区试验中防治效果分别为 68.5%和 56.7%，且可使白菜单位面积产量分别增加 96.1%和 64.9%。放线菌菌株 A316 和 A10 能抑制根肿病菌休眠孢子萌发，这可能是其防治根肿病的机制之一。梁银等（2013）从土壤中筛选到一株拮抗放线菌株 CT205，经鉴定为白刺链霉菌（*Streptomyces albospinus*），其发酵液对黄瓜枯萎病有一定的防治效果，且对黄瓜生长具有促生作用。白刺链霉菌菌株 CT205 与有机肥复合成的生物有机肥对黄瓜枯萎病的防治效果达 81.9%，表明白刺链霉菌菌株 CT205 在防治土传病害方面具有潜在的应用价值。

根际微生物对作物根系发育及健康生长影响很大，故在植物水分、养分吸收过程中起着非常重要的作用。因此植物能否健康生长与根际微生态系统中微生物区系结构密切相关。接种生防放线菌可通过增加有益微生物数量抑制有害微生物生长，改善土壤微生物区系，调整微生态平衡，形成有利于作物健康生长的根际微生态环境，从而维持或促进植株正常生长（段佳丽等，2015）。接种放线菌菌株 Act12 主要增加丹参根区、根表土壤及根系中硝基愈疮木胶节杆菌（*Arthrobacter nitroguajacolicus*，YB1）、放射型根瘤菌（*Rhizobium radiobacter*，YB2）和弗雷德里克斯堡假单胞菌（*Pseudomonas frederiksbergensis*，YB3）等优势细菌，同时还增加了淀粉酶产色链霉菌（*S. diastatochromogenes*，YA2）、砖红链霉菌（*S. lateritius*，YA3）和卡伍尔链霉菌（*S. cavourensis*，YA6）等优势放线菌，表明，接种 Act12 菌株能促进丹参根际有益微生物的生长（段佳丽等，2015）。接种放线菌剂 Act12 可以抑制有害微生物——耐寒短杆菌（*Brevibacterium frigoritolerans*，YB5）的生长，有效减少丹参根系病害发生的风险（段佳丽等，2015）。

何斐等（2015）以生防放线菌——娄彻氏链霉菌（*Streptomyces rochei*）和濑里予链霉菌（*S. senoensis*）为接种剂，研究接种生防放线菌剂对魔芋根际微生物区系的影响。结果表明：生防放线菌菌剂对魔芋根域微生物区系有显著调节效应，增加了土壤中有益放线菌数量，魔芋根际有害真菌——腐皮镰刀菌（*Fusarium solani*）和红球丛赤壳菌（*Nectria haematococca*）数量较未接种对照大幅度降低，使魔芋根域微生物类群由"真菌型"向"放线菌型"转变。因此，生防放线菌剂的接入可减少有害真菌的数量和比例，促使微生态系统向健康水平提高的方向发展，进而降低魔芋细菌性软腐病、真菌性白绢病及枯萎病等病害发生率。

9.2.4 自毒物质降解菌

自然条件下，酚酸类物质进入土壤以后，在土壤吸附作用下会形成 3 种形态，即完全束缚态、可逆束缚态和自由态，其中可逆束缚态和自由态在土壤中才是真正具有化感活性的化感物质，因为酚酸类物质在较低浓度时并不能产生化感活性，必须积累到一定浓度水平才能对目标植物产生毒性（谢星光等，2014）。相比增施有机肥、嫁接等措施，向土壤中添加有益微生物降解作物根系自毒物质，能更加彻底有效地防治由该类物质导致的连作障碍（李敏等，2019）。

几十年来，研究者已分离到多种能降解酚酸类物质的微生物，这些微生物主要包括：①外界环境微生物，如假单胞菌属（*Pseudomonas*）、醋酸钙不动杆菌（*Acinetobacter calcoaceticus*）、红球菌属（*Rhodococcus*）、根瘤菌属（*Rhizobia*）、节杆菌属（*Arthrobacter*）、芽孢杆菌属（*Bacillus*）、洋葱伯克霍尔德氏菌（*Burkholderia cepaciaps*）、原毛平革菌属（*Phanerochaete*）、头孢霉属（*Cephalosporium*）、青霉菌属（*Penicillium*）、链霉菌属（*Streptomyces*）、假丝酵母菌属（*Candida*）等；②内生菌类，拟茎点霉属（*Phomopsis*）、支顶孢属（*Acremonium*）、镰刀菌属（*Fusarium*）等（谢星光等，2014）。就降解转化效率而言，已筛选获得的菌株在实验室摇瓶降解条件下，对酚酸类化合物均表现出较高的降解效能。例如，培养 48 h 后，拟茎点霉对 250 mg/L 肉桂酸的降解率达 100%，同时菌体的生物量显著增大。葡萄球菌属细菌在液体培养基内经 72 h 培养后，对 100 mg/L 阿魏酸的降解率可达 99.9%，微小杆菌培养 96 h 后对肉桂酸的降解率可达 99.0%以上（李敏等，2019）。李华玮等（2011）在探讨连作障碍中酚酸类物质的生物降解时发现，黄孢原毛平革菌分泌的胞外酶系对香草酸、阿魏酸和对羟基苯甲酸有显著的降解功能，黄孢原毛平革菌与 3 种酚酸培养 3 d 后，这 3 种酚酸的平均降解率分别为 98.4%、97.9%和 58.2%。

9.3　菌根真菌缓解作物连作障碍

9.3.1　菌根真菌缓解作物连作障碍的效果

土传病害是引发连作障碍的关键因素，严重制约着我国集约化农业（特别是种植业）的可持续发展。在土壤生态系统中，有些微生物在抑制土传病原物、促进作物健康生长方面扮演着重要角色，如丛枝菌根（arbuscular mycorrhiza，AM）真菌正是这样的生防菌。植物与丛枝菌根真菌间的共生发生于数亿年前，80%以上的陆地植物均存在与菌根真菌的共生，从而增强植物对非生物胁迫的抗逆性，而且在防控土传病害方面也有显著的作用效果（毕国志和周俭民，2017；侯劭炜等，2018）。

李应德等（2018）研究了接种 AM 真菌摩西管柄囊霉（*Funneliformis mosseae*）对紫花苜蓿根腐病烟色织孢霉（*Microdochium tabacinum*）的影响。结果表明，AM 真菌处理显著降低了烟色织孢霉引起的植株发病率，相比无 AM 真菌接种处理，AM 真菌处理下的植株发病率降低 20.8%。董艳等（2016）研究了接种尖孢镰刀菌蚕豆专化型和丛枝菌根 AM 真菌对灭菌连作土壤中蚕豆枯萎病发生的影响。结果表明：接种摩西管柄囊霉、扭形球囊霉（*Glomus tortuosum*）、根内球囊霉（*G. intraradices*）和幼套球囊霉（*G. etunicatum*）使蚕豆枯萎病病情指数分别显著降低 94.0%、60.0%、64.0%和 94.0%，使蚕豆根际镰刀菌数量分别显著降低 98.6%、74.3%、77.8%和 90.4%，以摩西管柄囊霉和幼套球囊霉对蚕豆枯萎病的抑制效应最好。辣椒疫病是辣椒生产上的一种严重病害，是由辣椒疫霉菌（*Phytophthora capsici*）引起的土传病害，接种 AM 真菌的多数菌能够抑制辣椒疫霉病的发生，对疫霉病的相对防治效果为 37.0%~75.0%（张淑彬等，2015）。接种 AM 真菌能促进茄子的生长，明显降低茄子黄萎病的发病率和发病指数（周宝利等，2015）。地表球囊霉（*Glomus versiforme*）对尖孢镰刀菌引起的西瓜枯萎病有较好的抑制作用，在西瓜苗床播种时接种地表球囊霉可以降低根内镰刀菌繁殖体的数量，平均比未接种对照减少约59.7%（李敏，2005）。AM 真菌对星油藤（*Plukenetia volubilis*）根系侵染率达 90.0%，星油藤长势良好，侵染率低于 13.0% 时，星油藤长势衰弱；而 AM 真菌孢子密度达到 6.0 时，星油藤可以健康生长，当孢子密度低于 2.0 时，星油藤根腐病发病率高，且发病严重。AM真菌可以增强星油藤的抗根腐病能力，并且能显著降低星油藤根腐病的发病率（唐燕等，2018）。在连作蚕豆根际接种扭形球囊霉和幼套球囊霉可不同程度地提高根际细菌的碳源利用能力及多样性指数，同时降低蚕豆枯萎病的病情指数（董艳等，2016）。

9.3.2　菌根真菌缓解作物连作障碍的机制

AM 真菌提高寄主抗病性是一个复杂的综合过程，既可能是局部作用，也可能产生系统性作用。AM 真菌与病原菌的互作机制是复杂的、多种机制协同作用的结果，主要包括：降低病原菌繁殖体数量，且 AM 真菌与病原菌存在竞争关系，可以减少病原菌侵染位点，显著降低死株率、发病率和病情指数，降低病害危害程度；促进植物细胞皮层加厚，并构建菌丝网络，形成对根部入侵病原真菌的机械屏障，AM 真菌的泡囊和丛枝结构也能阻止病原菌菌丝穿过，增加病原真菌侵入根系的难度，降低病原真菌对根系的侵染率；增强寄主植物 SOD、POD、PAL 等多种酶活性，合成抗细菌和抗真菌的次生代谢产物（主要包括植保素、酶类、酚类化合物和氨基酸类化合物等），保护植物不受病原菌侵染；促进植物对养分元素的吸收与利用，减少病原菌入侵对植物体造成的伤害，增强植物抗性效应（张伟珍等，2018）。综合来看，AM 真菌对土传病害的防控作用源自其对植物根系的侵染，进而对寄主植物形成一个"根系-根际-植株三级防御"体系（图 9.4）：首先在根系通过竞争生态位和构建机械防御屏障直接抑制病原物对寄主的侵染，

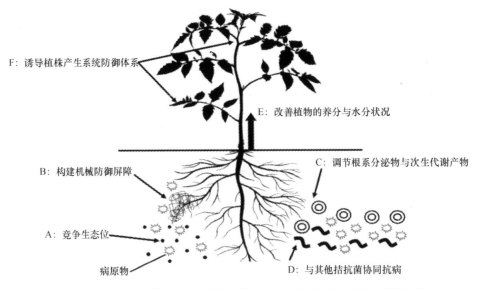

图 9.4　AM 真菌对土传病害的"根系-根际-植株三级防御"体系示意图（侯劭炜等，2018）

其次在根际通过调节根系分泌物与次生代谢产物及与其他拮抗菌产生协同作用来抑制病原物生长,此外还通过改善寄主的养分与水分状况和诱导植株产生系统防御体系来弥补或减轻病原物侵染对作物造成的危害。因此,AM 真菌在防控土传病害、缓解连作障碍方面表现出巨大的潜力(侯劭炜等,2018)。

9.3.2.1 AM 真菌改善土壤理化性状

AM 真菌菌丝发育后能够改变连作土壤理化性状,提高寄主植物根细胞膜的通透性,进一步使根际微生态环境发生变化。研究表明,菌根发育能有效改善土壤透气性,增加土壤有机质含量,并且其菌丝贯穿于土壤颗粒间极小的孔隙,其分泌物球囊素、有机酸等可作为土壤颗粒间黏着的吸附剂,促进土壤团粒结构的形成,改善土壤的 pH,增强土壤中脲酶、蔗糖酶、过氧化氢酶等酶活性,从而减缓作物连作危害(李亮和蔡柏岩,2016)。

9.3.2.2 AM 真菌与土传病原物竞争生态位

引起土传病害的最根本原因是土壤微生物区系失调、病原物激增。AM 真菌可与病原物竞争生态位,通过抑制病原物繁殖达到防控土传病害的目的。生态位竞争主要包括侵染位点和营养能源两个方面:从侵染位点来看,AM 真菌侵染寄主根系形成菌根后,其菌丝会迅速占据相应的生态位点,从而减少病原物的侵染位点并降低其数量(侯劭炜等,2018)。例如,在番茄根际接种摩西管柄囊霉,引起根腐病的寄生疫霉(*Phytophthora parasitica*)在菌根化根系中的入侵位点数明显少于对照。研究发现,丛枝结构的发育状况和植物抗病性呈正相关关系,根内根生囊霉(*Rhizophagus irregularis*)侵染后丛枝着生数量与病情指数呈负相关(侯劭炜等,2018)。摩西管柄囊霉(*Funneliformis mosseae*)和地表球囊霉(*Glomus versiforme*)的菌丝可以缠绕、阻挡和拮抗抑制尖孢镰刀菌黄瓜专化型病菌(*Fusarium oxysporum* f. sp. *cucumerinum*,FOC)菌丝生长,阻止 FOC 的侵入和扩展;同时 AM 真菌对空间和营养的竞争作用强,导致 FOC 生长发育受阻、菌丝细弱、生长不良(刘东岳等,2017)。从营养能源来看,AM 真菌和病原物的生长都依赖寄主植物提供能量与营养,故存在直接竞争关系。当来自寄主根系的光合产物首先被 AM 真菌利用时,病原物获取的机会无疑会减少,从而限制病原物的生长和繁殖。此外,病原菌及其代谢产物也会抑制 AM 真菌的生长发育及菌根共生体的形成。与之相反,AM 真菌还会通过产生拮抗类或营养螯合类物质抑制病原物生长,这是两者之间具体的竞争策略和竞争手段(侯劭炜等,2018)。

9.3.2.3 AM 真菌在根系构建机械防御屏障

AM 真菌侵染植物根系形成菌根后,根内与根外蔓延交错的菌丝网建立起一套天然的机械防御屏障,增加病原物侵染植物根系的难度。菌根化后根尖表皮加厚,细胞层数增加,随着表皮细胞壁物质不断积累,其木质化、硅质化程度不断提高(侯劭炜等,2018)。而且在病原物侵染时,AM 真菌会诱导寄主植物根系中富含脯氨酸的糖蛋白立即启动快速防御反应,使细胞壁厚度加大,增加病原真菌侵入根系的难度,降低病原真菌对根系的侵染率(李亮和蔡柏岩,2016)。例如,向番茄幼苗单独接种寄生疫霉,根尖分裂组织细胞的分裂活性降低,根尖直径变小,具分裂活性的细胞及细胞核降解或坏死;而同时接种摩西管柄囊霉,根尖分裂组织细胞仍然具有分生能力,根尖变长,直径增大,根皮层相应变厚,对病原菌入侵形成机械屏障,能保护植物根系正常生长(侯劭炜等,2018)。

9.3.2.4 AM真菌调节根系分泌物与次生代谢产物

植物根系因化感作用所分泌的自毒物质会抑制植株防御酶活性,且可为土传病原物增殖提供所需的营养能源,如番茄、黄瓜、豌豆等根系分泌的苯甲酸、肉桂酸、水杨酸等酚酸类自毒物质会促进病原物侵染作物(侯劭炜等,2018)。研究发现,AM真菌侵染能减少宿主根系分泌的自毒物质,如接种AM真菌后可减少对植物自身有毒性的物质如独脚金内酯、肉桂酸和苯甲酸等的含量(杨超和蔡柏岩,2018)。究其原因,根系本可直接分泌自毒物质到土壤中,但菌根形成后会对分泌物进行过滤,其中一部分会被真菌作为营养利用和代谢,所以送达土壤的分泌物会发生很大变化(侯劭炜等,2018)。同时,菌根化植物的根系分泌物及渗出物(如氨基酸、有机酸等)数量与质量也会发生变化,从而进一步改变根际微生物区系(侯劭炜等,2018)。此外,AM真菌侵染寄主植物后会调节植物根系分泌物,根内菌丝和根外菌丝表面能够产生酚类化合物、生物碱、植保素等次生代谢产物,并且这些次生代谢生物能够抵御病害(李亮和蔡柏岩,2016)。研究发现,AM真菌既能提高不同连作年限西瓜根内总酚含量,增强西瓜根系抗病性;也能诱导西瓜根系产生植保素,显著降低根内和根际土壤中尖孢镰刀菌数量及西瓜枯萎病发病率与病情指数;还能促进棉花根系产生大量酚类化合物,提高棉花抵御大丽轮枝菌(*Verticillium dahliae*)的能力(侯劭炜等,2018)。AM真菌的侵染很可能诱导水杨酸(salicylic acid,SA)含量增加,作为信号分子,SA能够长距离运输,进一步系统诱导与酚类物质合成相关酶的基因表达,增加酚类物质含量,从而对病原微生物侵染产生抗性(张瑞芹等,2010)。

9.3.2.5 AM真菌与其他拮抗菌协同抗病

AM真菌可与土壤其他有益微生物发生协同作用,增强对土传病原物有拮抗作用的微生物活性,使部分有益微生物数量增加,这些微生物也会减少病原物数量,增强植株的抵御能力。例如,AM真菌与菌根围其他拮抗菌木霉属(*Trichoderma*)、粘帚霉属(*Gliocladium*)、链霉菌属(*Streptomyces*)这些有益促生菌形成协同作用,有利于降低植物土传病害的危害,明显减轻连作障碍(李亮和蔡柏岩,2016)。AM真菌和PGPR对黄瓜枯萎病有一定的防效,育苗时提前接种AM真菌和PGPR可促进黄瓜生长发育、提高黄瓜抗病能力(刘东岳等,2017)。于番茄播种时接种AM真菌(摩西球囊霉)并在移栽时接种芽孢杆菌和南方根结线虫(*Meloidogyne incognita*)处理的番茄植株根结线虫病发病率和病情指数最低、防效最高(焦惠等,2010)。

PGPR不仅能诱导植物产生抗病性,而且能促进AM真菌生长发育和侵染定植,与AM真菌协同抑制病原物以减轻植物病害(刘东岳等,2017)。PGPR与AM真菌在与病原物竞争光合产物与生态位、拮抗病原物、诱导植物产生系统抗性等方面能协同发挥作用，通过增加菌根围有益微生物 PGPR 的种类和数量，可增强生防效果（戴梅等，2008）。AM 真菌和 PGPR 共同侵染定植生姜根围过程中，不同 AM 真菌与不同的 PGPR 菌株存在一定的相互选择性，即有的 AM 真菌能促进或抑制某一 PGPR 菌株的定植；同理，有的 PGPR 菌株能促进或抑制一定种类的 AM 真菌的侵染定植。双方定植过程中 AM 真菌往往起到转移和媒介的作用，从而促进 PGPR 的扩展和定植；PGPR 也可以通过分泌生长激素类物质为 AM 真菌在根部的侵染创造有利条件，或者它们可通过各自对植物生长的促进作用来间接提高对方在植物根围的定植或侵染能力（刘贵猛等，2017）。PGPR 与 AM 真菌双接种，两者间可通过协同抑制病原物或提高植物抗病性来共同发挥对土传病害的生防功能（侯劭炜等，2018）。AM 真菌能够与 PGPR 相互作用，从而抑制立枯丝核菌（*Rhizoctonia solani*）的生长。

9.3.2.6　AM 真菌改善植物的养分与水分状况

AM 真菌能够通过根外菌丝扩大根系吸收范围，有效提高宿主对环境中养分与水分的吸收利用，同时对不同植物间的水分和养分进行再分配，从而增加寄主生物量，在一定程度上补偿因病原物侵染而造成的生物量损失和根系功能损伤，而健壮的植株也间接提高了抵御病原物侵染的能力。设施番茄连作土壤中施用丛枝菌根真菌后，可促进番茄磷素的吸收（张俊英等，2018）。AM 真菌可以对烟色织孢霉（*Microdochium tabacinum*）产生抑制效应，可能是因为 AM 真菌能够促进植物的生长，无论是根长还是生物量以及 P 元素吸收量均增加，使植株可以更好地抵抗病原菌的侵染（李应德等，2018）。不论是 AM 植物、外生菌根植物还是杜鹃花类菌根植物，在以 NO_3^--N、NH_4^+-N 以及某些氨基酸为唯一氮源的情况下，接种 AM 真菌后植物生长势均明显优于未接种植物，且植株氮含量也高于同期对照中的氮含量，这说明菌根化植物具有吸收无机氮和有机氮的能力（孙秋玲等，2012）。AM 真菌还有助于寄主植物对铁、锌、钴、铜、锰和镍等微量元素的吸收（侯劭炜等，2018）。

9.3.2.7　AM 真菌诱导植物产生系统防御体系

AM 真菌能诱导植物更加迅速地产生防御酶类以抵御病原物入侵，其中过氧化氢酶、过氧化物酶和超氧化物歧化酶等可作为植物抗病性的生理生化指标（侯劭炜等，2018）。当 AM 真菌与植物形成共生体后，植物体内多余的活性氧类物质被 AM 真菌通过丛枝消除。而 AM 真菌可通过侵染及丛枝形成、消解、新丛枝形成这种定植模式来诱导植物合成清除活性氧类物质的多种酶，如苯丙氨酸解氨酶（PAL）、超氧化物歧化酶（SOD）、过氧化物酶（POD）、多酚氧化酶（PPO）及过氧化氢酶（CAT）等（杨超和蔡柏岩，2018）。AM 真菌可诱导连作西瓜根内苯丙氨酸解氨酶、几丁质酶、β-1,3-葡聚糖酶、过氧化物酶等的合成，提高其酶活性，从而提高西瓜抗连作障碍的能力（李亮和蔡柏岩，2016）。AM 真菌可减轻烟色织孢霉导致的紫花苜蓿根腐病的危害，降低植株发病率。AM 真菌的侵染不仅可以提高紫花苜蓿地上、地下生物量，增大植株根长，还可以提高植物防御性酶 SOD、POD 和 CAT 活性，同时降低植株 MDA 含量及枝条萎蔫率（李应德等，2018）。地表球囊霉（*Glomus versiforme*）侵染寄主植物后可使植物提前进行防御警备，进而让番茄更有效地抵抗早疫病侵害，其 SOD、POD 活性以及 PR1、PR2 和 PR3 基因的转录水平都比相应对照植株显著提高（宋圆圆等，2011）。菌根形成可显著降低玉米纹枯病发病率和危害程度，而菌根形成后产生的防御警备反应可增强番茄对早疫病的抗性，迅速激活防御相关基因 *PAL*、*LOX* 和 *AOC* 的表达（宋圆圆等，2018）。在不同番茄根系同时接种摩西管柄囊霉和根内球囊霉（*Glomus intraradices*）能对茉莉酸含量起到调节作用，从而抵御真菌引起的病害（李亮和蔡柏岩，2016）。

参 考 文 献

毕国志, 周俭民. 2017. 厚积薄发: 我国植物-微生物互作研究取得突破[J]. 植物学报, 52(6): 685-688.

毕艳孟, 孙振钧. 2018. 蚯蚓调控土壤微生态缓解连作障碍的作用机制[J]. 生物多样性, 26(10): 1103-1115.

曹佳, 王冲, 皇彦, 等. 2015. 蚯蚓对土壤微生物及生物肥力的影响研究进展[J]. 应用生态学报, 26(5): 1579-1586.

曹志平, 周乐昕, 韩雪梅. 2010. 引入小麦秸秆抑制番茄根结线虫病[J]. 生态学报, 30(3): 765-773.

戴梅, 王洪娴, 殷元元, 等. 2008. 丛枝菌根真菌与根围促生细菌相互作用的效应与机制[J]. 生态学报, 28(6): 2854-2860.

董艳, 董坤, 杨智仙, 等. 2016. AM 真菌控制蚕豆枯萎病发生的根际微生物效应[J]. 应用生态学报, 27(12): 4029-4038.

段佳丽, 薛泉宏, 舒志明, 等. 2015. 放线菌 Act12 与腐植酸钾配施对丹参生长及其根域微生态的影响[J]. 生态学报, 35(6): 1807-1819.

何斐, 张忠良, 崔鸣, 等. 2015. 生防放线菌剂对魔芋根域微生物区系的影响[J]. 应用与环境生物学报, 21(2): 221-227.

侯劭炜, 胡君利, 吴福勇, 等. 2018. 丛枝菌根真菌的抑病功能及其应用[J]. 应用与环境生物学报, 24(5): 941-951.

焦惠, 戴梅, 李岩, 等. 2010. PGPR 接种时期和 AM 真菌对番茄根结线虫病的影响[J]. 青岛农业大学学报(自然科学版), 27(3): 177-181.

康贻军, 沈敏, 王欢莉, 等. 2012. 两株植物根际促生菌对番茄青枯病的生物防治效果评价. 中国生物防治学报, 28(2): 255-261.

贺字典, 闫立英, 石延震, 等. 2017. 产生 ACC 脱氨酶的 PGPR 种衣剂对黄瓜细菌性茎软腐病的防治效果[J]. 中国生物防治学报, 33(6): 817-825.

李华玮, 赵绪永, 李鹏坤. 2011. 作物连作障碍中酚酸类物质的生物降解研究[J]. 中国农学通报, 27(18): 168-173.

李亮, 蔡柏岩. 2016. 丛枝菌根真菌缓解连作障碍的研究进展[J]. 生态学杂志, 35(5): 1372-1377.

李敏. 2005. AM 真菌对西瓜抗枯萎病的效应及其机制[D]. 北京: 中国农业大学博士学位论文.

李敏, 张丽叶, 张艳江, 等. 2019. 酚酸类自毒物质微生物降解转化研究进展[J]. 生态毒理学报, 14(3): 72-78.

李文英, 彭智平, 杨少海, 等. 2012. 植物根际促生菌对香蕉幼苗生长及抗枯萎病效应研究[J]. 园艺学报, 39(2): 234-242.

李应德, 闫智臣, 高萍, 等. 2018. 摩西球囊霉对紫花苜蓿烟色织孢霉根腐病的影响[J]. 中国生物防治学报, 34(4): 598-605.

梁银, 张谷月, 王辰, 等. 2013. 一株拮抗放线菌的鉴定及其对黄瓜枯萎病的生防效应研究[J]. 土壤学报, 50(4): 810-817.

刘丹丹, 李敏, 刘润进. 2016. 我国植物根围促生细菌研究进展[J]. 生态学杂志, 35(3): 815-824.

刘东岳, 李敏, 孙文献, 等. 2017. AMF+PGPR 组合提高黄瓜抗枯萎病的作用机制[J]. 植物病理学报, 47(6): 832-841.

刘贵猛, 谭树朋, 孙文献, 等. 2017. PGPR 和 AMF 对生姜青枯病的影响[J]. 菌物研究, 15(1): 1-7.

刘丽英, 丁文龙, 曹雅杰, 等. 2018b. 苹果连作生防细菌 B6 对平邑甜茶幼苗生物量及连作土壤环境的影响[J]. 应用生态学报, 29(12): 4165-4171.

刘丽英, 刘珂欣, 迟晓丽, 等. 2018a. 枯草芽孢杆菌 SNB-86 菌肥对连作平邑甜茶幼苗生长及土壤环境的影响. 园艺学报, 45(10): 2008-2018.

吕宁, 石磊, 刘海燕, 等. 2019. 生物药剂滴施对棉花黄萎病及根际土壤微生物数量和多样性的影响[J]. 应用生态学报, 30(2): 602-614.

罗兴, 冯海超, 夏丽明, 等. 2019. 根际促生解淀粉芽胞杆菌 SQR9 对香蕉根系分泌物响应的转录组分析[J]. 南京农业大学学报, 42(1): 102-110.

马菁华, 凌宁, 宋阳, 等. 2015. 多黏芽孢杆菌(*Paenibacillus polymyxa*)SQR-21 对西瓜根系分泌蛋白的影响[J]. 南京农业大学学报, 38(5): 816-823.

沈怡斐, 鄂垚瑶, 阳芳, 等. 2017. 西瓜根系分泌物中氨基酸组分对多黏类芽孢杆菌 SQR-21 趋化性及根际定殖的影响[J]. 南京农业大学学报, 40(1): 101-108.

宋富海, 王森, 张先富, 等. 2015. 球毛壳 ND35 菌肥对苹果连作土壤微生物和平邑甜茶幼苗生物量的影响[J]. 园艺学报, 42(2): 205-213.

宋圆圆, 王瑞龙, 魏晓晨, 等. 2011. 地表球囊霉诱发番茄抗早疫病的机理[J]. 应用生态学报, 22(9): 2316-2324.

宋圆圆, 夏明, 林熠斌, 等. 2018. 丛枝菌根真菌摩西管柄囊霉侵染增强番茄对机械损伤的响应[J]. 应用生态学报, 29(11): 3811-3818.

孙秋玲, 戴思兰, 张春英, 等. 2012. 菌根真菌促进植物吸收利用氮素机制的研究进展[J]. 生态学杂志, 31(5): 1302-1310.

谭周进, 肖罗, 谢丙炎, 等. 2004. 假单胞菌的微生态调节作用[J]. 核农学报, 18(1): 72-76.

唐燕, 葛立傲, 普晓兰, 等. 2018. 丛枝菌根真菌(AMF)对星油藤根腐病的抗性研究[J]. 西南林业大学学报, 38(6): 127-133.

王宏伟, 王兴祥, 吕立新, 等. 2012. 施加内生真菌对花生连作土壤微生物和酶活性的影响[J]. 应用生态学报, 23(10): 2693-2700.

王靖, 黄云, 姚佳, 等. 2011. 两株根肿病生防放线菌的鉴定及其防病效果[J]. 中国农业科学, 44(13): 2692-2700.

王笑, 王帅, 滕明姣, 等. 2017. 两种代表性蚯蚓对设施菜地土壤微生物群落结构及理化性质的影响[J]. 生态学报, 37(15): 5146-5156.

肖逸, 戴传超, 王兴祥, 等. 2012. 内生真菌角担子菌 B6 对连作西瓜土壤尖孢镰刀菌的影响[J]. 生态学报, 32(15): 4784-4792.

谢星光, 陈晏, 卜元卿, 等. 2014. 酚酸类物质的化感作用研究进展[J]. 生态学报, 34(22): 6417-6428.

谢星光, 戴传超, 苏春沧, 等. 2015. 内生真菌对花生残茬腐解及土壤酚酸含量的影响[J]. 生态学报, 35(11): 3536-3845.

徐少卓, 王晓芳, 陈学森, 等. 2018. 高锰酸钾消毒后增施木霉菌肥对连作土壤微生物环境及再植平邑甜茶幼苗生长的影响[J]. 植物营养与肥料学报, 24(5): 1285-1293.

杨超, 蔡柏岩. 2018. AM 真菌对连作作物根系代谢产物影响的研究进展[J]. 中国农学通报, 34(14): 35-39.

张俊英, 许永利, 刘小艳, 等. 2018. 丛枝菌根真菌对大棚番茄连作土壤的改良效果[J]. 北方园艺, (3): 119-124.

张亮, 盛浩, 袁红, 等. 2018. 根际促生菌防控土传病害的机理与应用进展[J]. 土壤通报, 49(1): 220-225.

张瑞芹, 赵海泉, 朱红惠, 等. 2010. 丛枝菌根真菌诱导植物产生酚类物质的研究进展[J]. 微生物学通报, 37(8): 1216-1221.

张淑彬, 刘建斌, 王幼珊. 2015. 丛枝菌根真菌对辣椒疫霉病害防治的初步研究[J]. 北方园艺, (5): 125-128.

张伟珍, 古丽君, 段廷玉. 2018. AM 真菌提高植物抗逆性的机制[J]. 草业科学, 35(3): 491-507.

张卫信, 陈迪马, 赵灿灿. 2007. 蚯蚓在生态系统中的作用[J]. 生物多样性, 15(2): 142-153.

张杨, 王甜甜, 孙玉涵, 等. 2017. 西瓜根际促生菌筛选及生物育苗基质研制[J]. 土壤学报, 54(3): 703-712.

周宝利, 郑继东, 毕晓华, 等. 2015. 丛枝菌根真菌对茄子黄萎病的防治效果和茄子植株生长的影响[J]. 生态学杂志, 34(4): 1026-1030.

周晓鸿, 周晓鸿, 田芳, 等. 2012. 植物与有益微生物互作的分子基础及其应用的研究进展[J]. 中国农业科学, 45(14): 2801-2814.

朱伟杰, 王楠, 郁雪平, 等. 2010. 生防菌 *Pseudomonas fluorescens* 2P24 对甜瓜根围土壤微生物的影响[J]. 中国农业科学, 43(7): 1389-1396.

朱晓艳, 沈重阳, 陈国炜, 等. 2019. 土壤细菌趋化性研究进展[J]. 土壤学报, 56(2): 259-275.

邹佳迅, 范晓旭, 宋福强. 2017. 木霉菌(*Trichoderma* spp.)对植物土传病害生防机制的研究进展[J]. 大豆科学, 36(6): 970-977.

第 10 章　有机物添加缓解作物连作障碍

10.1　生物炭添加缓解作物连作障碍

自 20 世纪末"生物炭"概念出现至今，相关研究已受到广泛关注并迅速升温。特别是近年来，在气候变化、环境污染、能源短缺、粮食危机和农业可持续发展等宏观背景下，生物炭的潜在应用价值和应用空间被进一步拓展，相关领域的理论研究与技术开发正在朝着理论更深入、技术更完善、目标多元化的方向发展（陈温福等，2013）。

10.1.1　生物炭的概念及其理化性质

生物炭（biochar）是农林废弃物等生物质在缺氧条件下热裂解形成的稳定富碳产物，最早用来描述一种由高粱制备的、用于有害气体吸附的活性炭。近年来，随着粮食安全、环境安全和固碳减排需求不断发展，生物炭的内涵逐渐与土壤管理、农业可持续发展和碳封存等相联系（陈温福等，2013）。生物炭多为颗粒细、质地较轻的黑色蓬松状固态物质，主要组成元素为碳、氢、氧、氮等，含碳量多在 70% 以上。生物炭可溶性极低，具有高度羧酸酯化和芳香化结构，以及脂肪族链状结构。羧基、酚羟基、羟基、脂族双键以及芳香化等典型结构特征，使生物炭具备了极强的吸附能力和抗氧化能力。在制炭过程中，原生物质的细微孔隙结构（图 10.1）被完好地保留在生物炭中，使其具有较大的比表面积。含碳率高、孔隙结构丰富、比表面积大、理化性质稳定是生物炭固有的特点，也是生物炭能够还田改土、提高农作物产量、实现碳封存的重要结构基础（陈温福

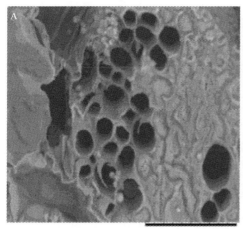

TM-1000_4006　　2011-03-21　　×1.5k　50 μm　　TM-1000_4124　　2011-05-19　　L ×600　100 μm

图 10.1　水稻秸秆炭化前和炭化后微观表面扫描（陈温福等，2013）

A. 炭化前；B. 炭化后

等，2013）。生物炭原料来源广泛，农业废弃物如鸡粪、猪粪、木屑、秸秆以及工业有机废弃物、城市污泥等都可作为其原料（袁帅等，2016）。

生物炭作为近几年新兴的集肥料、吸附剂和改良剂于一体的新型材料在土传病害防控上的报道逐渐增多，初步显示出巨大潜力和发展前景。研究表明，用城市生活垃圾制备的生物炭施入土壤能减少青枯雷尔氏菌（*Ralstonia solanacearum*）引起的番茄青枯病（马艳和王光飞，2014）。绿肥、壳质粗粉、秸秆稻壳等植物残体、堆肥、粪肥和生物炭等土壤添加剂有利于提高土壤养分，降低土壤中有害物质含量，改善土壤微生物区系及团粒结构，提高土壤质量，增强土壤生态系统稳定性，降低连作土壤中农作物病害的发生，从而缓解连作障碍（王艳芳等，2017；王玫等，2018）。

10.1.2 生物炭缓解作物连作障碍的效果

兰州百合多年连续种植，土传病害严重，产量和品质下降。施用生物炭有利于缓解连作障碍，降低兰州百合病害的发生，提高兰州百合产量和品质（周丽靖等，2019）。1%的桉木生物炭和 0.5%的温室废弃物生物炭能显著抑制黄瓜土壤中的立枯丝核菌（*Rhizoctonia solani*），促进黄瓜的生长发育，在芦笋连作土壤中添加生物炭后，丛枝菌根大量繁殖，而由尖孢镰刀菌（*Fusarium oxysporum*）引起的芦笋根腐病和冠腐病大大减少（王艳芳等，2017）。李成江等（2019）采用田间试验研究了稻壳炭、木屑炭对烤烟根茎病害发生的影响。结果表明：与对照相比，木屑炭处理的青枯病发病率和病情指数分别降低 24.3%和 33.3%，黑胫病的发病率和病情指数分别降低 23.9%和 14.9%；稻壳炭处理的青枯病发病率和病情指数分别降低 18.1%和 23.9%，黑胫病的发病率和病情指数分别降低 15.9%和 6.0%。麦田土壤中增施生态炭肥能有效降低小麦根腐病的发病率和病情指数，相对防治效果可达 77.0%以上（刘欢欢等，2015）。在辣椒连作土壤中施用适量生物炭在一定程度上可以促进辣椒生长发育和产量的提高，调控土壤养分状况，减轻土传病害的发生率，改善辣椒根际土壤环境（张福建等，2019）。随着黄瓜连作年限的增加，土壤尖孢镰刀菌数量急剧增加，生物炭施入后显著降低了尖孢镰刀菌数量（王彩云等，2019）。

无论是单施生物炭或生石灰还是组合施用生物炭和生石灰均能显著降低辣椒疫病的发生率，但单施生物炭对辣椒疫病的防控效果低于单施生石灰，而组合施用生物炭和生石灰处理则表现为随着施用量的增加，对辣椒疫病的抑制效果越好（张福建等，2019）。

10.1.3 生物炭缓解作物连作障碍的机制

生物炭主要通过以下机制影响土壤和植物根部环境进而缓解作物连作障碍：①改善土壤理化性状，有利于植物生长而不利于病原菌生长；②提高土壤中可利用养分含量，促进植物生长并提高抗病性；③通过竞争、重寄生、分泌抗生素等途径抑制病原菌生长；④对病原菌的直接抑制作用；⑤诱导植物抗病性（马艳和王光飞，2014）。

10.1.3.1　改良土壤物理性状

生物炭固有的结构特征与理化特性，使其施入土壤后对土壤容重、含水量、孔隙度、阳离子交换量、养分含量等产生一定影响，从而直接或间接地影响土壤微生态环境（陈温福等，2013）。一般来说，拥有较高有机质含量的低容重土壤更有利于土壤营养的释放、保留（化肥的存储）并降低土壤板结程度，有利于种子的萌发并节约种植成本（武玉等，2014）。已有研究结果表明，生物炭施入土壤后，可使土壤容重降低 9.0%，总孔隙率由 45.7% 提高到 50.6%。这种多微孔结构也使其对土壤的持水能力产生影响，如提高土壤含水量及降水的渗入量等，尤其是提高土壤中可供作物利用的有效水分含量，对作物生长产生积极影响。生物炭施入后连作 6 年和 10 年的黄瓜土壤容重均显著降低，土壤含水量明显增加，改善了土壤物理性状（王彩云等，2019）。生物炭的吸湿能力比其他土壤有机质高 1～2 个数量级，富含生物炭的土壤比无生物炭的土壤田间持水量高 18%。一般认为，生物炭对土壤物理结构、土壤紧实度等性状的改良以及对土壤水分的影响与生物炭本身所具有的多孔结构和吸附能力有关（陈温福等，2013）。

随着生物炭施用量的增加，土壤容重不断降低，土壤孔隙度、饱和导水率和田间持水量均呈增加的趋势，这可能是因为生物炭本身密度较低，且具有巨大的比表面积及疏松多孔的结构，能够保持水分和空气含量（韩召强等，2018）。土壤团粒结构是土壤肥力的物质基础，是作物优质高产所必需的土壤条件之一，土壤团聚体作为土壤团粒结构的基本单元，其组成及稳定性是反映土壤结构状况的重要指标（李江舟等，2016）。生物炭的施用可以显著减少土壤中微团聚体（<0.25 mm）含量，同时增加 0.25～0.5 mm 和 0.5～1 mm 粒径的团聚体含量，其原因在于生物炭本身含有的有机大分子等结构具有胶结和团聚作用，能促进微团聚体（<0.25 mm）向 0.25～0.5 mm 和 0.5～1 mm 粒径的团聚体转化，从而使 0.25～1 mm 粒径的团聚体含量随生物炭施用量的提高而不断增加。另外，生物炭施入土壤后更好地协调了土壤水、肥、气、热等条件，为微生物的生长与繁殖提供了优良的生活环境，进而提高了土壤微生物量和微生物活性，促进微生物产生更多的分泌物，促进土壤颗粒的相互团聚，增加了团聚体的稳定性。因此，生物炭的施用可以显著改善黄瓜连作土壤的物理性状（韩召强等，2018）。经生物炭改良后的土壤物理性状对土壤微生物和植物生长产生了积极的影响，进而影响土壤病原菌的生长繁殖以及对植物的侵染能力（马艳和王光飞，2014）。

10.1.3.2　改良土壤化学性状

生物炭不仅对土壤物理性质产生积极作用，也间接地对土壤化学性质产生重要影响。生物炭施入增加了土壤有机质、速效磷和速效钾含量，这可能与生物炭施入提高了连作土壤阳离子交换容量（cation exchange capacity，CEC），同时有机质一般具有较高的 CEC，而高 CEC 可提高土壤营养元素交换能力有关（王彩云等，2019）。农作物秸秆经过热解炭化制备的生物炭是一种优良的酸性土壤改良剂，由于生物炭本身含有 Ca^{2+}、K^+、Mg^{2+} 等盐基离子，进入土壤以后会有一定程度的释放，交换土壤中的 H^+ 和 Al^{3+}，从而降低其浓度，提高盐基饱和度并调节土壤 pH（陈温福等，2013）。因此，生物炭不仅可以在短期内中和土壤酸度,提高土壤 pH,而且可显著提高土壤的酸缓冲容量和抗酸化能力,对酸化土壤的治理及化学肥料持续施用导致的土壤再酸化的阻控均有很好的效果(徐仁扣等,2018)。由于设施栽培下长期施肥后土壤缺少雨水淋溶作用等,土壤中硝酸根含量逐渐积累升高,使土壤 pH 下降,导致土壤酸化,而土壤酸化对作物根系活力、植株生长发育及土壤微生物活性均会产生严重影响。随生物炭施用量增加土壤 pH 逐步升高,这可能在一定程度上减缓辣椒疫病的发生(王光飞等,2017)。生物炭可通过提高土壤 pH 抑制尖孢镰刀菌活性并促进根部有益微生物的生长,进而降低芦笋发病率。土壤 pH 增加也会减少病原菌对 Fe 的吸收利用,进而影响病原菌的正常生长。另外,生物炭通过提高酸性土壤 pH 进而提高土壤养分利用率,并增强菌根的生物功能,促进根对养分的吸收进而促进植物生长并提高植物抗病性(马艳和王光飞,2014)。

同时,生物炭本身含有丰富的官能团,施入土壤后土壤电荷总量增加,CEC 提高了20%,最高可比无生物炭土壤增加 1.9 倍,且随施炭量的增加而提高(陈温福等,2013)。虽然生物炭本身可供作物直接吸收的养分含量很少,但在土壤中各种生物或非生物因素的交互作用下,也会缓慢释放一些营养元素,补充土壤养分来源,供植物吸收利用。周丽靖等(2019)将竹炭和稻壳炭加入兰州百合连作土壤中,测定了土壤生物化学性质。结果表明:生物炭添加提高了百合连作土壤的有机质、碱解氮、有效磷和有效钾的含量。生物炭的多孔结构、较大的比表面积和电荷密度使其对土壤水分和营养元素的吸持能力增强,从而间接提高了土壤有效养分的含量和生产性能(陈温福等,2013)。添加生物炭丰富了土壤速效磷、速效钾等养分含量,其中水稻秸秆炭对土壤速效钾含量的促进作用较大,而玉米秸秆炭则主要增加速效磷含量(李明等,2015)。土壤中许多微生物(包括细菌、真菌和放线菌)具有将植物难以利用的磷转化为可利用磷的能力,添加生物炭可以为这些微生物提供能源物质,促进微生物对无机固定态磷的溶解作用,以及促进对有机磷的矿化作用和微生物对磷的固持作用,进而提高可利用态磷的含量,促进土壤有效磷含量增加(刘玉学等,2016)。随着秸秆生物炭用量的增加,土壤速效磷和速效钾含量迅速增加。磷可以促进植株体内糖和蛋白质的正常代谢,刺激植物根系生长,促进根吸收,有效缓解根部病害。钾可通过参与植株的酚、碳、氮及活性氧代谢调控植株的抗病性能,进而提高辣椒对疫病的抗病能力(王光飞等,2017)。相关分析显示,辣椒疫病发病率与土壤电导率(electrical conductivity,EC)、有机质、速效磷、速效钾含量呈极显著负相关关系,因此生物炭对土壤化学性状的改善作用与其防控效果密切相关(王光飞等,2017)。

10.1.3.3 改善土壤微生物性状和土壤酶活性

作物连作后土壤微生物区系发生明显变化,主要表现为土壤微生物种群结构、数量及比例失调,土传病害加重,某些病原菌微生物数量急剧增加,有益微生物大大减少,打破了原有的根际微生态平衡(王艳芳等,2017)。生物炭作为新型的土壤改良剂,能改善土壤微环境,调控土壤微生物群落组成和多样性,提高土壤中有益微生物的数量,进而对作物产量和病害发生产生影响(顾美英等,2014)。

生物炭的强吸附性提高了土壤保水性和土壤养分固定能力，减少养分流失和干燥环境对土壤微生物的不利影响，使得含生物炭土壤更适于土壤微生物的生长繁殖，可直接影响病原菌的生长繁殖或者通过影响其他微生物而间接影响病原微生物生长（马艳和王光飞，2014）。生物炭均匀、密布的孔隙在土壤中得以保留并形成了大量微孔，为微生物的栖息与繁殖提供了良好的"庇护所"，使它们免受侵袭和失水干燥等不利影响，同时也减少了微生物之间的生存竞争。生物炭在微小的孔隙内吸附与储存不同种类和组分的物质，为微生物群落提供了充足的养分来源（陈温福等，2013）。生物炭对连作障碍的缓解作用与其对土壤微生物性状的改善有较大相关性，主要表现在：①提高土壤或植物根际的微生物数量和微生物活性；②促进菌根真菌在植物根部的侵染与增殖；③促进有益微生物的生长；④改善微生物群落结构（马艳和王光飞，2014）。

　　土壤养分含量随生物炭的增加而增加，土壤养分的变化可能会影响由于资源竞争引起的微生物群落结构变化（周丽靖等，2019）。生物炭对土壤微生物的影响首先表现在增加土壤微生物数量和微生物活性。施用生物炭肥能提高辣椒根际土壤脲酶、磷酸酶、蔗糖酶和过氧化氢酶活性，显著增加根际土壤中细菌和放线菌数量，减少真菌数量（李嫚等，2019）。小麦秸秆炭处理提高了植烟土壤放线菌门的丰度，显著降低了真菌的物种丰富度和多样性（邵慧芸等，2019）。黄瓜营养基质连作 11 茬后，细菌和放线菌数量均显著低于种植 1 茬的土壤，真菌数量显著高于种植 1 茬的土壤。添加生物炭后，由于生物炭可有效吸附土壤中的 H^+，提高土壤 pH，可以在一定程度上缓解连作土壤酸化作用，使细菌和放线菌数量显著增加，恢复到种植 1 茬的水平（邹春娇等，2015）。黄瓜连作土壤施入生物炭后，显著提高了连作土壤细菌数量，降低了真菌数量，同时显著提高了细菌/真菌值，抑制了连作土壤由细菌型向真菌型转变，保持了土壤微生物生态平衡（王彩云等，2019）。添加水稻和玉米秸秆炭均增加了革兰氏阴性菌、革兰氏阳性菌、放线菌和真菌的生物量，其中以水稻秸秆炭的影响更为明显（李明等，2015）。由于新疆棉花连作障碍问题导致土壤微生物多样性下降，枯萎病、黄萎病等土传病害发病严重，影响了棉花产业的健康发展。施用生物炭对新疆连作棉田土壤细菌和真菌数量均有提升作用，增加了土壤中固氮菌和纤维素分解菌的数量（顾美英等，2014）。随着生物炭用量的增加，土壤微生物活性呈先上升后下降的趋势，高用量下微生物活性降低可能与生物炭含有的毒性物质密切相关，微生物活性与土壤抑病性呈正比，因此适当增加用量能提高土壤抑病性（王光飞等，2017）。麦田施入生态炭肥后能显著提升土壤有机质含量，明显增加土壤细菌数量，有效活化土壤蔗糖酶、淀粉酶及纤维素酶活性，有效修复土壤健康，为降低病害发生及减少产量损失提供了保障（刘欢欢等，2015）。施用生物炭可以显著提高土壤细菌生物量，显著提高土壤微生物 Shannon-Winner 多样性指数，不利于真菌积累，降低革兰氏阳性菌/革兰氏阴性菌值，有利于土壤微生物群落结构多样性的提高（陈坤等，2018）。与稻壳炭处理相比，木屑炭更能促进烤烟旺长期细菌和采烤前放线菌形成烤烟根区的优势菌群，降低烤烟根区土壤中病原菌数量和病原菌占微生物总量的百分比，使烤烟根区微生物区系向健康的方向发展，这可能是木屑炭的防病效果优于稻壳炭的原因之一（李成江等，2019）。

　　土壤微生物群落代谢活性与作物发病情况有较好的一致性。一般认为，根区微生物对糖类、氨基酸类、羧酸类、多聚物、胺类和酚酸类的利用越高，土传病害发生越轻，而土壤 AWCD 值与土传病害的发生呈负相关关系（李成江等，2019）。细菌、真菌数量、碳源利用能力和微生物均匀度等与辣椒疫病的发病率呈极显著或显著负相关，施用生物炭引起的土壤生物学性状变化是其产生防效的重要原因（王光飞等，2017）。生物炭可改善茶园土壤酸化状况和土壤肥力，对宿根连作茶树的生长具有促进作用，施用生物炭增加了土壤微生物的代谢活性和微生物量、提高了多样性指数、改善了微生物群落结构，施用生物质炭可作为调节宿根连作茶园根际土壤微生态的有效措施（李艳春等，2018）。王彩云等（2019）采用 Biolog-ECO 技术对黄瓜连作土壤的分析表明，生物炭施入对黄瓜连作土壤微生物群落结构的影响较大，生物炭增加了土壤 AWCD 值，提高了微生物活性；土壤微生物 Shannon-Wiener 指数和均匀度指数得到提高。研究表明，土壤中酚酸类物质的积累降低，可在一定程度上减轻作物的连作障碍及土传病害的发生。在烤烟旺长期，两种生物炭（稻壳炭和木屑炭）处理均明显提高根区土壤 AWCD 值，增强根区土壤微生物对碳源的利用能力，特别是对酚酸类、胺类和羧酸类碳源的利用能力（李成江等，2019）。施用花生壳炭促进了植烟土壤有机碳含量、微生物生物量的提高和土壤酶活性增强，改善了烤烟根际土壤养分状况，使土壤微生物碳源利用能力得到增强，促进了以羧酸类和多聚物为碳源的微生物的生长，提高了微生物群落功能多样性（张璐等，2019）。施用生物炭提高了棉花根际土壤微生物对羧酸类碳源的利用强度，尤其是提高了根际微生物对 2-羟基苯甲酸碳源的利用，有效缓解了棉花连作障碍（顾美英等，2014）。王彩云等（2019）通过比较生物炭对黄瓜不同连作年限土壤微生物生态环境的改良效果时发现，对 10 年连作土壤的改良作用比对 6 年连作土壤的作用明显，分析其原因可能是 10 年连作土壤较 6 年连作土壤退化更严重，土壤微生物群落功能多样性水平较低，微生物生态平衡破坏严重，生物炭作为新的物质施入土壤后，能够很快增加土壤有机质含量，提高土壤通气性，改变土壤中养分的生物可利用性，从而迅速刺激土壤微生物活性，提高了其对碳源的利用强度，致使微生物群落结构发生相应改变，而这种刺激在 10 年连作土壤中比温和的 6 年连作土壤中的作用更明显。

生物炭与甲壳素配施相较于单施生物炭或者甲壳素，能更好地提高连作条件下平邑甜茶幼苗的生物量、根系呼吸速率和根系保护酶活性，并且二者配合施用优化了连作土壤的真菌群落结构，增加了土壤细菌/真菌值，降低了土壤中尖孢镰刀菌基因拷贝数，减少了酚酸类物质含量。因此，生物炭配施甲壳素能更好地缓解苹果连作障碍（王艳芳等，2017）。

10.1.3.4 促进有益微生物的生长

生物炭能为土壤微生物提供碳源，促进土壤中有益微生物的生长，而抑制病原菌的生长（李成江等，2019）。生物炭促进土壤有益微生物生长是其对病害有防控效果的主要原因之一（马艳和王光飞，2014）。木霉菌（Trichoderma spp.）是被广泛应用的生防菌，甜瓜自毒物质对木霉菌生长和产孢均有一定的抑制作用，抑制效果表现为阿魏酸＞苯甲酸＞肉桂酸，在自毒物质浓度为 0.1 mmol/L 时，抑制率超过 30%，在 3 mmol/L 时，抑制率超过 50%。秸秆生物炭（质量分数为 3%）能够缓解自毒物质对木霉菌生长和产孢的抑制作用，极显著地促进木霉菌的生长（范星菊等，2018）。周丽靖等（2019）将竹炭和稻壳炭加入兰州百合连作土壤，利用 Illumina Miseq 平台检测了土壤样品微生物群落，与对照（不添加生物炭）相比，添加生物炭使微生物群落结构发生了明显的变化，有益细菌——鞘氨醇单胞菌属（*Sphingomonas*）的丰度升高，鞘氨醇单胞菌属在自然界中广泛分布，对镰刀菌具有拮抗作用，而兰州百合主要致病真菌镰刀菌属（*Fusarium*）的丰度下降，从而降低了枯萎病发生的可能。生物炭能增加根际可培养假单胞菌、芽孢细菌和木霉菌的数量，而假单胞菌、芽孢细菌和木霉菌是早已被证实并广泛应用的有益于植物生长并提高植物对病害系统抗性的有益微生物（马艳和王光飞，2014）。施用生物炭后土壤中黄杆菌数量也显著增加，黄杆菌可产生多种抗生素，部分菌株可诱导植物对多种病害的系统抗性而具有生物防治功能（马艳和王光飞，2014）。

生防放线菌由于耐受性差、生长缓慢等特点并不利于发展活体制剂，且制备中存在不易繁殖、产孢量低，或多代繁殖后防治效果下降等问题。其生防活性在防治过程中也容易受到环境和营养因素的影响，存在稳定性和持效性差等问题。选择合适的载体而发挥最大的生防活性将成为生防放线菌应用的关键问题。近年来，生物炭作为一种新型生防菌载体材料而被人们所关注。棉秆炭可以作为生防放线菌良好的载体，生防放线菌与棉秆炭配施能改善连作棉田土壤微生物群落结构，增加生防放线菌（黄三素链霉菌）的数量，增强生防菌制剂的防病促生作用，在防控棉花连作障碍上具有较大的应用潜力（马云艳等，2017）。

10.1.3.5　生物炭吸附植物根系及病原菌的分泌物

生物炭的疏松多孔以及表面丰富的功能性基团，使得其对小分子和大分子有机物具有良好的吸附性能。利用生物炭等具有吸附特性的吸附剂可有效降低土壤或营养液中化感自毒物质的浓度，进而减轻植物的化感自毒作用（李云龙等，2019）。生物炭可能通过吸附根系分泌物、病原菌分泌物等有机物质影响土传病原菌对植物的侵染，部分根系分泌物对土壤中的病原菌有引诱作用，因此添加生物炭可能会改变病原菌对根际的趋向运动（马艳和王光飞，2014）。

马艳和王光飞（2014）采用小麦秸秆生物炭处理辣椒叶浸提液，发现处理后辣椒叶浸提液不但对辣椒幼芽的抑制作用降低了 80%，而且对辣椒疫霉菌休止孢萌发的促进作用也显著削弱，说明生物炭吸附了辣椒叶浸提液中的某种或某些物质，从而缓解了对辣椒的自毒作用和对辣椒疫霉菌休止孢的促萌发作用。

土壤病原菌在侵染由复杂高聚物组成的植物根时，会分泌一系列的化合物完成侵染过程。首先，最重要的是分泌纤维素降解酶和果胶酶；其次，土壤病原菌还代谢产生草酸、苯乙酸、琥珀酸、乳酸等化合物，这些物质可在局部微域内降低土壤 pH，在病原菌侵染过程中起到一定的辅助作用。生物炭能通过吸附病原菌分泌的酶和其他化合物而减少病原菌对根细胞壁的物理损伤，从而阻断侵染途径。另外，生物炭呈碱性且具有较强的缓冲作用，因此能中和病原菌产生的酸类物质，也不利于病原菌的侵染（马艳和王光飞，2014）。

10.1.3.6 生物炭提高寄主植物的生理抗性

王艳芳等（2014）以苹果常用砧木——平邑甜茶为试材，研究生物炭对发生对羟基苯甲酸毒害的平邑甜茶幼苗气体交换参数、叶绿素荧光参数、叶绿素含量及叶片保护酶活性的影响。结果表明：对羟基苯甲酸胁迫下平邑甜茶幼苗叶片的丙二醛（MDA）含量显著升高，抗氧化酶活性显著降低，不能有效抑制自由基的过量积累，打破了自由基的产生与清除之间的平衡，造成脂膜过氧化损伤。叶片叶绿素含量、光合速率（Pn）和气孔导度（Gs）也明显低于对照，由此推测自由基过量累积引起的氧化损伤使叶绿体膜结构受到破坏，导致叶片光合速率下降。生物炭处理提高了对羟基苯甲酸胁迫下平邑甜茶幼苗的叶绿素含量、光合作用及抗氧化酶活性，减轻了光抑制程度。同时降低了对羟基苯甲酸胁迫下平邑甜茶幼苗的 MDA 含量，有效缓解对羟基苯甲酸对叶片 PSII 系统的损伤，增强光合作用。生物炭提高对羟基苯甲酸胁迫下平邑甜茶幼苗叶片的抗氧化性能的原因可能是生物炭吸附了部分酚酸类化合物，降低了其有害浓度。

化感自毒物质（邻苯二甲酸、鞣酸、香草酸、苯甲酸的混合液）对番茄幼苗的生物量、光合作用及叶绿素含量均具有显著的抑制作用，幼苗体内 SOD 和 POD 的活性降低，MDA 含量显著增加；加入不同来源（秸秆、稻壳、污泥）的生物炭，番茄幼苗的生物量、胞间 CO_2 浓度、蒸腾速率、净光合速率、气孔导度及叶绿素含量均显著提高，化感物质对保护酶活性的抑制作用得到缓解，番茄幼苗体内 MDA 含量有所降低，番茄幼苗的生长得到改善；炭化秸秆与炭化稻壳的作用效果相近，与炭化稻壳、炭化秸秆相比，炭化污泥缓解化感物质毒害作用的效果相对较差。因此，添加生物炭可用于缓解番茄连作障碍的危害（李亮亮等，2017）。

10.1.4 生物炭施用量和施用时间

生物炭用量与辣椒疫病防效并非简单的线性关系，而是倒"U"型曲线关系，即随着生物炭用量的增加，防效先上升后下降。生物炭通过改善土壤理化和生物学性状进而防控辣椒疫病，因此这种倒"U"型效应与不同用量生物炭对土壤性状的影响密切相关。随着生物炭用量的增加，与发病率呈负相关的化学指标数据逐步增加，但生物学性状指标并非如此，部分性状存在倒"U"型效应，当用量超过一定范围后对土壤生物学性状产生负面影响，即土壤酶活性、微生物活性、微生物多样性和微生物均匀度下降，不利于土壤的抑病性，这可能是用量与防效显示倒"U"型曲线关系的主要原因（王光飞等，2017）。

连续施用生物炭能降低烤烟黑胫病的发病率（降低 2.8%～8.3%）及病情指数（降低 1.4%～4.4%），但其对病害的抑制作用随着连作时间的延长逐年降低（刘卉等，2018）。连续施用生物炭对减轻烤烟病害、促进烤烟干物质积累和产质量增加的作用会逐年降低，因此在实际应用过程中连续施用生物炭对烤烟连作时间较短（1～2 年）的田块积极作用较大，而连作时间较长后（3 年以上）连续施用生物炭的影响可能会降低（刘卉等，2018）。

10.2 有机物料添加缓解作物连作障碍

有机物料作为提高农田土壤有机质含量的主要来源途径，是综合提高土壤地力和生态功能的关键调控因子（蔡冰杰等，2017）。有机物料富含各种养分和生理活性物质，能够改善土壤养分状态，并且含有微生物活动所必需的碳源和氮源，影响土壤微生物活性，土壤中直接施入有机物料，可以减轻土壤连作障碍程度（尹承苗等，2013）。有机物料可降低苹果幼树根系酚类物质的含量，影响连作土壤的理化性状和土壤酶活性，在一定程度上缓解幼树的连作障碍（张江红，2005）。

10.2.1 秸秆添加缓解作物连作障碍

10.2.1.1 秸秆添加缓解连作障碍的效果

农作物秸秆是农业生产中的主要产物之一，也是主要的农业废弃物，其含有丰富的氮、磷、钾大量元素以及中微量元素，同时含有纤维素、半纤维素、木质素、蛋白质和糖类等有机能源。中国具有丰富的生物质资源，每年农业产生的各类农作物秸秆约为7 亿 t，其中水稻、小麦和玉米等大宗农作物秸秆在 5 亿 t 左右（宋大利等，2018）。秸秆由易分解的成分如糖类等组成，且其自身含有较多的水溶性物质，可为微生物提供易利用的营养物质和能源物质，调节土壤温度、提高根际土壤微生物数量及酶活性（武爱莲等，2019）。在农业生产过程中，秸秆是一种重要的生物质资源，秸秆还田作为一种保护性耕作措施，能培肥土壤、降低土壤容重、改善土壤结构、增加土壤养分速效量、促进作物增产，还可通过增加土壤有机碳的直接输入实现固碳，维持土壤有机质平衡，促进土壤养分循环（宋大利等，2018）。

随着化感作用在农业系统中运用的深入研究，利用有利于作物生长及土壤生态系统平衡的化感原理控制病虫害发生已成为近年来科学研究的热点问题（巩彪等，2016）。秸秆及绿肥等有机增补措施可以通过改善土壤养分状况、增加土壤有益微生物、抑制病原菌的增殖、降解化感自毒物质等改变土壤环境，为植物生长发育创造有利条件，从而对作物生长产生促进作用（吴凤芝等，2015）。研究表明，小麦具有一定的化感潜力，小麦活体或残体向环境中释放次生代谢物质可对其自身或其他生物产生作用（韩哲等，2016）。在华北温室根结线虫病土中以 4.16 g/kg 的比例加入小麦秸秆（华北地区小麦秸秆还田模式平均输入量的 2 倍），表现出对根结线虫病很好的抑制效果，抑病率达 94.0%。同时，土壤线虫群落结构发生变化，植食性线虫的比例下降 97.3%，食细菌线虫的比例上升 189.7%（曹志平等，2010）。土壤中添加大蒜秸秆后能够显著降低番茄根结线虫病的病情指数，且大蒜秸秆对根结线虫病的抑制效果具有明显的浓度效应。但施用浓度过高（>2%）会影响番茄植株的正常生长。综合考虑番茄植株的生长、根结线虫病的防控和根际土壤微生态的平衡，以引入 2%的大蒜秸秆表现出较好的根结线虫病防控效果，抑病率可达 50%，且番茄的生长状况和根际土壤酶活性没有受到明显的负面影响（巩彪等，2016）。

关于秸秆还田对作物土传病害的影响一直颇有争议。有研究认为，秸秆直接还田容易携带大量植物病原菌和虫卵，并为其提供适宜的生长环境和营养物质，增加病菌的初侵染源菌量，导致作物发病率上升。但是诸多研究表明，若实现秸秆科学还田，实际上是变废为宝，是对土壤微生态的一种调节，减少了对土壤的掠夺和干扰（陈丽鹃等，2018）。秸秆还田能增加土壤有机质含量，尤其是使土壤活性有机质保持在适宜水平，并通过影响土壤物理、化学和生物学性质而改善肥力特性，提高土壤的基础地力。秸秆还田还能提高土壤微生物的数量，并为作物提供需要的养分。秸秆还田时，应尽量减少病穗秸秆的残存和越冬基数，并选择适宜的还田方式、还田时间、还田量及合适的翻压深度和粉碎程度，实现秸秆科学还田。在此前提下，秸秆还田对农作物土传病害的影响是积极有利的（陈丽鹃等，2018）。

10.2.1.2 秸秆添加缓解连作障碍的机制

土壤中添加有机物、粪便和堆肥可以抑制植物病原菌和线虫，其机制主要有以下几个方面：①有机物料储存阶段产生了对病原微生物具有毒害作用的化合物；②有机物料加入土壤后被土壤中的微生物分解而形成化合物，如氨和脂肪酸等；③有机物料增加了土壤中病原微生物拮抗菌的活性；④有机物料增强了植物的抗性；⑤有机物料改变了土壤的性质，使其不适合病原微生物的生存。同时，这种抑制作用还与有机物料的种类有关（黄新琦等，2014）。

（1）秸秆添加改善土壤物理性状

有机物料能有效增加土壤团聚体平均直径。王笃超和吴景贵（2018）研究了在连作7年条件下，玉米秸秆对连作大豆土壤团聚体组成和稳定性的影响。结果表明：长期施用玉米秸秆具有促进水稳性微团聚体向水稳性大团聚体形成的趋势。土壤中粒径大于0.25 mm 的团聚体数量越多，团聚体的平均重量直径越大，土壤结构也越稳定。玉米秸秆的施入能有效提高土壤团聚体的稳定性，土壤结构的水稳性也得到了提高。由此可见，玉米秸秆对提高连作大豆土壤团聚体平均重量直径、增加土壤团聚体的水稳性具有良好效果。

（2）秸秆添加对土壤微生态平衡效应和微生物拮抗作用

合理的土壤微生物群落结构和较高的微生物活性不仅能缓解或消除连作障碍，同时也是维持土壤生态系统稳定性和可持续性的重要保证。当前研究表明，有机物料以及绿肥等有机增补措施不仅对作物生长产生促进作用，还可以使土壤根际微生物活性增强、数量增加，并优化根部土壤微生物区系，对土壤生态环境起到修复作用。施入小麦残茬能促进连作西瓜植株生长，增加土壤微生物的多样性和数量，改变连作土壤的微生物群落结构，尤其是功能微生物——芽孢杆菌的数量，降低致病菌的相对数量，在一定程度上增强了西瓜植株对枯萎病的抗性（韩哲等，2016）。曲霉、毛霉、木霉、青霉等为腐生性真菌，是土壤中有机质的分解者，可竞争和抑制病原真菌。木霉、青霉对尖孢镰刀菌黄瓜专化型具有很强的抗性，可拮抗尖孢镰刀菌黄瓜专化型、长蠕孢霉、交链孢霉等寄生性真菌。袁飞等（2004）在黄瓜已感染立枯病、枯萎病的连作土壤上接种病原菌菌丝，施入稻草后不仅土壤细菌、真菌数量增加，而且放线菌数量增加，青霉、木霉成为真菌的优势种。连作黄瓜土壤中添加小麦、小麦与燕麦混合秸秆对连作黄瓜的生长具有促进作用，不同秸秆处理均不同程度地影响黄瓜连作土壤的微生物群落结构，增加了土壤微生物的条带数、提高了根际土壤微生物的 Shannon-Wiener 多样性指数和均匀度指数，土壤由"真菌型"向健康的"细菌型"转化，一定程度上缓解了黄瓜连作障碍（吴凤芝等，2015）。曹启光等（2006）采用稀释平板计数法分析了秸秆还田对小麦根围微生物数量及纹枯病病害发生的影响，结果表明：长期秸秆还田除了有利于培肥地力、改良土壤，还有利于土壤有益微生物种群的生长繁殖，从而有效地抑制纹枯病病菌的生长和纹枯病病害的发生。

小麦、燕麦残茬及其混合残茬处理均不同程度地提高了土壤中过氧化氢酶、脱氢酶、脲酶、中性磷酸酶、转化酶的活性，改善了连作土壤生物学环境。土壤中掺入残茬后影响土壤酶活性的可能原因是：残茬腐解过程中，在释放一些酶的同时产生了酚酸类物质，这些物质与土壤的交互作用直接或间接地改善了连作土壤的生态环境，从而引起了酶活性的改变。此外，也可能是由于土壤中掺入作物残茬后引入了新的碳源，导致土壤微生物区系组成发生改变，改善了土壤生态环境，增加了土壤微生物数量进而间接地影响土壤酶的活性（孙艺文和吴凤芝，2013）。

自然状态下的土壤中，食细菌和食真菌途径上的土壤生物通常是同时存在的，其土壤生物种类和数量相对平衡。而根结线虫病严重的土壤中，食物网结构简单，食细菌和食真菌途径上的营养位出现缺失，使得土壤生态系统对包括根结线虫在内的病原生物的抑制作用大大减弱。大蒜秸秆的添加增加了土壤中细菌和真菌等繁殖所必需的碳源，提高了根际土壤中其他食性线虫的丰富度，修复了食物网中缺失的营养位，从而改善整个土壤食物网的结构。微生物数量的上升有利于提高捕食者的种类、数量及其比例，使土壤食物网结构趋于平衡与稳定，调控了土壤微生物间的拮抗、竞争和捕食关系。根际土中其他线虫种群数量的提升也占据了植食性线虫（包含根结线虫）的侵染位点，这也是土壤中添加大蒜秸秆降低番茄根结线虫病的重要原因之一（巩彪等，2016）。

10.2.2　有机物料发酵液缓解作物连作障碍

10.2.2.1　有机物料发酵液缓解作物连作障碍的效果

发酵液是畜禽粪便等有机物料经厌氧发酵后的产物，是一种优质的有机肥料，含丰富的腐殖酸和氮、磷、钾、铁、铜、锰等多种植物营养元素，还含有对植物生长有调控作用的氨基酸、生长素、B 族维生素、有机酸等生物活性物质（尹承苗等，2013）。与有机物料堆肥相比，有机物料发酵流体能更好地减轻苹果连作障碍（尹承苗等，2014）。在苹果连作土壤中施用不同浓度的有机物料发酵流体对连作苹果幼树株高、叶片光合特性和根系相关抗氧化酶活性的影响不同，1%、3%、5%浓度有机物料发酵流体均可减轻苹果连作障碍，浓度高于 5%的有机物料发酵流体则抑制了苹果幼树的生长。其中，3%浓度的有机物料发酵流体能有效地提高连作苹果幼树叶片的叶绿素含量、ΦPSⅡ的光学活性和根系相关抗氧化酶活性。因此，推荐使用 3%浓度的有机物料发酵流体，可较有效地减轻苹果连作障碍（尹承苗等，2014）。

研究表明，沼液对多种高等真菌引起的植物病害具有良好的防治作用，其防病机制在于：①营养作用，即促进作物生长，进而增强了作物的抵抗能力；②抑菌作用，即厌氧发酵液中 NH_4^+、赤霉素、维生素 B 等物质的抑菌作用；③厌氧发酵液中功能微生物的作用；④对植物系统防御的激发作用（曹云等，2013）。

10.2.2.2 有机物料发酵液缓解作物连作障碍的机制

施用不同浓度有机物料发酵液均不同程度地提高了连作土壤中有机质、铵态氮、硝态氮、速效磷和速效钾的含量。有机物料发酵液本身带有大量活的微生物，在某种程度上起到了"接种"的作用，使土壤微生物数量短期内迅速增加，加速了土壤养分的分解、转化和释放，从而大大改善了土壤理化环境和微生物区系，有利于土壤微生物的生长繁殖。适宜浓度的有机物料发酵液可通过提高连作土壤中主要酶活性，大量增加土壤细菌、放线菌数量等减轻苹果连作障碍现象，其中，以施入连作土重量 3%的有机物料发酵液效果最好（尹承苗等，2013）。

设施蔬菜连作障碍的重要原因在于土壤从高肥的"细菌型"向低肥的"真菌型"转化。施用沼液显著增加了土壤细菌、真菌和放线菌的数量，且细菌与放线菌的增幅大于真菌，促进了土壤向"细菌型"转化，尤其是土壤中荧光假单胞菌和木霉等拮抗微生物的数量也显著增加，使细菌、放线菌等有益菌群成为土壤的优势菌群（曹云等，2013）。沼液对土壤微生物群落结构的改善，可能与其丰富的碳水化合物、氨基酸、微量元素等营养物质为土壤中微生物提供能量与养分，提高土著拮抗微生物活性，从而抑制病原菌的活动有关（曹云等，2013）。施入发酵流体的有机物料后，连作土壤中的微生物数量发生很大的变化，土壤中的细菌、真菌和放线菌数量增加，细菌/真菌值增加，有利于提高土壤肥力（张国栋等，2015）。

参 考 文 献

蔡冰杰, 范文卿, 王慧, 等. 2017. 不同有机物料对微域内土壤原生动物和线虫的影响[J]. 土壤学报, 54(3): 713-721.

曹启光, 陈怀谷, 杨爱国, 等. 2006. 稻秸秆覆盖对麦田细菌种群数量及小麦纹枯病发生的影响[J]. 土壤, 38(4): 459-464.

曹云, 常志州, 马艳, 等. 2013. 沼液施用对辣椒疫病的防治效果及对土壤生物学特性的影响[J]. 中国农业科学, 46(3): 507-516.

曹志平, 周乐昕, 韩雪梅. 2010. 引入小麦秸秆抑制番茄根结线虫病[J]. 生态学报, 30(3): 765-773.

陈坤, 徐晓楠, 彭靖, 等. 2018. 生物炭及炭基肥对土壤微生物群落结构的影响[J]. 中国农业科学, 51(10): 1920-1930.

陈丽鹃, 周冀衡, 陈闰, 等. 2018. 秸秆还田对作物土传病害的影响及作用机制研究进展[J]. 作物研究, 32(6): 535-540.

陈温福, 张伟明, 孟军, 等. 2013. 农用生物炭研究进展与前景[J]. 中国农业科学, 46(16): 3324-3333.

范星菊, 曲明星, 谭磊, 等. 2018. 生物炭缓解甜瓜自毒物质对木霉菌生长和产孢的抑制作用[J]. 生态环境学报, 27(8): 1453-1458.

巩彪, 张丽丽, 隋申利, 等. 2016. 大蒜秸秆对番茄根结线虫病及根际微生态的影响[J]. 中国农业科学,

49(5): 933-941.

顾美英, 刘洪亮, 李志强, 等. 2014. 新疆连作棉田施用生物炭对土壤养分及微生物群落多样性的影响[J]. 中国农业科学, 47(20): 4128-4138.

韩召强, 陈效民, 曲成闯, 等. 2018. 生物质炭对黄瓜连作土壤理化性状、酶活性及土壤质量的持续效应[J]. 植物营养与肥料学报, 24(5): 1227-1236.

韩哲, 徐丽红, 刘聪, 等. 2016. 小麦残茬对连作西瓜生长及根际土壤微生物的影响[J]. 中国农业科学, 49(5): 952-960.

黄新琦, 温腾, 孟磊, 等. 2014. 土壤快速强烈还原对于尖孢镰刀菌的抑制作用[J]. 生态学报, 34(16): 4526-4534.

李成江, 李大肥, 周桂夙, 等. 2019. 不同种类生物炭对植烟土壤微生物及根茎病害发生的影响[J]. 作物学报, 45(2): 289-296.

李江舟, 代快, 张立猛, 等. 2016. 施用生物炭对云南烟区红壤团聚体组成及有机碳分布的影响[J]. 环境科学学报, 36(6): 2114-2120.

李亮亮, 吴正超, 陈彬, 等. 2017. 生物炭对化感物质胁迫下番茄幼苗生物量及保护酶活性的影响[J]. 江苏农业科学, 45(16): 99-103.

李嫚, 张忠良, 刘东平, 等. 2019. 生物炭肥对辣椒生长及根际土壤微生态环境的影响[J]. 中国蔬菜, (2): 53-58.

李明, 李忠佩, 刘明, 等. 2015. 不同秸秆生物炭对红壤性水稻土养分及微生物群落结构的影响[J]. 中国农业科学, 48(7): 1361-1369.

李艳春, 李兆伟, 林伟伟, 等. 2018. 施用生物质炭和羊粪对宿根连作茶园根际土壤微生物的影响[J]. 应用生态学报, 29(4): 1273-1282.

李云龙, 王宝英, 常亚锋, 等. 2019. 土壤强还原处理对三七连作障碍因子及再植三七生长的影响[J]. 土壤学报, 56(3): 703-715.

刘欢欢, 董宁禹, 柴升, 等. 2015. 生态炭肥防控小麦根腐病效果及对土壤健康修复机理分析[J]. 植物保护学报, 42(4): 504-509.

刘卉, 张黎明, 周清明, 等. 2018. 烤烟连作下连续施用生物炭对烤烟黑胫病、干物质及产质量的影响[J]. 核农学报, 32(7): 1435-1441.

刘玉学, 唐旭, 杨生茂, 等. 2016. 生物炭对土壤磷素转化的影响及其机理研究进展[J]. 植物营养与肥料学报, 22(6): 1690-1695.

马艳, 王光飞. 2014. 生物炭防控植物土传病害研究进展[J]. 中国土壤与肥料, (6): 14-20.

马云艳, 徐万里, 唐光木, 等. 2017. 生防链霉菌配施棉秆炭对连作棉田土壤微生物区系的影响[J]. 中国生态农业学报, 25(3): 400-409.

邵慧芸, 张阿凤, 王旭东, 等. 2019. 两种生物炭对烤烟生长、根际土壤性质和微生物群落结构的影响[J]. 环境科学学报, 39(2): 537-544.

宋大利, 侯胜鹏, 王秀斌, 等. 2018. 中国秸秆养分资源数量及替代化肥潜力[J]. 植物营养与肥料学报, 24(1): 1-21.

孙艺文, 吴凤芝. 2013. 小麦、燕麦残茬对连作黄瓜生长及土壤酶活性的影响[J]. 中国蔬菜, (4): 46-51.

王彩云, 武春成, 曹霞, 等. 2019. 生物炭对温室黄瓜不同连作年限土壤养分和微生物群落多样性的影响[J]. 应用生态学报, 30(4): 1359-1366.

王笃超, 吴景贵. 2018. 不同有机物料对连作大豆土壤养分及团聚体组成的影响[J]. 土壤学报, 55(4): 825-834.

王光飞, 马艳, 郭德杰, 等. 2017. 不同用量秸秆生物炭对辣椒疫病防控效果及土壤性状的影响[J]. 土壤学报, 54(1): 204-215.

王玫, 徐少卓, 刘宇松, 等. 2018. 生物炭配施有机肥可改善土壤环境并减轻苹果连作障碍[J]. 植物营养与肥料学报, 24(1): 220-227.

王艳芳, 沈向, 陈学森, 等. 2014. 生物炭对缓解对羟基苯甲酸伤害平邑甜茶幼苗的作用[J]. 中国农业科学, 47(5): 968-976.

王艳芳, 相立, 徐少卓, 等. 2017. 生物炭与甲壳素配施对连作平邑甜茶幼苗及土壤环境的影响[J]. 中国农业科学, 50(4): 711-719.

吴凤芝, 沈彦辉, 周新刚, 等. 2015. 添加小麦和燕麦秸秆对连作黄瓜生长及土壤微生物群落结构的调节作用[J]. 中国农业科学, 48(22): 4585-4596.

武爱莲, 王劲松, 董二伟, 等. 2019. 施用生物炭和秸秆对石灰性褐土氮肥去向的影响[J]. 土壤学报, 56(1): 177-187.

武玉, 徐刚, 吕迎春, 等. 2014. 生物炭对土壤理化性质影响的研究进展[J]. 地球科学进展, 29(1): 68-79.

徐仁扣, 李九玉, 周世伟, 等. 2018. 我国农田土壤酸化调控的科学问题与技术措施[J]. 中国科学院院刊, 33(2): 160-167.

尹承苗, 陈学森, 沈向, 等. 2013. 不同浓度有机物料发酵液对连作苹果幼树生物量及土壤环境的影响[J]. 植物营养与肥料学报, 19(6): 1450-1458.

尹承苗, 张先富, 胡艳丽, 等. 2014. 不同浓度有机物料发酵流体对连作苹果幼树叶片光合荧光参数和根系抗氧化酶活性的影响[J]. 中国农业科学, 47(9): 1847-1857.

袁飞, 张春兰, 沈其荣. 2004. 酚酸物质减轻黄瓜枯萎病的效果及其原因分析[J]. 中国农业科学, 37(4): 545-551.

袁帅, 赵立欣, 孟海波, 等. 2016. 生物炭主要类型、理化性质及其研究展望[J]. 植物营养与肥料学报, 22(5): 1402-1417.

张福建, 陈昱, 杨磊, 等. 2019. 施用生物质炭和生石灰对连作辣椒生长的影响[J]. 核农学报, 33(6): 1240-1247.

张国栋, 展星, 李园园, 等. 2015. 有机物料发酵流体和堆肥对苹果连作土壤环境及平邑甜茶幼苗生物量的影响[J]. 生态学报, 35(11): 3663-3673.

张江红. 2005. 酚类物质对苹果的化感作用及重茬障碍影响机理的研究[D]. 泰安: 山东农业大学博士学位论文.

张璐, 阎海涛, 任天宝, 等. 2019. 有机物料对植烟土壤养分、酶活性和微生物群落功能多样性的影响[J]. 中国烟草学报, 25(2): 55-62.

周丽靖, 王亚军, 谢忠奎, 等. 2019. 生物炭对兰州百合(Lilium davidii var. unicolor)连作土壤的改良作用[J]. 中国沙漠, 39(2): 134-143.

邹春娇, 张勇勇, 张一鸣, 等. 2015. 生物炭对设施连作黄瓜根域基质酶活性和微生物的调节[J]. 应用生态学报, 26(6): 1772-1778.

第 11 章　土壤灭菌与熏蒸缓解作物连作障碍

随着集约化农业生产的发展，特别是连作后，土壤有害微生物和病虫害增多，多种土传病害突出，已成为限制设施农业发展的重要因素，采用土壤消毒（灭菌）方法可消除或减轻危害（何文寿，2004）。土壤消毒技术可以有效杀死土壤中的各种土传病虫害。消毒方法可分为物理、化学和生物方法。其中物理方法包括太阳能消毒法、蒸汽消毒法和高温闷棚法；化学方法包括酒精消毒法、石灰消毒法、棉隆消毒法和氯化苦消毒法等。物理方法杀死病虫害的主要原理是通过高温、紫外等物理特性使土壤环境达到病虫害的生存极限，最终害虫、病菌等难以承受环境的恶化而死亡，最终达到杀菌消毒的目的。而化学方法一般是将化学药物直接施用到土壤中，使土壤中病虫害或者全部生物的机体丧失活性，最终达到土壤消毒的技术。生物方法是对环境友好的消毒方法（李维华，2018）。

11.1　土壤物理灭菌

很多学者曾采用物理（日晒和高温）等方法，对连作土壤进行灭菌来消除土壤生物因素对植物生长的影响。物理方法既能消除土壤有害生物，又不至于引起土壤污染，是生产中宜于采用的较为理想的土壤灭菌方法（张树生等，2007）。在连作土壤中葡萄植株长势衰弱，而土壤灭菌后可以显著减轻或消除这种抑制作用，表现为植株株高、茎粗、地上鲜重及地下鲜重增加，叶片超氧化物歧化酶（SOD）活性增强，丙二醛（MDA）含量降低，说明连作条件下土壤中病原物的激增是葡萄连作障碍产生的重要原因之一。连作土壤灭菌后，叶片清除自由基的能力加强，葡萄对逆境的抵抗能力提高，植株的长势增强（郭修武等，2010）。

侯永侠等（2006）采用土壤灭菌的方法研究了生物因素对连作 3 年的辣椒植株生长发育和抗氧化酶活性的影响，探讨了土壤灭菌对辣椒抗连作障碍的效果。结果表明：灭菌的连作土壤上生长的辣椒株高、茎粗、叶面积、叶绿素含量、地上部鲜重、根鲜重、根系活力等值均高于未灭菌土壤，并伴随着抗氧化酶如超氧化物歧化酶（SOD）和过氧化物酶（POD）活性降低。说明土壤灭菌提高了地上部和根的健壮程度，降低了连作辣椒中抗氧化酶的活性。连作土灭菌，由于杀灭了对土壤养分转化至关重要的微生物菌群，植物生长的前期往往会出现生长迟缓的现象。但土壤微生物群落及其功能在灭菌后会快速重新建立并显现养分转化的功能，土壤灭菌还彻底消除了土壤中的不利生物因素，高温灭菌也会使土壤中的某些缓效养分得到释放，因而使黄瓜的生长得到显著改善，并且这种作用在低肥力条件下表现得特别明显（张树生等，2007）。

根系分泌物是影响土壤中病原菌生长繁殖的重要因素，其所含物质种类及其含量会对土壤微生物产生显著影响：一方面直接影响病原菌的生长；另一方面可通过改变拮抗菌的种类或数量，间接影响病原菌对寄主的侵染。糖和氨基酸作为根系分泌物的代谢物质，是微生物生长的重要碳源和氮源。连作土壤中葡萄根系分泌的糖和氨基酸总量比非连作土壤显著增加，而连作土壤灭菌后葡萄根系分泌的还原糖及氨基酸总量比对照分别显著降低 72.6%和 91.1%；氨基酸的种类及其含量也发生改变，并且植株长势增强。可见，对连作土壤进行有效灭菌后，可以改变根际微生态的核心因素即根系分泌物的成分及含量，促进植株生长，减轻葡萄连作障碍（郭修武等，2010）。

垄沟式太阳能消毒处理的黄瓜增产效果显著，其影响机制主要是增加土壤的采光面，提高土壤温度，有效杀灭了土壤中的土传病害病原菌，土壤速效磷、速效钾含量分别比对照增加 0.5%和 31.0%（李英梅等，2009）；垄沟式太阳能消毒处理后土壤粗粉粒含量较对照降低 9.5%，砂粒两个粒径（0.1~0.5 mm、0.5~1.0 mm）含量较对照分别增加 39.4%和 117.7%，改善了耕作层的土壤通透性，为黄瓜生长创造了适宜的土壤环境（李英梅等，2010）。

11.2　土壤化学灭菌

土壤消毒是防治土传病害的重要方式，传统的经济作物土传病害标准化控制主要采用种植前溴甲烷土壤消毒处理，但该化合物显著消耗大气臭氧层，严重影响地球生态环境和人类健康。大量的研究报道表明，氰氨化钙作为一种高效能无公害的土壤消毒剂，可有效地防治芸薹根肿菌（*Plasmodiophora brassicae*）引起的十字花科根肿病，镰刀菌属（*Fusarium*）引起的黄瓜、甜瓜、草莓、香蕉、仙人掌等多种园艺作物枯萎病。此外，氰氨化钙对大丽轮枝菌（*Verticillium dahliae*）、立枯丝核菌（*Rhizoctonia solani*）、核盘菌（*Sclerotinia sclerotiorum*）和根结线虫等常见蔬菜土传病害均有较好的防治效果（贾海燕等，2013）。

氰氨化钙 120 g/m^2 处理对黄瓜根腐病有较好的防治效果，黄瓜生长 15 d 的防治效果为 74.4%，比 60 g/m^2 和 225 g/m^2 处理分别高 58.51%和 2.72%；黄瓜生长 25 d，其防治效果稳定，为 73.9%，而此时 60 g/m^2 和 225 g/m^2 的防治效果分别为 27.8%和 18.9%；黄瓜生长 40 d 时防治效果有一定降低，但仍优于其他处理（图 11.1）（贾海燕等，2016）。

CaCN$_2$ 0 g/m^2　　　　CaCN$_2$ 60 g/m^2　　　　CaCN$_2$ 120 g/m^2　　　　CaCN$_2$ 225 g/m^2

图 11.1　不同剂量氰氨化钙土壤消毒后对黄瓜根腐病的防治效果（贾海燕等，2016）（彩图请扫封底二维码）

氰氨化钙高温消毒可有效防治多种土传病害，这是多方面作用的结果：氰氨化钙消毒不会造成土壤微生物"真空"状态；并且释放出充足的铵态氮和钙供作物长期吸收利用，土壤中不会有氰氨残留从而对作物造成危害（贾海燕等，2016）。

11.3 土壤生物灭菌

高投入和高产出的集约化种植模式起源于欧洲、美国、日本等经济发达国家和地区，伴随着集约化种植模式而来的土传病原菌侵染引发的土传病害，导致作物发病率提高、产量大幅度降低甚至绝收的问题也首先出现在这些国家和地区。以土传病害为主的连作障碍严重地影响集约化生产的可持续发展。为了克服以土传病害为主的连作障碍，20世纪 50 年代后，这些国家和地区广泛采用土壤化学熏蒸灭菌的方法，取得了很好的效果。但是，随后人们逐渐认识到土壤熏蒸灭菌使用的化学药品危害环境和人类健康，如最常用的溴甲烷有破坏臭氧层的作用。随着《关于耗损臭氧层物质的蒙特利尔议定书》在各国的生效，化学药品土壤熏蒸灭菌的方法也逐渐被禁止（蔡祖聪等，2015）。

近年来，世界各国正在寻找一种可以代替溴甲烷的绿色土壤灭菌方法。日本和荷兰等国家提出了一种新型的土壤灭菌方法——厌氧土壤灭菌法（anaerobic soil disinfestation，ASD），也称为土壤生物灭菌（biological soil disinfestation，BSD）或强还原土壤灭菌（reductive soil disinfestation，RSD）。该方法被应用于各种农作物的土传病害防控，如香蕉、草莓、番茄、芦笋等。该方法的基本原理主要是通过向土壤添加易分解的有机碳源，然后灌水和覆膜形成厌氧环境，土壤微生物利用碳源产生大量对土传病原菌有毒有害的分解产物，同时改变微生物群落结构等从而有效防控病虫害危害（伍朝荣等，2017a，2018）。

该方法不仅能有效控制土传病虫和杂草，还能充分利用有机物料（作物秸秆和动物粪便等）来改善土壤质量。有机物料的选择应该把握易分解、就地取材和廉价的原则。作物秸秆已经成为我国最大宗的有机废弃物，严重地影响环境质量。因此，以作物秸秆为 BSD 处理的有机物料，可以同时起到有机废弃物利用、保护生态环境的双重作用（蔡祖聪等，2015）。目前，BSD 作为一种高效、广谱性和环境友好型的土壤灭菌方法，逐步在国内外推广应用（伍朝荣等，2017b）。BSD 方法不同于淹水方法和施用有机肥的方法，它是一种作物种植前的土壤处理方法：①大量施用有机物料，目的不是为作物提供养分，而是为了创造强还原土壤环境和产生对土传病原菌有毒有害的物质，这些有毒有害物质在处理结束前被完全分解，不会对处理后作物的生长产生毒害；②淹水或覆膜阻止空气进入，以利于厌氧环境的形成；③处理对土壤性质的影响强度远远高于淹水或施用有机肥的强度；④处理时间短，一般 1~4 周即可完成处理，在处理期间，土壤条件不适宜于作物生长（蔡祖聪等，2015）。BSD 是一种作物种植前的土壤处理方法，其操作简单，处理时间短，不耽误农时，具有杀灭土传病原菌、改善土壤结构、重建土壤微生物区系的多重效应，从而能够有效缓解蔬菜和花卉的连作障碍现象（李云龙等，2019）。

11.3.1 土壤生物灭菌缓解作物连作障碍的效果

BSD 方法是一种广谱的土传病原菌灭菌方法，对镰刀菌（*Fusarium* spp.）、齐整小核菌（*Sclerotium rolfsii*）、丝核菌（*Rhizoctonia* spp.）、腐霉菌（*Pythium* spp.）、轮枝菌

（*Verticillium* spp.）、互隔交链孢霉（*Alternaria alternata*）、束状刺盘孢（*Colletotrichum dematium*）、青枯雷尔氏菌（*Ralstonia solanacearum*）和植物寄生根结线虫等均有很高的致死效果，尤其是对植物的寄生根结线虫，处理后的致死率几乎可达到 100%，对真菌和细菌类病原菌的致死率可达 90%以上，甚至达到 99%以上（蔡祖聪等，2015）。土壤生物灭菌在连作障碍土壤的改良及促进作物生长方面起到有益的作用。与对照相比（不添加物料，不覆盖），不同 BSD 处理（土壤中添加 2%的米糠、麦麸、茶籽麸后覆盖塑料薄膜）均能显著提高土壤 pH 和土壤温度，降低土壤 Eh 值和土壤中青枯雷尔氏菌的数量，增加土壤养分含量，促进番茄植株生长，提高番茄对青枯病的抗性，大幅增加番茄产量（伍朝荣等，2017b）。刘星等（2015a）采用有机物料添加、土壤灌水和表土覆盖相结合的土壤生物灭菌方法来防控甘肃省中部沿黄灌区马铃薯的连作障碍，系统评估生物灭菌对连作马铃薯块茎产量、植株生长发育及土传病害抑制的影响。结果表明：生物灭菌处理比对照使马铃薯块茎产量和植株生物量分别显著增加 16.1%和 30.8%，马铃薯发病率和病薯率分别下降 68.0%和 46.7%。生物灭菌处理显著提高了连作马铃薯叶绿素含量和主茎分枝数，改善了根系形态结构。不同有机物料（米糠、麦麸、茶麸、秸秆）的土壤厌氧灭菌处理对番茄青枯病具有较好的防控效果，且能促进作物的生长（伍朝荣等，2018）。连作土壤中化感物质降解率和杀菌率是衡量三七连作障碍因子消除与否和消除程度的关键，而三七再植之后的存苗率、发病率才是衡量土壤生物灭菌方法能否有效缓解三七连作障碍的重要指征。移栽一年七籽条 5 个月后，连作土壤中三七的存苗率仅为 7.8%，发病率高达 89.0%；而 BSD 处理的存苗率为 57.1%～66.7%，发病率仅为12.9%～16.1%，表明土壤生物灭菌处理能有效缓解三七的连作障碍，且存苗率与土壤中皂苷物质含量和病原菌数量呈显著负相关，进一步证实土壤生物灭菌处理是一种具有有效消除连作障碍因子潜力的土壤处理方法（李云龙等，2019）。

石磊等（2018）研究了强还原处理对番茄根结线虫的防治效果，结果表明：经过强还原处理后，病土中根结线虫 2 龄幼虫的数量显著下降，减轻了根结线虫对番茄根系的侵染程度，防止作物根部形成根结，促进根系伸长和正常变粗，增强了根系对水分和养分的吸收转运能力。

11.3.2 土壤生物灭菌缓解作物连作障碍的机制

BSD 的灭菌机制包括：①土传病原菌大多是好氧微生物，BSD 创造的强烈厌氧环境使这些好氧病原菌无法生存。②有机物料厌氧发酵产生对土传病原菌有毒有害的物质，杀灭土传病原菌。在厌氧发酵过程中可能产生的有毒有害物质包括乙酸、丙酸等有机酸，氨、硫化氢、生物活性物质和铁、锰等低价金属离子。这些有毒有害物质可以快速分解或快速再氧化，当 BSD 处理结束时，一般其浓度已经下降至对作物无害的程度。③微生物群落结构变化，厌氧微生物数量增加，而好氧微生物数量相应减少，从而抑制好氧病原菌的生长。一般情况下，BSD 对土传病原菌的致死作用不是单一机制的结果，而是多种机制共同作用的结果，针对不同的土传病原菌或采用不同的方法，对土传病原菌发挥主导作用的灭菌机制可能并不相同（蔡祖聪等，2015）。

11.3.2.1　抑菌物质（有毒有机酸和还原性产物）的杀菌作用

有机酸是有机物料厌氧发酵的产物之一，发酵过程中产生的乙酸、丁酸、异戊酸、丙酸对土传病原菌有直接的致死效果。在 BSD 处理过程中，这些有机酸的浓度足以达到致死尖孢镰刀菌和青枯菌的程度（蔡祖聪等，2015）。

高碳氮比有机物料、低碳氮比有机物料或高、低碳氮比混合物料的强还原处理均能显著降低土壤中尖孢镰刀菌的数量，杀菌率高达 99.7%，原因是在土壤强还原过程中，厚壁菌门厌氧微生物如梭菌科（Clostridiaceae）等能够在分解有机物料的同时，产生一些具有杀菌作用的小分子有机酸如乙酸、丁酸等，同时这些微生物类群还能分泌抗真菌物质，从而对病原菌起到杀灭作用（李云龙等，2019）。BSD 对尖孢镰刀菌的致死作用可能还与其他因素有关。有机酸对土传病原菌的致死效果不仅与浓度有关，还与 pH 有关，酸性条件更有利于发挥有机酸对土传病原菌的致死作用（蔡祖聪等，2015）。有机物料强烈发酵过程中，在有机酸产生的微区，pH 可能远低于整个土层的 pH。淹水并添加有机物料导致土壤处于强还原状态，导致土壤 pH 在短期内上升，但随着厌氧菌分解有机物不彻底，产生大量有机酸，最终导致 pH 逐渐下降（伍朝荣等，2017a）。强酸性微区的存在也可能提高有机酸致死土传病原菌的效果（蔡祖聪等，2015）。

BSD 处理过程中，土壤还产生对土传病原菌可能具有致死效果的其他物质，如 H_2S、NH_3、低价金属离子等（蔡祖聪等，2015）。BSD 处理过程中并不是某一种物质起到全部的杀菌作用，而是多种杀菌物质联合参与的结果。添加 0.001% Fe^{2+} 或 0.100% Mn^{2+} 对尖孢镰刀菌的杀灭率分别达到 97.75%、98.74%，土壤中的部分微生物在厌氧条件下，使土壤团粒中的铁、锰以 Fe^{2+} 和 Mn^{2+} 的形式释放出来杀灭尖孢镰刀菌，Fe^{2+} 和 Mn^{2+} 对土壤中尖孢镰刀菌的杀灭起到了关键作用（申容子等，2015）。除 Fe^{2+}、Mn^{2+}、乙酸和丁酸外，BSD 处理过程中还产生了 NH_3 和 H_2S，并且其对强还原土壤的杀菌效果也起到一定的作用。H_2S 是 BSD 处理过程中出现恶臭的主要成分，对很多微生物具有毒害作用（蔡祖聪等，2015）。在强还原条件下，土壤中的 SO_4^{2-} 和 NO_3^- 被逐渐还原，可能产生 H_2S 等气体产物；同时土壤和有机物料里的氮素被还原成 NH_4^+，从而使土壤中的 NH_4^+ 大量增加，挥发出来的氨也会相应增加，这可能也是抑制植物病原菌的原因之一（黄新琦等，2014）。然而在不同类型的土壤中实施 BSD 处理，不同气体产物的杀菌效果所占的比例可能不尽相同，如在硝态氮严重累积的土壤中，NH_3 占主导作用，而在硫酸盐累积的土壤中，H_2S 所起的杀菌效果可能更强（黄新琦等，2016）。在生物灭菌过程中，一些十字花科作物被作为有机物料添加进土壤后能够释放易挥发性化合物，如异硫氰酸酯类化合物，这些化合物能够抑制土传致病菌的活性（刘星等，2015a）。

11.3.2.2　氧化还原状况突变的杀菌作用

当大量的易降解有机物料添加到土壤中后，在水分饱和且隔绝空气的条件下，在 1～3 d 内土壤氧化还原电位（Eh）可以从好氧条件的几百毫伏下降至-200 毫伏，甚至更低。好氧至厌氧导致的 Eh 大幅度变化对好氧土传病原菌的生长极为不利（蔡祖聪等，2015）。有机物料添加量增大，在淹水条件下土壤的 Eh 值降低，还原程度增高，土壤的理化性质和生物学性质得到更好的改善（朱同彬等，2014）。土壤淹水后覆膜，可以提高土壤温度，加快土壤中有机质的分解，同时隔绝空气与土壤的氧气交换，所以前期覆膜处理土壤 Eh 值比未覆膜处理下降得快。在淹水条件下添加的有机物料快速分解，大量消耗土壤中的氧气，也促使氧化还原电位快速降低（柯用春等，2014）。土壤添加有机物料米糠及淹水厌氧均显著提高土壤温度并降低土壤氧化还原电位，使土壤处在一种还原状态，并增加部分土壤有机酸的含量（伍朝荣等，2017a）。BSD 处理使 Eh 由正值快速降低至负值，并在整个厌氧处理过程中持续，该指标能间接显示土壤已形成厌氧环境，而青枯雷尔氏菌是一种好氧型细菌，厌氧条件下，其生长生理等方面可能受到极大的抑制（伍朝荣等，2018）。

10.3.2.3 土壤微生物区系和群落结构变化

土壤淹水及添加有机物料对土壤中可培养细菌数量无显著影响，但显著降低土壤中可培养放线菌和真菌的数量（蔡祖聪等，2015）。真菌是引起植物病害的主要微生物类群，大部分学者研究表明，土壤淹水和厌氧处理对绝大多数土传真菌具有极强的抑制作用，特别是病原真菌（伍朝荣等，2017a）。在土壤淹水的同时添加有机物料的强还原处理方法可能是改良连作障碍土壤的一种高效、环保的新方法，强还原处理能够在短期内使土壤中真菌和尖孢镰刀菌数量显著降低。生物灭菌处理对镰刀菌具有较好的抑制效果，土壤生物灭菌处理下镰刀菌数量在灭菌后期较对照平均下降 54.8%，微生物区系结构的改变可能是导致镰刀菌数量大幅度下降的主要原因（刘星等，2015a）。与只淹水和对照处理相比，强还原处理可快速减少土壤中真菌和尖孢镰刀菌数量，可能是强还原处理快速降低土壤 Eh 值并保持较低 Eh 水平，促使好氧的真菌、尖孢镰刀菌快速减少，并降到较低水平（柯用春等，2014）。

土壤微生物生态失衡、病原菌富集、有益菌减少是连作三七土传病害频发的主要原因。降低土壤中病原菌的数量，改善土壤微生物群落结构是降低三七土传病害发生率的关键。土壤强还原处理后尖孢镰刀菌在真菌中的占比也显著下降，表明土壤强还原处理能够选择性地杀灭土传病原菌，同时还能刺激其他真菌类群的生长增殖，从而在一定程度上加剧了其他真菌与病原菌在生态位及养分的竞争，潜在地增强了土壤微生物的抑病能力。低碳氮比有机物料和高、低碳氮比混合物料强还原处理中病原菌与真菌比例低于高碳氮比有机物料强还原处理，其原因可能是低碳氮比有机物料较易分解，能利用的微生物类群谱更广，因此能刺激产生更多的真菌类群和更大的种群数量（李云龙等，2019）。细菌与真菌数量的比值是表征土壤健康状况的重要指标，这种微生物区系结构的改变对土壤肥力的提高和病害的抑制具有重要意义。与对照相比，生物灭菌处理显著提高了马铃薯块茎膨大期和淀粉积累期根际土壤的细菌/真菌值（刘星等，2015a）。添加 2.0%米糠+密闭厌氧处理对番茄青枯病的防治效果为 100%，且该处理能有效降低土壤中细菌、放线菌和真菌的数量，显著提高细菌与真菌和细菌与放线菌的比例，厌氧处理能显著调控微生物群落结构，抑制青枯雷尔氏菌生长而减少番茄青枯病的发生（伍朝荣等，2017a）。

研究表明，BSD 处理能诱导土壤微生物群落结构发生显著变化，增加土壤中的拮抗菌数量从而减少病原菌的危害（伍朝荣等，2018）。伍朝荣等（2018）利用 16S rDNA

对土壤微生物进行高通量测序表明，添加不同有机物料的土壤厌氧灭菌处理显著改变了土壤细菌群落结构组成及多样性，土壤厌氧灭菌使厌氧和耐受型细菌丰度大幅度增加，如土壤厚壁菌门（Firmicutes）相对丰度大幅度提高，成为优势群落；该门中的厌氧型细菌梭菌科（Clostridiaceae）、瘤胃菌科（Ruminococcaceae）和耐受性细菌芽孢杆菌科（Bacillaceae）等相对丰度也大幅度提高，这些细菌种类可能对青枯雷尔氏菌产生拮抗作用，从而有效抑制土壤中青枯雷尔氏菌数量及其对番茄的侵染，大大降低青枯病发病率。

11.3.2.4　BSD 降解连作化感自毒物质

与对照相比，BSD 能够显著降低三七连作土壤中皂苷类自毒物质的含量，其中低碳氮比有机物料（C/N 为 19，15 t/hm^2）和高（C/N 为 94）、低碳氮比有机物料等质量混合（15 t/hm^2）对三七连作自毒物质 Rb1 与 Rh1 的降解率高达 82.1%～88.1%，这是因为在土壤强还原过程中，某些具有化感物质降解能力的厌氧微生物被刺激产生并迅速增殖，从而促进了皂苷类物质的消除（李云龙等，2019）。

11.4　土　壤　熏　蒸

11.4.1　化学熏蒸

土壤熏蒸是破解连作障碍这一难题的有效措施，目前主要依靠化学熏蒸剂（王方艳等，2011；王晓芳等，2018）。土壤熏蒸剂是指施用于土壤中，可以产生具有杀虫、杀菌或除草等作用的气体，从而在人为的密闭空间中防止土传病、虫、草等危害的一类农药。熏蒸剂分子量小，降解快，无残留风险，对食品安全。在美国等国家，采用熏蒸剂进行土壤灭菌是综合防治技术体系的一部分，广泛应用在果树再植、草莓、草坪、蔬菜、观赏植物上（王秋霞等，2017）。

溴甲烷可以很好地克服连作障碍现象，已广泛使用 60 余年（王秋霞等，2017）。与各自连作对照相比，砂壤土、壤土及黏壤土的溴甲烷处理苹果幼苗鲜样质量分别提高了 85.7%、59.6% 和 104%；干样质量分别提高了 87.9%、54.4% 和 98.9%；真菌数量分别降低了 81.4%、64.0% 和 75.2%（盛月凡等，2019）。但施用溴甲烷使农田土壤微生物受到长期、持续的外源压力胁迫，溴甲烷在杀死有害微生物的同时，也对有益微生物造成极大的伤害，不利于土壤优良性状的保持，使土壤中微生物丰富度和多样性下降（李昌宁等，2019）。同时溴甲烷还破坏大气臭氧层，对人体有较大的伤害作用，现已被列为受控物质（刘超等，2016；王秋霞等，2017），因此寻找新的土壤熏蒸剂成为研究热点。

目前国际上已经登记使用的化学熏蒸剂有碘甲烷（methyl iodide）、氯化苦（chloropicrin）、1,3-二氯丙烯（1,3-dichloropropene，1,3-D）、二甲基二硫（dimethyl disulfide，DMDS）、硫酰氟（sulfuryl fluoride）、异硫氰酸丙烯酯（allyl isothiocyanate，AITC）、异硫氰酸甲酯（methyl isothiocyanate，MITC）及其产生前体棉隆（dazomet）和威百亩（metham sodium）（王秋霞等，2017）。

棉隆（四氢-3,5-二甲基-2H-1,3,5-噻二嗪-2-硫酮）因其使用方便、控制效率高、环保等特点被认为是潜在的溴甲烷替代物。2016 年的统计数据表明，棉隆在中国的年施用量为 1000～1200 t，施用面积在 3000 hm² 左右（杨叶青等，2018）。据报道，目前棉隆对蔬菜（番茄、茄子、辣椒等）、花卉、经济作物（棉花、烟草、花生等）及药用作物（人参）等连作地块的根结线虫及其他土传病害均具有较好的防效（杨叶青等，2018）。与重茬（对照）相比，棉隆熏蒸使连作条件下苹果单株幼苗根系长度、根表面积、根体积和根系活力分别提高 421.4%、426.5%、171.7%和 48.8%。苹果植株叶面积以及叶片中叶绿素 a 和 b 含量、净光合速率分别极显著提高 162.6%、14.9%、15.0%和 24.0%，叶片同化能力提高；植株长势增强，株高和地径均极显著提高，植株地上干重和地下鲜重也得到极显著增加，最高增加幅度达 2.2 倍（刘恩太等，2014）。棉隆对辣椒疫霉病有良好的防效，且棉隆剂量越高对辣椒疫霉病的防效越明显（张超等，2015）；真滑刃属（Aphelenchus）线虫在植物根系生长旺盛时期以植物根系为食，属于植物线虫，不利于草莓的生长。重茬草莓土壤中施用棉隆熏蒸后，土壤中线虫总丰度降低，其中真滑刃属线虫种群数量大幅度降低（杨叶青等，2018）。

棉隆处理后苹果连作土壤中微生物数量降低，而细菌/真菌值、放线菌/真菌值增加，苹果幼苗长势增强，棉隆可有效减轻苹果连作障碍危害（刘恩太等，2014）。在连作草莓土壤上采用棉隆熏蒸后土壤真菌群落丰度及其生物多样性均下降，真菌群落组成也发生明显变化，如镰刀菌属、枝顶孢属、链格孢属丰度下降（张庆华等，2018）。镰刀菌属真菌是植物最重要的致病菌之一，会导致植物萎蔫，引发根腐等腐烂病，严重减产，造成重大的经济损失。从草莓根腐病和枯萎病中已分离鉴定的病原真菌就有尖孢镰刀菌。枝顶孢属真菌会引起草莓死秧，是草莓根腐病的主要病原菌之一。链格孢属真菌广泛分布于土壤和腐烂有机物中，兼有寄生和腐生性，并产生多种有毒代谢产物——链格孢毒素，这些毒素是危害植物的主要致病因子。而棉隆消毒能有效抑制或杀死土壤中的致病真菌，使真菌种类大量减少（张庆华等，2018）。徐少卓等（2018b）利用微生物平板培养、实时荧光定量（qPCR）以及 Biolog 等方法对施加不同浓度棉隆后老龄苹果园的土壤微生物数量及活性变化进行动态监测，结果发现不同浓度棉隆对细菌、真菌均有抑制效果，且浓度越高，对细菌和真菌的抑制作用越显著。

三七连作土壤未经氯化苦熏蒸，三七于移栽一年后全部死亡；氯化苦熏蒸后，移栽一年后的存苗率为 68.0%，第二年为 60.0%；氯化苦熏蒸处理显著提高二年生连作三七的株高、叶片长和宽、须根长、剪口长和宽、主根长和宽及主根生物量等农艺性状，主根鲜重增加 84.0%，干重增加 111.0%（欧小宏等，2018）。无熏蒸处理三七根系发育差，须根少且短，而熏蒸处理根系发育良好，须根多且长（图 11.2）（欧小宏等，2018）。

氯化苦熏蒸可以缩短三七连作土壤的轮作时间：一方面是因为氯化苦对土壤微生物的杀灭率在 85%以上，在短期内微生物会呈现"抑制—恢复"的趋势，从而使有益与有害微生物的数量趋于平衡；另一方面是因为氯化苦熏蒸能够杀死土壤中的微生物，打破土壤矿质元素的矿化与微生物固持之间的平衡，使其矿化作用大于固持作用，从而可以提高土壤中矿质元素含量，有利于三七连作土壤的养分平衡（欧小宏等，2018）。

无熏蒸　　　　　　　　　　熏蒸

图 11.2　氯化苦熏蒸处理对连作三七生长状况的影响（欧小宏等，2018）（彩图请扫封底二维码）
图中三七为二年生

　　DMDS 是联合国环境规划署溴甲烷技术选择委员会提出的一种新型替代品。DMDS 熏蒸处理在有效防控土传病原真菌的同时，不会对土壤微生物群落产生明显的扰动影响，对环境较安全。其作用机制为：DMDS 作用于线粒体的呼吸作用，抑制细胞色素氧化酶的活性。线粒体是真核细胞中重要的细胞器，真菌属于真核生物，而细菌与放线菌属于原核生物，细胞结构中不含有线粒体。所以 DMDS 主要抑制真菌微生物的生长（王方艳等，2011）。

　　氨水具有良好的杀菌效果，在农业生产上，氨水很早就被用来作为土壤熏蒸剂，杀灭土壤中真菌性病原菌和线虫等（沈宗专等，2015）。氨对大丽轮枝菌（*Verticillium dahliae*）、终极腐霉菌（*Pythium ultimum*）、立枯丝核菌（*Rhizoctonia solani*）的菌核和菌丝均有抑制作用（钟书堂等，2015）。香蕉连作条件下枯萎病发病率高达 35.0%，而氨水熏蒸后发病率仅为 15.0%，氨水熏蒸后发病率比对照（未熏蒸）降低 20 个百分点（沈宗专等，2015）。在枯萎病严重的香蕉园中，氨水是一种良好的土壤熏蒸剂，能够显著降低土壤中尖孢镰刀菌的数量，改善土壤微生物区系，从而有效防控香蕉枯萎病的发生（沈宗专等，2015）。与对照相比，石灰+碳铵及碳铵熏蒸后，连作土壤中尖孢镰刀菌黄瓜专化型数量分别下降95.4%及71.4%，尖孢镰刀菌西瓜专化型的数量分别下降87.2%及 64.2%。碳铵、石灰+碳铵熏蒸不仅能有效杀灭大部分外源侵染的尖孢镰刀菌，甚至还能杀灭黄瓜连作土壤中原先存在的尖孢镰刀菌，碳铵及石灰+碳铵可作为环境友好型熏蒸剂用于土传病害的防控（沈宗专等，2017）。

　　目前生产上经常用到的熏蒸剂由于其作用强度较大，土壤中的有害微生物或线虫等被彻底杀死的同时，一些对作物生长有益的微生物种类同样也被杀死，微生物群落结构改变程度较大，间接导致了土壤微生物区系的不均衡，以及有益菌和致病菌在种群与个体数量上的相对变化（刘星等，2015b）。从生态学的角度来看，土壤熏蒸后抑制或消除了土壤中大部分的微生物，一旦外源微生物通过各种途径侵入土壤，就等于微生物进入一个养分和空间无限的环境，在一定时期内会以指数形式迅速繁殖，其数量也会在短期内超过自然土壤承受极限（刘星等，2015b）。因此，在土壤熏蒸后，必须及时补施生物菌剂或生物菌肥，增加土壤中有益微生物的数量及比例，增加土壤微生物多样性，才能够更好地防控土传枯萎病的发生（沈宗专等，2017）。

熏蒸可以为生防菌创造有利的土壤环境，使其具有更强的竞争力和有机质分解利用能力；且添加的生防菌在植物生长初期就快速大量增殖，可充分发挥其生防潜能（张庆华等，2018）。与未熏蒸施用普通有机肥对照相比，石灰碳铵熏蒸后施用生物有机肥能降低枯萎病发病率，同时显著增加了植株的株高、茎粗及干重（沈宗专等，2017）。高锰酸钾消毒与木霉菌肥联用显著提高了苹果幼苗的根呼吸速率，增强其净光合速率及蒸腾速率，进而促进了苹果幼苗的生长，使其株高、鲜重和干重相较于其他处理都有了显著提升。其中的原因可能有两个方面：一是由于高锰酸钾的强氧化性净化了土壤环境，减少了有害微生物对苹果幼苗根系的侵染，并且此前也有研究认为高锰酸钾的还原产物 Mn^{2+}、K^+ 能够激活植株中多种酶的活性，进而促进叶片的光合作用。二是连作土壤经高锰酸钾消毒后为木霉菌在连作土壤中的定植提供了有利条件，而木霉菌属于有益菌，有利于苹果幼苗的生长（徐少卓等，2018a）。氨水熏蒸与微生物有机肥联用、石灰+碳铵熏蒸与微生物有机肥联用处理显著影响土壤可培养微生物的数量，表现为增加马铃薯生育后期土壤细菌和放线菌数量，降低真菌数量，在土壤中维持一个更高的细菌/真菌值，从而大幅度降低了连作马铃薯生育期内主要土传致病菌——镰刀菌的数量，使马铃薯植株发病率降低且块茎产量显著增加（刘星等，2015b）。在温室条件下，对黄瓜和西瓜连作土壤进行石灰+碳铵熏蒸并联合生物有机肥施用能够显著降低土壤中尖孢镰刀菌数量、改善可培养土壤微生物区系，有利于连作土壤向稳定健康的方向发展，从而抑制土壤中病原真菌的繁殖，达到防控黄瓜和西瓜枯萎病及增产的目的（沈宗专等，2017）。棉隆熏蒸并配施海藻菌肥提高了苹果幼苗根系总长度、根表面积、根体积和根尖数，增加了土壤中细菌数量及细菌/真菌值，有效减轻苹果连作障碍（刘超等，2016）。

11.4.2　生物熏蒸

生物熏蒸是利用动植物的有机质在分解过程中产生的挥发性气体抑制或杀死土壤中有害生物的方法（王晓芳等，2018）。目前，菊科植物、绿肥、家禽粪便等均被用作生物熏蒸材料以有效防治土传病害及植物根结线虫（王晓芳等，2018）。研究表明，埃塞俄比亚芥（*Brassica carinata*）、黑芥（*Brassica nigra*）和芥菜（*Brassica juncea*）含有较高的硫代葡萄糖苷，能释放出异硫氰酸酯，对土壤中的尖孢镰刀菌（*Fusarium oxysporum*）有很好的抑制作用（李淑敏等，2017；王晓芳等，2018）。此外，由于生物熏蒸还能提高土壤有机质含量，增加肥力，而且对环境无污染，对植物无药害，因此被视为很有开发前景的环保型土壤处理措施（李明社等，2006）。

11.4.2.1　生物熏蒸的效果

范成明等（2007）在平板培养试验中将芸薹属蔬菜球茎甘蓝、白花椰菜等榨汁，发现其抑制大丽轮枝菌、腐霉菌和尖孢镰刀菌的效果优于芹菜、大葱和黄瓜等非芸薹属蔬菜。李明社等（2006）采用以生物物质为材料的土壤熏蒸技术，研究了其对植物土传病害的治理效果。抑菌谱测定结果表明：在甘蓝叶施用量为 3.5 kg/m^2 时对黄瓜枯萎病菌、番茄枯萎病菌、水稻纹枯病菌、番茄立枯病菌、番茄黄萎病菌和茄根腐疫病菌的抑制率达 60.0%以上，对菌核病菌、辣椒猝倒病菌和小麦根腐病菌的抑制率分别为 38.7%、17.4% 和 41.6%。田间试验表明：用 4 种植物[甘蓝（*Brassica oleracea*）、芥菜和雪里蕻（*Brassica juncea* var. *multiceps*）的叶片组织及芜菁甘蓝（*Brassica napobrassica*）的块根]熏蒸土壤后对番茄枯萎病的防效显著优于太阳能和土壤还原消毒法的防效，其中芥菜（3.5 kg/m^2）添加麦麸（1.0 kg/m^2）后的防效达到 68.2%。马艳等（2013）研究了菜粕生物熏蒸对辣椒疫霉菌（*Phytophthora capsici*）生长的抑制作用以及对保护地辣椒疫病的防控效果。结果表明：菜粕挥发性和非挥发性分解产物对辣椒疫霉菌丝及游动孢子都有不同程度的抑制作用，菜粕挥发性分解产物对孢子的抑制强于对菌丝的抑制，而非挥发性分解产物对菌丝的抑制作用强于对孢子的抑制。室内模拟土壤熏蒸试验表明，菜粕用量为 0.2%（*W/W*）时，其挥发性分解产物可以完全杀死辣椒疫霉菌丝。李淑敏等（2017）选用芸薹属蔬菜小花缨芥菜、二道眉芥菜和雪里蕻作为熏蒸材料，对茄子黄萎病等均有防治效果，盛果期防治效果达 57.0%～65.8%。连续两茬田间试验表明，菜粕熏蒸对辣椒疫病的平均防治效果为 82.0%，并使辣椒增产 16.4%，防治效果明显好于化学熏蒸处理。万寿菊秸秆粉碎物生物熏蒸显著减少了苹果树连作土壤中尖孢镰刀菌的基因拷贝数，减轻了病原真菌的危害（王晓芳等，2019）。

11.4.2.2　生物熏蒸的机制

苹果幼苗连作后土壤的有机质和速效养分含量等都明显下降，用万寿菊生物熏蒸处理 20 d，苹果连作土壤中有机质、硝态氮、铵态氮、速效磷和速效钾含量均显著高于对照（不熏蒸）（王晓芳等，2019）。

生物熏蒸混入的植物残体内含有大量碳水化合物和矿物质，可改善土壤中养分状况，使微生物数量增多，迅速增长的微生物群落促进有机物向土壤碳库转化，微生物多样性增加，影响土壤微生物群落结构和数量，对茄子黄萎病有抑制作用（李淑敏等，2017）。生物熏蒸中菜粕产生的气体可以杀死或减少一部分微生物数量，而菜粕同时又是优质高蛋白有机肥，会促进对气体不敏感的微生物生长繁殖，因此，生物熏蒸是化学和生物双重作用的综合结果，在将靶标病原菌数量降低到一定程度的同时也增加了其他微生物的数量，最终达到抑制病害的目的（马艳等，2013）。老龄苹果园采用万寿菊生物熏蒸处理后，土壤中的真菌数量明显减少而细菌、放线菌数量显著增加，细菌/真菌值显著增加，土壤类型由真菌型向细菌型转变。同时，万寿菊生物熏蒸对连作土壤中真菌种类及丰度均产生了一定影响，万寿菊生物熏蒸使老龄苹果园土壤中真菌多样性、均匀度和丰富度降低，优势度增加。表明老龄苹果园土壤中添加适量的万寿菊进行熏蒸有助于增加有益细菌数量，抑制土壤中病原真菌的繁殖，且有利于维持土壤微生物群落结构的多样性，这些变化有利于连作土壤朝着稳定健康的方向发展，促进连作条件下苹果幼苗生长发育，达到缓解苹果连作障碍的目的（王晓芳等，2018）。

老龄苹果园土壤中加入万寿菊粉末生物熏蒸后，土壤酶活性显著提高，综合蔗糖酶、脲酶、磷酸酶和过氧化氢酶活性测定结果来看，以 6.0 g/kg 处理的效果最好，这说明适宜量的万寿菊粉末施入土壤后不仅具有良好的抑菌或灭菌作用，而且其植物组织腐烂分解后可能改良土壤的理化性质特别是持水性、有机质含量、肥力及通透性等，改善土壤的营养条件，促进植物生长和增产（王晓芳等，2018）。

连作土壤中有害微生物增加与酚酸类物质增多密切相关。万寿菊生物熏蒸处理连作土壤后，苹果连作土壤中的几种主要酚酸类自毒物质根皮苷、根皮素、肉桂酸、对羟基苯甲酸和苯甲酸含量显著降低，这可能是因为万寿菊植株含有很多萜类物质等化感成分，使酚酸类化感物质含量降低（王晓芳等，2019）。酚酸类物质积累会对植物形成逆境伤害，抑制生长，阻碍光合作用。万寿菊生物熏蒸处理的苹果幼苗根系呼吸速率和抗氧化酶活性都明显提高，MDA 含量显著降低。原因是万寿菊生物熏蒸降低了主要酚酸类物质的含量，减轻对根系的伤害，促进根系生长发育；同时万寿菊处理能有效缓解因连作障碍引起的叶片净光合速率（Pn）、最大光化学效率（φPo）、实际光化学效率（$\Phi PS II$）、光化学淬灭系数（qP）、单位面积活性反应中心数量（RC/CSm）等荧光参数的下降，增强苹果幼苗叶片的光合能力，改善能量分配，减轻连作障碍对苹果幼苗叶片光系统 II 的破坏，促进幼苗生长（王晓芳等，2019）。

参 考 文 献

贡海燕, 崔国庆, 石延霞, 等. 2013. 氰氨化钙土壤改良作用及其防治蔬菜土传病害效果[J]. 生态学杂志, 32(12): 3318-3324.

贡海燕, 石延霞, 谢学文, 等. 2016. 氰氨化钙土壤消毒对黄瓜根腐病及土壤病原菌的控制效果[J]. 园艺学报, 43(11): 2173-2181.

蔡祖聪, 张金波, 黄新琦, 等. 2015. 强还原土壤灭菌防控作物土传病的应用研究[J]. 土壤学报, 52(3): 1-8.

范成明, 刘建英, 吴毅歆, 等. 2007. 具有生物熏蒸能力的几种植物材料的筛选[J]. 云南农业大学学报, 22(5): 654-658.

郭修武, 李坤, 谢洪刚, 等. 2010. 连作土灭菌对葡萄生长及根系分泌特性的影响[J]. 果树学报, 27(1): 29-33.

何文寿. 2004. 设施农业中存在的土壤障碍及其对策研究进展[J]. 土壤, 36(3): 235-242.

侯永侠, 周宝利, 吴晓玲, 等. 2006. 土壤灭菌对辣椒抗连作障碍效果[J]. 生态学杂志, 25(3): 340-342.

黄新琦, 刘亮亮, 朱睿, 等. 2016. 土壤强还原消毒过程中产生气体对土传病原菌的抑制作用[J]. 植物保护学报, 43(4): 627-633.

黄新琦, 温腾, 孟磊, 等. 2014. 土壤快速强烈还原对于尖孢镰刀菌的抑制作用[J]. 生态学报, 34(16): 4526-4534.

柯用春, 王爽, 任红, 等. 2014. 强化还原处理对海南西瓜连作障碍土壤性质的影响[J]. 生态学杂志, 33(4): 880-884.

李昌宁, 李建宏, 姚拓, 等. 2019. 熏蒸剂溴甲烷对农田土壤微生物的影响[J]. 生态学报, 39(3): 989-996.

李明社, 李世东, 缪作清, 等. 2006. 生物熏蒸用于植物土传病害治理的研究[J]. 中国生物防治, 22(4): 296-302.

李淑敏, 郑成彧, 张润芝, 等. 2017. 生物熏蒸对大棚连作茄子产量和黄萎病发病率影响[J]. 东北农业大学学报, 48(5): 35-41.

李维华. 2018. 草莓重茬土壤中昆虫病原线虫和微生物群落变化及在修复重茬土壤中的作用[D]. 北京:

中国农业大学博士学位论文.

李英梅, 曹红梅, 徐福利, 等. 2010. 土壤消毒措施对土壤物理特性及黄瓜生长发育的影响[J]. 中国生态农业学报, 18(6): 1189-1193.

李英梅, 田朝霞, 徐福利, 等. 2009. 不同土壤消毒方法对日光温室土壤温度和土壤养分的影响[J]. 西北农业学报, 18(6): 328-331.

李云龙, 王宝英, 常亚锋, 等. 2019. 土壤强还原处理对三七连作障碍因子及再植三七生长的影响[J]. 土壤学报, 56(3): 703-715.

刘超, 相立, 王森, 等. 2016. 土壤熏蒸剂棉隆加海藻菌肥对苹果连作土微生物及平邑甜茶生长的影响[J]. 园艺学报, 43(10): 1995-2002.

刘恩太, 李园园, 胡艳丽, 等. 2014. 棉隆对苹果连作土壤微生物及平邑甜茶幼苗生长的影响[J]. 生态学报, 34(4): 847-852.

刘星, 张书乐, 刘国锋, 等. 2015a. 土壤生物消毒对甘肃省中部沿黄灌区马铃薯连作障碍的防控效果[J]. 应用生态学报, 26(4): 1205-1214.

刘星, 张书乐, 刘国锋, 等. 2015b. 土壤熏蒸-微生物有机肥联用对连作马铃薯生长和土壤生化性质的影响[J]. 草业学报, 24(3): 122-133.

马艳, 胡安忆, 杨豪, 等. 2013. 菜粕生物熏蒸防控辣椒疫病[J]. 中国农业科学, 46(22): 4698-4706.

欧小宏, 刘迪秋, 王麟猛, 等. 2018. 土壤熏蒸处理对连作三七生长发育及土壤理化性状的影响[J]. 中国现代中药, 20(7): 842-849.

申容子, 周清, 谭鑫, 等. 2015. 乙醇中添加 Fe^{2+} 或 Mn^{2+} 对土壤生物消毒效果的影响[J]. 沈阳农业大学学报, 46(2): 213-218.

沈宗专, 孙莉, 王东升, 等. 2017. 石灰碳铵熏蒸与施用生物有机肥对连作黄瓜和西瓜枯萎病及生物量的影响. 应用生态学报, 28(10): 3351-3359.

沈宗专, 钟书堂, 赵建树, 等. 2015. 氨水熏蒸对高发枯萎病蕉园土壤微生物区系及发病率的影响[J]. 生态学报, 35(9): 2946-2953.

盛月凡, 王海燕, 乔钪元, 等. 2019. 不同土壤质地对平邑甜茶幼苗连作障碍程度的影响[J]. 中国农业科学, 52(4): 715-724.

石磊, 赵洪海, 李明亮, 等. 2018. 土壤强还原处理对根结线虫数量、番茄生长及土壤性质的影响[J]. 生态学杂志, 37(6): 1865-1870.

王方艳, 王秋霞, 颜冬冬, 等. 2011. 二甲基二硫熏蒸对保护地连作土壤微生物群落的影响[J]. 中国生态农业学报, 19(4): 890-896.

王秋霞, 颜冬冬, 王献礼, 等. 2017. 土壤熏蒸剂研究进展[J]. 植物保护学报, 44(4): 529-543.

王晓芳, 相昆, 王艳芳, 等. 2019. 万寿菊生物熏蒸对连作土壤环境及平邑甜茶生理特性的影响[J]. 园艺学报, 46(12): 2383-2396.

王晓芳, 徐少卓, 王玫, 等. 2018. 万寿菊生物熏蒸对连作苹果幼苗和土壤微生物的影响[J]. 土壤学报, 55(1): 213-224.

伍朝荣, 黄飞, 高阳, 等. 2017a. 土壤生物消毒对番茄青枯病的防控、土壤理化特性和微生物群落的影响[J]. 生态学杂志, 36(7): 1933-1940.

伍朝荣, 黄飞, 高阳, 等. 2017b. 土壤生物消毒对土壤改良、青枯菌抑菌及番茄生长的影响[J]. 中国生态农业学报, 25(8): 1173-1180.

伍朝荣, 林威鹏, 黄飞, 等. 2018. 土壤厌氧消毒对青枯病的控制及土壤细菌群落结构的影响[J]. 土壤学报, 55(4): 987-998.

徐少卓, 王晓芳, 陈学森, 等. 2018a. 高锰酸钾消毒后增施木霉菌肥对连作土壤微生物环境及再植平邑甜茶幼苗生长的影响[J]. 植物营养与肥料学报, 24(5): 1285-1293.

徐少卓, 王义坤, 王柯, 等. 2018b. 不同浓度棉隆熏蒸对老龄苹果园土壤微生物环境的动态影响[J]. 水土保持学报, 32(2): 290-297.

杨叶青, 范琳娟, 刘奇志, 等. 2018. 棉隆和氯化苦熏蒸对重茬草莓土壤线虫群落及养分含量的影响[J]. 园艺学报, 45(4): 725-733.

张超, 卜东欣, 张鑫, 等. 2015. 棉隆对辣椒疫霉病的防效及对土壤微生物群落的影响[J]. 植物保护学报, 42(5): 834-840.

张庆华, 曾祥国, 韩永超, 等. 2018. 土壤熏蒸剂棉隆和生物菌肥对草莓连作土壤真菌多样性的影响[J]. 微生物学通报, 45(5): 1048-1060.

张树生, 杨兴明, 茆泽圣, 等. 2007. 连作土灭菌对黄瓜(*Cucumis sativus*)生长和土壤微生物区系的影响[J]. 生态学报, 27(5): 1809-1817.

钟书堂, 吕娜娜, 孙逸飞, 等. 2015. 连作香蕉园生态熏蒸剂的筛选及其对土壤微生物群落结构的影响[J]. 土壤, 47(6): 1092-1100.

朱同彬, 孙盼盼, 党琦, 等. 2014. 淹水添加有机物料改良退化设施蔬菜地土壤[J]. 土壤学报, 51(2): 335-341.

第12章 合理施肥缓解作物连作障碍

12.1 有 机 肥

我国是农业大国,有机肥料资源丰富。有机肥种类很多,主要是畜禽粪尿与作物秸秆,还有绿肥、饼粕、草木灰、污泥、生活垃圾与污水、熏土、海肥等。畜禽粪尿与作物秸秆除少量用于燃料和工业原料外,大部分可用于有机肥。其利用方式分为直接利用与加工利用两种,直接利用有秸秆还田(又分为秸秆覆盖与翻压还田两种)和畜禽粪尿发酵处理后直接施用,加工利用则有堆沤肥、沼气肥(生产沼气后利用沼液、沼渣)等方式。秸秆做饲料饲喂畜禽实行过腹还田,也是一种有机肥利用方式(黄鸿翔等,2006)。有机肥含有丰富的微生物和各种养分,可改善根际土壤微生态环境,使微生物数量增加,土壤活性增强,减轻作物的自毒作用,促进根系生长,提高根系活性,从而促进根系对养分的吸收,增强对逆境胁迫的抵抗能力(王小兵等,2011)。

12.1.1 施用有机肥缓解作物连作障碍的效果

现代农业由于种植制度和施肥措施不合理,导致土传病害大面积暴发,通过施用有机肥可以有效控制土传病害(张志红等,2011)。施用饼肥、沼肥可提高烟草、番茄、西瓜的品质,施用有机肥可显著降低番茄青枯病等土传病害发生率。饼肥、沼肥及猪厩肥是有机农业生产中公认的优质肥源,配施对果蔬提产增质及增强综合抗性的效果更佳,对降低旱作农业土传病害发病率的效果也较为明显,可有效阻碍病虫害的侵染,减少农药使用量(张建军等,2013)。有机肥对大田实际条件下番茄青枯病和枯萎病等土传病害的防治效果明显,显示了"生态调控、施肥防病"技术途径的可靠性以及在接近大田实际、有多种病害并存条件下施肥防病的可操作性和普遍适应性(李胜华等,2009)。有机肥对黄瓜枯萎病有良好的防治效果,其防病效果受肥料用量、施肥方式及灭菌状况等因素的综合影响。其中,施肥量越大,黄瓜枯萎病发病率越低;固体肥料基施后黄瓜发病率显著低于肥料浸提液叶面喷施;肥料灭菌后施用仍能显著降低黄瓜枯萎病发病率,但防治效果显著降低;先将土壤进行化学灭菌后再施用有机肥能更有效地降低黄瓜枯萎病的发病率(赵丽娅等,2015)。与不施肥对照相比,氨基酸有机肥处理能显著提高黄瓜根际土壤 pH 和铵态氮、硝态氮、有效磷的含量(吕娜娜等,2018)。菜籽饼肥与有机肥(沼肥或猪厩肥)配施降低了大棚草莓果实中的硝酸盐及可滴定酸含量,提高果实中维生素 C、可溶性糖和粗蛋白含量及糖酸比,降低了大棚草莓根腐病、白粉病及灰霉病的发病率(张建军等,2013)。

合理施肥可不同程度地减轻连作对烟草生长的影响,农家肥施用最利于改善烟草连作障碍,商品有机肥次之,常规复合肥最差(杨宇虹等,2011)。长期不同施肥处理连作花生均发生土传病害，单施化肥和化肥配施微量元素的处理发病最严重，施用有机肥处理无论株高、生物量还是荚果产量均显著高于施用化肥和化肥配施微量元素的处理。施用有机肥显著降低花生土传病害发病率，其原因可能是有机肥配施有效菌剂促进了有机质的分解和有效养分的释放，而且对土传病原菌具有一定的抑制作用（王小兵等，2011）。

线虫是土壤中最丰富的生物之一，对土壤有机物的分解、养分循环和土壤肥力的保持等具有重要作用，被看作生态系统变化和农业生态系统受到农业管理等干扰的敏感性指示生物。相比土壤微生物，土壤线虫在评价干扰条件下农田生态系统的变化方面具有独特的优势。土壤线虫种群结构可反映土壤的健康状况。施入有机肥特别是高量有机肥的土壤中，植物寄生线虫丰度明显下降，非植物寄生线虫的相对丰度升高（江春等，2011）。

12.1.2 施用有机肥缓解作物连作障碍的机制

随着大棚土壤种植年限的延长及化肥用量的增加，自然降雨淋洗减少，会出现不同程度的盐分积累，导致土壤理化性状恶化，影响作物的正常生长，产量降低，品质变差。有机肥在改良土壤结构、为作物提供较完全的养分方面具有优越性。施用有机肥料能达到以有机物质调控土壤水盐平衡的目的，能促进脱盐和抑制返盐。有机肥中高含量的有机质具有隔盐、缓冲盐碱危害的作用，可明显降低土壤中可溶盐浓度。由于土壤盐分的降低，作物生长的土壤环境得到了改善，根系受盐害的程度降低，吸收有效养分的能力增强，从而达到增加产量的目的。中高含量的有机质不仅可以络合土壤中过多的盐分，还能对土壤的酸化起到一定的缓冲作用，同时可以改变土壤养分亏缺情况（郝玉敏等，2012）。有机肥能改善苦荞根际土壤性质，增加根际土壤速效养分含量，促进苦荞根系及地上部的生长，进而增加连作苦荞对根际土壤中营养物质的吸收，促进干物质的积累，进而缓解苦荞的连作障碍，增加苦荞产量（李振宙等，2019）。茶园连作造成其土壤的贫瘠、根际微生物群落结构失衡及茶叶产量及品质降低，在退化茶园中长期施加豆科绿肥及羊粪，能够对茶树根际土壤微生物群落结构的改良起到不同程度的效果，其中豆科绿肥对茶树根际土壤的改良效果更为显著（蒋宇航等，2017）。

12.2　生物有机肥

生物有机肥是指特定功能微生物与主要以动植物残体（如畜禽粪便、农作物秸秆等）为来源并经无害化处理、腐熟的有机物料复合而成的一类兼具微生物肥料和有机肥效应的肥料，其本质特征是含有特定功能的、表现出一定的肥料效应的微生物，这些功能微生物的生命活动是生物有机肥优于其他肥料的关键因素。生物有机肥施用后能产生多种活性物质从而溶解土壤中难溶化合物以提高土壤肥力并有利于农作物生长（陈谦等，2010）。生物有机肥的特点：一是富含有益微生物菌群，环境适应性强，易发挥种群优势。生物有机肥中含有发酵菌和功能菌，具有营养功能强、根际促生效果好和肥效高等优点。二是生物有机肥富含生理活性物质，生产生物有机肥需将有机物发酵，进行无害化和高效化处理，产生吲哚乙酸、赤霉素、多种维生素及氨基酸、核酸和生长素等生理活动物质。三是生物有机肥富含有机、无机养分，生物有机肥原料以禽畜粪便为主，富含有机、无机养分，N、P、K 养分，各种中量元素（Ca、Mg、S 等）和微量元素（Fe、Mn、Cu、Zn、B、Mo 等）以及其他对作物生长有益的元素（Si、Co、Se、Na 等），故具有养分含量丰富且体积小、宜施用的优点。四是生物有机肥经发酵处理后无致病菌、寄生虫和杂草种子，加入的微生物菌对生物和环境安全无害，且适合工业化生产和满足大规模农业生产需求。故生物有机肥兼具微生物肥料与有机肥料的双重优点，具有明显改土培肥和增产、提高产品品质的效果（李庆康等，2003）。

12.2.1　施用生物有机肥缓解作物连作障碍的效果

采用拮抗菌菌株与优质氨基酸有机肥二次固体发酵制成的新型生物有机肥，集成了拮抗菌和有机肥的优点，不仅抑制病原菌生长，减少枯萎病的发生，同时提供充足的养分，促进作物生长（袁玉娟等，2014）。堆肥含有较多腐殖质，吸附能力也较强，同时还有大量广谱抗病有益微生物和活性物质，将堆肥与枯草芽孢杆菌（*Bacillus subtilis*）、多黏类芽孢杆菌（*Paenibacillus polymyxa*）、棘孢木霉（*Trichoderma asperellum*）等生防微生物结合来防治土传病害，效果比单独处理更好，这种结合已成为生物防治土传病害的重要方法（张志红等，2010）。

12.2.1.1　蔬菜和水果

施用生物有机肥可以促进番茄生长，抑制青枯雷尔氏菌在土壤中的繁殖，显著降低番茄青枯病发病率，提高植株的防病效果（袁英英等，2011）。朱震等（2012）将大量产脂肽类抗生素的细菌与有机肥混合发酵制成生物有机肥，通过盆栽试验，发现该有机肥能够显著降低番茄青枯病发病率，相对防效达 56.8%。与等养分的化肥处理相比，木霉氨基酸有机肥中由于富含有机酸、肽类及其他营养元素，可以为番茄提供足够的养分从而显著促进番茄的生长，增加番茄产量，连年施用木霉氨基酸有机肥可显著缓解番茄连作障碍（刘秋梅等，2017）。与对照相比（不施生物有机肥），在田间连作土壤中施用生物有机肥分别显著增加番茄和辣椒产量 26.0%和 19.9%，青枯病发病率分别降低 41.5%和 44.7%（张鹏等，2013b）。相较于不施用生物有机肥的对照土壤，施用枯草芽孢杆菌 D9 生物有机肥的芦蒿扦插苗根际土壤和茎秆中尖孢镰刀菌数量分别降低 35.7%和 93.7%（陈立华等，2016）。袁玉娟等（2014）获得两株高效拮抗菌株（枯草芽孢杆菌 SQR9 和哈茨木霉菌 T37），通过盆栽试验比较了单一菌株和复合菌株制成的几种生物有机肥防治土传黄瓜枯萎病的效果，结果发现，未施用生物有机肥的对照处理发病率为 100%；施用生物有机肥（SQR9、T37 和 SQR9+T37）后枯萎病发病率分别降至 51.0%、19.6%和 13.7%。

草莓连作土壤灭菌后施用具有生物活性的蚯蚓粪，可以促进草莓根系生长，缓解土壤灭菌对草莓植株生长发育的影响（田给林和张潞生，2016）。与对照（不施微生物有机肥）相比，施用微生物有机肥使西瓜株高、叶片数、叶绿素含量，植株氮、磷、钾吸收总量以及西瓜品质、产量显著增加，对枯萎病的防效达 83.0%以上（李双喜等，2012）。混合施用不同拮抗菌发酵的生物有机肥能够显著增加甜瓜枯萎病的防治效果，在连续两季种植下，两种生物有机肥的混合施用使枯萎病防效达到 90.0%以上（高雪莲等，2012）。

加入荧光假单胞菌、产酸菌和酵母菌的生物有机肥对西葫芦植株的生物量具有明显的提高作用，除株高外，植株的茎粗、叶绿素含量、地上部和地下部干重与鲜重均有显著性提高；同时生物有机肥还可显著降低土壤中根结线虫二龄幼虫密度、根结指数和单株根系虫卵数，明显减轻根结线虫田间发病率，最高防效可达 63.0%（路平等，2016）。在仅施用无机肥的田块，甜瓜根结线虫病发生严重，而在施用生物有机肥的田块，根结线虫病发病率降低，最高防治率达 81.1%；与对照（仅施用无机肥）相比，施用加入根结线虫拮抗菌 X5 的生物有机肥使甜瓜地上部鲜重增加，根系鲜重（根结量）减少；土壤中根结线虫二龄幼虫的密度和根中卵块的数量也显著减少（陈芳等，2011）。在番茄根结线虫发病土壤中施用以 3 种拮抗菌（解淀粉芽孢杆菌、吉氏芽孢杆菌、多黏类芽孢杆菌）等比例混合发酵的生物有机肥，防治效果较好，与对照[未加入功能菌的有机肥（猪粪与氨基酸有机肥按质量比 1：1 混合)]相比，根际土壤中根结线虫数减少 84.0%，并且番茄植株根上的根结数和虫卵数显著减少，促进了作物地下部根系和地上部植株的生长（朱震等，2011）。马玉琴等（2016）将短短芽孢杆菌（*Brevibacillus brevis*）、淡紫拟青霉（*Paecilomyces lilacinus*）、交枝顶孢霉（*Acremonium implicatum*）、钩状木霉（*Trichoderma hamatum*）等生防菌剂配比成 10 种不同的生物有机肥，并通过盆栽、温室和田间测产试验研究其对黄瓜根结线虫病的防治效果以及对黄瓜生长和产量的影响，结果表明，5 号组合（短短芽孢杆菌、交枝顶孢霉有机肥）、6 号组合（短短芽孢杆菌、淡紫拟青霉有机肥）、9 号组合（短短芽孢杆菌、淡紫拟青霉、交枝顶孢霉、钩状木霉有机肥）等 3 种菌肥对黄瓜根结线虫病的防治及增产作用具有较好的综合表现（图 12.1）。

12.2.1.2 大田作物

施用生物有机肥可以显著降低大豆红冠腐病的发病率，提高植株的防病效果，同时能够促进大豆生长（张静等，2012）。施用生物有机肥对马铃薯的农艺性状、出苗率、土壤养分及微生物群落结构、产量以及薯块品质均有改善作用（柳玲玲等，2017）。与化肥对照相比，芽孢杆菌菌株发酵制成的生物有机肥显示出对马铃薯青枯病具有极显著防效，防治率为 79.4%（郑新艳等，2013）。微生物有机肥在棉花整个生育期均能够有效抑制真菌的繁殖，同时降低了棉花黄萎病的发病率（郎娇娇等，2011）。生物有机肥对小麦全蚀病的控制效果可达 53.4%，生物有机肥叶面喷雾和浸根后 7 d，小麦叶片叶绿素含量分别是对照（叶面喷清水）的 1.08 倍和 1.15 倍；须根数分别是对照的 1.25 倍和 1.22 倍，根系活力分别是对照的 1.2 倍和 1.4 倍（崔仕春等，2016）。施用生物有机肥能够明显降低棉花黄萎病发病率和病情指数，防病效果达 20.0%~79.0%；同时能提高棉花叶片叶绿素含量，提高棉花产量 4.9%~21.4%（李俊华等，2010）。

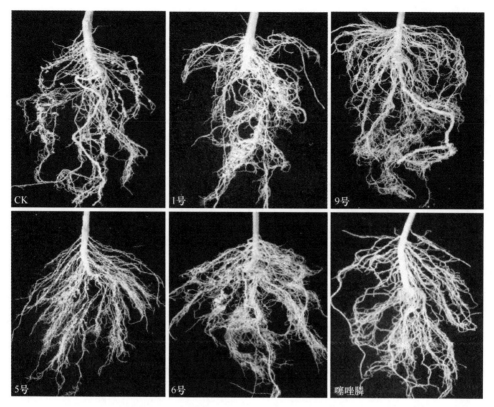

图 12.1　生物有机肥对番茄根结线虫的防治效果（马玉琴等，2016）（彩图请扫封底二维码）

CK. 清水处理；1 号. 短短芽孢杆菌+有机肥；5 号. 短短芽孢杆菌+交枝顶孢霉+有机肥；6 号. 短短芽孢杆菌+淡紫拟青霉+有机肥；9 号. 短短芽孢杆菌+淡紫拟青霉+钩状木霉+交枝顶孢霉+有机肥；微生物菌肥施用量均为每盆 20 g，化学药剂对照为每盆施用 0.15 g 10%噻唑膦

12.2.1.3　经济作物

施河丽等（2018）筛选了 3 株拮抗青枯雷尔氏菌（*Ralstonia solanacearum*）的芽孢杆菌（甲基营养型芽孢杆菌 JK3、枯草芽孢杆菌 JK4 和解淀粉芽孢杆菌 JK10），将其发酵液添加到有机肥中，经二次发酵后获得生物有机肥（SF2、SF4），施入烟田。结果表明，生物有机肥能较好地防治烟草青枯病，同时促进烟株生长，SF2、SF4 处理的防效分别为 82.2%和 68.8%。利用拮抗菌（解淀粉芽孢杆菌）菌株 SQR11 制成的生物有机肥对烟草青枯病具有显著的生物防治作用，拮抗菌在根部进行大量定植后可有效防止病原菌的侵入，能够获得显著的生防效果（宋松等，2013）。施用生物有机肥显著降低了烟草青枯病发病率和病情指数，防控效果达 68.0%以上，同时提高了烟叶产量和产值（蒋岁寒等，2016）。在烟草青枯病发病较为严重的烟田施用生物有机肥，可以显著降低青枯病发病率，增加烟草产量（刘艳霞等，2016）。匡石滋等（2013）将两种生防菌（木霉菌和枯草芽孢杆菌）与腐熟的生物有机肥混合，制成药肥两用生物有机肥（生物有机肥+混合木霉菌剂、生物有机肥+单株木霉菌剂、生物有机肥+枯草芽孢杆菌剂），施用到接种香蕉枯萎病菌——尖孢镰刀菌古巴专化型（*Fusarium oxysporum* f. sp. *cubense*）的土壤中，结果发现生物有机肥处理与对照（不施生物有机肥）处理相比，病情指数降低 31.8%～50.0%，防病效果为 31.8%～49.6%。

12.2.2 施用生物有机肥缓解作物连作障碍的机制

生物有机肥比同样养分含量的有机肥有更好的防病效果，原因可能是拮抗菌直接的抑菌作用或拮抗菌的生理生化作用，也可能是有机物提高原有拮抗微生物的活性，降低土壤中病原菌的密度，抑制病原菌的活动，减轻病害发生。拮抗菌与有机肥共同施用或者施用生物有机肥不仅可以提高拮抗菌的防病效果，而且可以使连作土壤微生物区系向健康、合理的方向发展（李俊华等，2010）。

12.2.2.1 拮抗微生物在根际定植，抑制病原菌繁殖

引入植物根部的生防菌最终能否发挥防病促生的效果，很大程度上取决于该菌在植物根围的定植能力，定植能力强弱决定着生防的成功与失败（袁玉娟等，2014）。土传病原菌拮抗菌与适合其生长的有机载体（优质有机肥）一起结合施入土壤，有机肥为拮抗微生物提供了足够的营养物质，使得拮抗菌更易在根际定植，形成优势种群，阻止病原菌对作物根系的侵染，从而起到较好的防控效果（蒋岁寒等，2016；刘艳霞等，2017）。生物有机肥中的有益微生物进入土壤后，与土壤中的微生物形成共生增殖关系，有益菌在生长繁殖过程中产生大量的代谢产物，促使有机物分解转化，能直接或间接为作物提供多种营养和刺激性物质，促进和调控作物生长。在作物根系形成的优势有益菌群能抑制有害病原菌繁殖，增强作物抗病能力，降低重茬作物的病情指数，连年施用可大大缓解连作障碍（何凯等，2014）。施用的生物有机肥中含有足量的有机物质，为功能微生物供给足够的能源物质，使这些功能微生物易于在土壤中定植，形成优势群落，功能微生物一旦成为优势群落，就能分泌足够量的具有特定生物活性的次生代谢物质（植物激素、抗生素等），在植物根系表面形成有效的"生物防御层"，抑制病原菌的生长，保护作物根系免受病原菌的侵入，从而降低作物枯萎病的发病率（袁玉娟等，2014）。生物有机肥的生防作用机制可能不是拮抗菌与有机肥两者简单的累加，而是具有一定的协同作用。施用生物有机肥比单纯施用拮抗菌液能发挥更好的生防效果，可能与有机肥为拮抗菌提供丰富的营养物质及适宜的生存环境从而增强拮抗菌的定植数量有关（郑新艳等，2013）。施用生物有机肥处理能延缓青枯病的发病时间，2013 年与 2014 年烟草青枯病初发期分别推迟 30 d 和 40 d，原因主要是采用的拮抗微生物均从烟草根际土筛选获得，在烟草根际具有很强的定植能力；同时拮抗菌以有机肥为载体，经过二次固体发酵后施入土壤中，在前期对病原菌起到较好的抑制作用，进而推迟烟草植株发病时间（李想等，2017）。施用生物有机肥防治马铃薯青枯病主要是通过拮抗菌的大量定植来抑制土壤青枯菌的增长和影响马铃薯根系微生物区系来实现的（郑新艳等，2013）。枯草芽孢杆菌（*Bacillus subtilis*）通过成功定植至植物根际、体表或体内，与病原菌竞争植物周围的营养，分泌抗菌物质以抑制病原菌生长，同时诱导植物防御系统抵御病原菌入侵，从而达到生防的目的（袁玉娟等，2014）。

12.2.2.2　生物有机肥改善根际微生物区系

在连作生态系统中，原有的微生物群体间的平衡被打破，取而代之的是有益细菌数目减少，真菌不断增加。因此，在防治土传病害的过程中，不仅要减少土传病原菌和真菌的数量，而且要提高有益细菌和放线菌的数量，使微生物区系向着健康和谐的方向发展（王小慧等，2013）。生防细菌在有机肥协助下形成"基质-菌群"生态系统，更有利于调节土壤微生态环境，改变香蕉根际土壤微生物生态特征和物理化学特性，从而起到防病和抑病作用（张志红等，2008）。施用生物有机肥可以增加土壤微生物数量，改变土壤微生物群落结构，这是因为生物有机肥可以为土壤微生物提供充足的能源和养分，刺激土壤细菌和放线菌的增殖，使土壤中有益菌数量的占比增加，抑制了病原菌的活性（何凯等，2014）。施用生物有机肥能显著改变西瓜根际土壤的微生物组成，生物有机肥处理根际土壤的细菌数量比对照（不施生物有机肥）增加 48.5%，真菌数量比对照下降 52.1%（王小慧等，2013）。微生物有机肥能激发连作土壤有益微生物活性，显著改善和调节连作西瓜生长，对西瓜的连作障碍有明显缓解作用（李双喜等，2012）。

与对照（不施用生物有机肥）相比，生物有机肥处理的番茄和辣椒根际土壤细菌数量分别增加 62.7% 和 142.4%，放线菌数量分别增加 32.8% 和 39.6%，真菌数量分别减少 43.9% 和 53.1%，病原菌数量分别减少 73.2% 和 90.1%（张鹏等，2013a）；施用生物有机肥能够提高作物根际土壤中固氮菌和荧光假单胞菌的数量，固氮菌为植物提供氮素，产生植物激素（如生长素、赤霉素和细胞分裂素等），促进植物生长。根际土壤中的荧光假单胞菌可以提高根系周围土壤中的物质降解，提高土壤肥力，促进根系生长，进而提高根系活力，使根系生长量显著增大，而健壮的根系又有利于根际土壤微生物数量的增加，改变根际微生物区系的组成，根际微生物反过来又通过对根围物质的转化和吸收作用影响根系的生长（张鹏等，2013a）。

连续两年在连作障碍严重的蕉园施用大量生物有机肥，显著增加了土壤微生物碳量，可培养细菌、芽孢杆菌和放线菌的数量，减少尖孢镰刀菌数量并改善了可培养细菌的群落结构及组成。这些变化有利于连作土壤朝着稳定健康的方向发展，有助于增加有益细菌的数量并抑制土壤中病原真菌的繁殖，达到防控香蕉枯萎病和增产的目的（钟书堂等，2015）。利用青枯雷尔氏菌拮抗菌与有机肥混合发酵制成的生物有机肥，能够改变土壤微生物区系组成，使土壤中细菌和放线菌的数量显著增加，真菌的数量显著减少，促进香蕉生长，具有良好的青枯病防控效果（朱震等，2012）。药肥两用生物有机肥的施用增加了香蕉根际土壤微生物种群数量，抑制了香蕉枯萎病菌在土壤中的存活和繁殖，显著降低香蕉枯萎病发病率，提高防病效果（匡石滋等，2013）。

12.2.2.3　生物有机肥提高土壤酶活性

施用生物有机肥后，土壤中细菌和放线菌的数量增加，真菌数量减少，土壤脲酶、酸性磷酸酶、过氧化氢酶和蔗糖酶的活性均高于不施肥不接种病原菌的对照处理（曹群等，2015）。张静等（2012）将腐熟的有机肥与 3 种生防细菌（枯草芽孢杆菌、巨大芽孢杆菌和胶质芽孢杆菌）结合，制备成生物有机肥，通过盆栽试验发现，施用生物有机肥可提高大豆根际土壤脲酶、酸性磷酸酶、过氧化氢酶和蔗糖酶的活性，改善土壤质量和肥力状况，有效防控大豆红冠腐病的危害。微生物有机肥能有效防治切花菊因连作引起的枯萎病，提高土壤酶活性，改善土壤酶学特征，并能提高切花菊根系活力，促进生长，从而提高其主要品质指标，达到较好的综合效果（陈希等，2015）。

12.2.2.4 生物有机肥提高土壤微生物多样性

施用生物有机肥能调控土壤微生物群落结构，增强土壤微生物生态系统的稳定性和抑病性，从而提高土壤质量，减少病害发生（袁英英等，2011）。施用生物有机肥提高了番茄和辣椒植株根际土壤微生物多样性指数、丰富度指数和稳定性指数（张鹏等，2013b）。生物有机肥在烟草根际不但可以影响土壤中的病原菌数量，还提高了土壤微生物整体代谢活性，增加了土壤微生物的群落多样性和功能多样性，进而提高土壤的生态功能，对防控土传病害有非常积极的作用（蒋岁寒等，2016）。生物有机肥显著影响烤烟根际细菌的群落结构，促进土壤中有益菌[如鞘氨醇单胞菌属（*Sphingomonas*）、类芽孢杆菌属（*Paenibacillus*）、耐热芽孢杆菌属（*Thermobacillus*）、梭菌属（*Clostridium*）等]的增殖。芽孢杆菌和链霉菌的数量也明显增加，推测链霉菌和芽孢杆菌可抑制青枯雷尔氏菌的繁殖，进而控制烟草青枯病的发生（施河丽等，2018）。采用育苗与移栽土壤双重使用烟草专用拮抗青枯病型生物有机肥模式可有效防控烟草青枯病，控制土壤中的病原菌数量，改善土壤微生物整体代谢能力和活性，即增加土壤微生物代谢功能多样性，而且微生物群落间无绝对优势种群，对土壤中各种碳源的利用更加均衡，与土传病原菌形成"营养竞争"，使病原菌得不到足够的营养物质，不能大量繁殖，有效降低了青枯病的发生（刘艳霞等，2016，2017）。由功能微生物二次固体发酵的生物有机肥能够抑制土传病害发生、增加土壤微生物活性，从而增加有益微生物的碳源利用强度。生物有机肥的施用提高了根际微生物数量，增加了微生物的多样性，从而加速分解土壤中累积的对土壤环境具有毒害作用的有机物，减轻连作效应，减少枯萎病的发生（高雪莲等，2012）。

12.2.2.5 生物有机肥增强作物抗病性

土壤中施入的生物有机肥本身富含有机、无机养分，微生物的代谢过程中也会产生吲哚乙酸、赤霉素、多种维生素以及氨基酸、核酸、生长素和尿囊素等生理活性物质，可以直接供给植物养分，促进作物生长（何凯等，2014）。生物有机肥中的微生物可以增强土壤酶活性，加速土壤有机质的分解和矿质养分的转化，有利于作物根系对养分的吸收，也可以通过自身的生命活动，把土壤中的难溶性养分变为有效营养成分，如解磷、解钾细菌将土壤中的难溶性磷、钾转化为作物可以吸收利用的速效磷、钾养分，有利于作物均衡吸收营养，增强作物抗病性（何凯等，2014）。

此外，土壤中施入生物有机肥后，可以提高作物相关防御酶的活性，增强作物抵抗病原微生物侵染的能力（何凯等，2014）。生物有机肥能提高小麦苯丙氨酸解氨酶（PAL）、过氧化物酶（POD）和多酚氧化酶（PPO）活性，意味着生物有机肥激活了小麦防御酶系，具有诱导抗病性的作用，从而使植株表现出对小麦全蚀病的抗性（崔仕春等，2016）。丁传雨等（2012）将枯草芽孢杆菌菌株（II-36 和 I-23）发酵后与腐熟有机肥（猪粪堆肥和氨基酸有机肥）混合进行二次发酵，获得茄子专用生物有机肥料（BIO-36 和 BIO-23），盆栽试验证实，两种肥料均能抑制茄子青枯病的危害（防病效果分别为 96.0%和 91.0%），与对照相比，茄子叶片中 CAT 活性分别增加 25.0%和 23.7%，POD 活性分别增加 99.5%和 93.6%，SOD 活性分别增加 32.7%和 29.8%，MDA 含量分别降低 29.5%和 26.3%。生物有机肥对茄子青枯病的防治作用与诱导茄子系统抗性有关，微生物有机肥中的功能菌作为诱导因子，激活并增强茄子植株体内抗氧化酶和病程相关蛋白的活性，从而改善茄子对青枯雷尔氏菌的抗性（丁传雨等，2012）。

12.2.3　施用生物有机肥缓解作物连作障碍的影响因素

生物有机肥产品质量的好坏直接影响施用的效果，而检测产品质量的关键指标是产品的有效活菌数。生物有机肥的活菌数量取决于产品生产工艺，而供微生物生长的有机质载体是其重要的决定因素。以菜粕有机肥为载体可能有助于增加生防菌在土壤中的定植数量，进而有效提高生物有机肥的防病效果。同时营养载体的投入也可能刺激了土壤微生物的活性，微生物总数量显著增加，使病原菌生长受到抑制（韦中等，2015）。

通过调节土壤微生态平衡抑制土传病害的方式，本身就需要较长的土壤培养时间，有机肥带入的拮抗菌要在土壤中占据优势需要一定的时间，因而要更好地防治土传病害可能需要连续几年施用含有有益菌的有机肥，最终使土壤能够通过自身的生态调节达到抑制病害发生的目的（李红丽等，2010）。

12.3　生物有机肥与其他措施配合

12.3.1　生物有机肥与其他措施配合缓解作物连作障碍的效果

草木灰+三元复合肥+生物菌肥能有效改善三七连作土壤的 pH，提高三七的出苗率、存苗率、株高及叶面积指数，降低三七根腐病发病率（吴凤云等，2017）。土壤熏蒸和微生物有机肥联用的方法在克服甘肃省中部沿黄灌区的马铃薯连作障碍上具有较大的应用潜力，且石灰+碳铵熏蒸与微生物有机肥联用的效果优于氨水熏蒸与微生物有机肥联用（刘星等，2015）。施用生物有机肥和采用套作模式均能降低香蕉枯萎病的病情指数，其中以香蕉与韭菜套作配施生物肥处理效果最好，在香蕉植株移栽 121 d 时，其病情指数较香蕉单作配施化肥处理低 54.2%（胡伟等，2012）。菌根真菌和死谷芽孢杆菌生物有机肥共同施用时能够更有效地抑制棉花黄萎病的发生（张国漪等，2012）。施用抑制烟草青枯病型生物有机肥配合生石灰防控，可以有效降低烟草青枯病的发病率，增加烟叶产量和产值，降低土壤中病原菌的数量，有利于土壤生态系统向健康可持续发展的方向转化，进而达到对重病烟区烟草青枯病的良好防控效果（李想等，2017）。与未熏蒸施用普通有机肥对照相比，石灰碳铵熏蒸后施用生物有机肥能显著减少后茬黄瓜或西瓜土壤中尖孢镰刀菌数量并显著降低枯萎病发病率,防控率分别高达91.9%及92.5%,同时显著增加植株的株高、茎粗、SPAD值及干重(沈宗专等,2017)。烟草连作土壤用石灰和碳铵预处理后再施用芽孢杆菌属微生物有机肥能有效防控烟草青枯病的发生(王丽丽等,2013)。与未施肥和农药的连作土相比,多菌灵和微生物有机肥复合施用可提高苹果根系呼吸速率,促进根系生长,提高幼苗生物量,其中株高提高38.0%,呼吸速率提高36.0%,有效缓解苹果连作障碍(付风云等,2016)。

12.3.2 生物有机肥与其他措施配合缓解作物连作障碍的机制

生物肥与生物农药甲壳素配施,一方面增加了土壤中芽孢杆菌的种类;另一方面甲壳素降解液中的几丁质酶对病原真菌也有抑制作用,因此两种生物制剂配施,优势互补,提高了对香蕉枯萎病的防效(张志红等,2011)。种植草莓的农田土壤微生物环境对真菌的增殖有利、对细菌和放线菌不利,草莓生长过程中真菌的相对数量上升,细菌的相对数量下降,放线菌的增殖受到抑制。施加内生拟茎点霉B3及有机肥显著增加放线菌数量,抑制土壤真菌化趋势,使病原菌的生长受到抑制(郝玉敏等,2012)。拮抗菌与有机肥共同施用不仅可起到防病作用,而且可以使连作土壤微生物区系向着更为健康、更为合理的方向发展(王丽丽等,2013)。内生拟茎点霉B3配施有机肥处理显著改变土壤微生物区系,提高各种土壤酶活性,增强草莓抗病性,从而增加草莓产量。内生拟茎点霉B3与有机肥复合施加到土壤中可以优化土壤环境,改善土壤质量的原因主要有两个:①内生菌的加入优化土壤微生物区系,内生菌进入土壤初期不会死亡,在土壤中发生迁移,一方面准备侵入寄主,另一方面拮抗病原微生物;②施加内生菌能促进化感物质的降解(郝玉敏等,2012)。土壤灭菌和生物有机肥联用能有效改善长期连作条件下马铃薯植株的生长发育和生理特征,显著抑制土传病原菌滋生,提高块茎产量,降低集约化生产条件下马铃薯产量的损失。其主要机制在于土壤灭菌和生物有机肥联用有效降低了连作土壤中病原菌的数量,改善了土壤微生物群落结构(刘星等,2016)。相比单施生物炭或者有机肥,生物炭与有机肥配合施用能更好地提高连作条件下平邑甜茶幼苗的生长发育,增强土壤酶活性,二者配施明显优化土壤真菌群落结构,降低了土壤中尖孢镰刀菌基因拷贝数,这一综合措施能更好地防控苹果连作障碍(王玫等,2018)。

高锰酸钾与木霉菌肥联用能更好地降低苹果连作土壤中致病真菌的数量,改变连作土壤真菌群落结构,提高苹果幼苗抗氧化酶活性,促进苹果幼苗的生长(徐少卓等,2018)。采用棉隆熏蒸配施微生物有机肥防控西瓜枯萎病是化学和生物双重作用的综合结果。棉隆熏蒸一方面杀灭了西瓜枯萎病菌,另一方面降低了非靶标微生物数量和活性,并改变了微生物的群落结构及功能多样性。施用微生物有机肥能使土壤微生物数量和活性快速恢复,将病原菌控制在较低水平,对防控或者延迟病原菌再次侵染发挥了重大作用(曹云等,2018)。石灰+碳铵熏蒸之后再联合生物有机肥施用防治枯萎病的效果优于碳铵熏蒸与生物有机肥联用,原因可能是加入的石灰能够使土壤pH呈弱碱性,有利于碳铵中氨的快速挥发,杀菌效果更为迅速彻底,保证了其对尖孢镰刀菌的抑制效果。石灰+碳铵熏蒸联合生物有机肥施用发挥了石灰调节土壤pH、碳铵熏蒸及功能菌促生的多重效果，是一个良好防控黄瓜和西瓜土传枯萎病的综合措施（沈宗专等，2017）。

在菌根真菌和死谷芽孢杆菌生物有机肥共同施用的情况下，由于有益生物的加入，不但显著降低了棉花黄萎病的发生，而且对棉花生长起到很好的促进作用。土壤中病原菌的定植取决于土壤生态平衡和营养元素的可利用性，菌根真菌和拮抗菌以及有机肥共同施用时，有机肥中的氮和碳缓慢释放，帮助拮抗菌更持久地生长和定植；菌根真菌和拮抗菌协同作用，与病原菌竞争土壤中的营养，有效地减少了病原菌可利用的碳源；菌根真菌与拮抗菌共同施用时，有效地抑制了小麦立枯病的发生（张国漪等，2012）。

12.4　其　他　肥　料

菌肥在缓解连作障碍方面的优势与施肥后改善微生物群落结构、抑制植物病原菌的种群数量有密切的关系。球毛壳 ND35 菌肥可以更好地改善苹果连作土壤微生物区系，提高土壤酶活性，增加平邑甜茶幼苗根系活力和生物量，对缓解苹果连作障碍的效果较为明显（宋富海等，2015）。在连作土壤中施加适量（0.67～1.0 g/kg）的球毛壳 ND35 菌肥，能在一定程度上提高杨树的根系生理活性，提高杨树叶片对光能的利用效率，有利于改善杨树叶片光合机构的运转状态，提高叶片的光合作用效率，有效缓解杨树连作障碍（夏宣宣等，2016）。枯草芽孢杆菌 SNB-86 菌肥能够显著促进平邑甜茶幼苗生物量的增加，显著减少土壤中真菌的数量，提高土壤中细菌和放线菌的数量，使土壤类型由真菌型向细菌型转变，改善根际微生物环境与土壤理化性状，能在一定程度上减轻苹果连作障碍（刘丽英等，2018）。

吴洪生等（2013）将磷石膏与化学氮肥、化学磷肥、化学钾肥按不同比例制成磷石膏专用复混肥，在花生连作田块进行田间小区试验，研究该专用复混肥对红壤养分、花生生理性状及产量的影响。结果表明，施用磷石膏专用复混肥较使用常规复合肥增产3.5%～45.1%，土壤中的全氮、速效氮和速效钾含量升高，植株全氮、全磷、全钾含量均有所提高，施用磷石膏专用复混肥可有效缓解红壤地区花生连作障碍。有机、无机肥配施可明显增加棉田土壤细菌、放线菌数量，抑制真菌的生长，通过有机、无机肥配施可构建健康土壤微生物区系，减少土传病害的发生（陶磊等，2014）。鸡粪、稻草与硫酸钾配合施用降低了土壤中酚酸类物质（阿魏酸、肉桂酸、对羟基苯甲酸和苯甲酸）的含量，提高了土壤微生物多样性指数及其对碳源的利用率，提高了土壤微生物功能多样性，最终减轻番茄连作障碍并提高番茄产量（张玥琦等，2017）。

施用氨基酸肥料对连作黄瓜生长具有显著促进和调节作用，使黄瓜的叶绿素增加、叶面积增大、光合作用增强，干重提高；同时，氨基酸肥料富含优质碳源，施入土壤后使连作土壤的放线菌数量增加 1.57～2.18 倍，尖孢镰刀菌明显减少，尖孢镰刀菌/真菌值显著降低，对枯萎病的防治率最高达 80.0%以上（张树生等，2007）。连作土壤中添加10 g/kg 黄腐酸微生物菌剂可显著促进平邑甜茶幼苗生长，提高根系抗氧化酶活性和叶片叶绿素含量；黄腐酸微生物菌剂能有效缓解因连作障碍引起的叶片净光合速率（Pn）、最大光能转化效率（Fv/Fm）、实际光化学效率（ΦPSⅡ）、光化学淬灭系数（qP）、单位面积活性反应中心数量（RC/CSm）等光合和荧光参数的下降，改善平邑甜茶幼苗叶片的能量分配,减轻连作障碍对平邑甜茶幼苗叶片光系统Ⅱ(PSⅡ)的破坏,促进苹果幼苗生长(王玫等,2019)。

添加矿质元素减轻病害大多是因为改善了寄主植物的营养状况而增强其抵御病原真菌的能力,或者是对病原菌生长和活性的直接抑制作用。病原菌的抑制也可能间接地由于矿质元素的添加引起的土壤物理和化学性质以及根际 pH 的改变,或者是抑制病原菌活性的植物根系分泌物的改变,或者是通过促进植物生长和具有拮抗作用的微生物菌群增殖(姬华伟等,2012)。苹果连作土壤中添加适宜氮磷肥对真菌的抑制作用大于对细菌的抑制作用,增大细菌与真菌比例,使连作土壤微生物群落结构趋于细菌化,有利于连作土壤环境的改善,从而减轻苹果连作障碍对苹果植株的伤害(王玫等,2017)。核桃凋落叶在分解过程中干扰小麦的抗氧化保护酶系统和渗透调节功能,从而对小麦生长产生了明显的抑制作用,而施用氮肥可以在较大程度上缓解核桃凋落叶对小麦生长和生理代谢的抑制作用(史洪洲等,2017)。外源硅可通过提高黄瓜幼苗叶片抗氧化酶活性来降低膜脂过氧化,通过增加光合作用来提高黄瓜幼苗长势,进而增强对连作障碍的抗性(张平艳等,2014)。硅肥通过改变土壤微生物代谢能力、调控与抗性代谢相关蛋白的表达、增加土壤微生物之间或微生物与植物的信号交流和传递、调控土壤蛋白质的合成、调节免疫系统过程和胁迫响应相关蛋白的表达、影响钙离子的信号转导等来抵抗番茄青枯病的危害(陈玉婷等,2015)。Cu 和 Zn 均能显著缓解香蕉枯萎病病害,而且锌的这一缓解效果优于铜,锌与拮抗菌(多黏类芽孢杆菌)共同使用控制香蕉枯萎病的效果更好。锌的添加增加了尖孢镰刀菌古巴专化型总生物量,但显著降低了香蕉尖孢镰刀菌次生代谢产物——枯萎酸的产量。同时,锌的添加可能通过增加拮抗菌产生某种拮抗物质从而起到提高其对香蕉枯萎病的生防效果(姬华伟等,2012)。

参 考 文 献

曹群, 丁文娟, 赵兰凤, 等. 2015. 生物有机肥对冬瓜枯萎病及土壤微生物和酶活性的影响[J]. 华南农业大学学报, 36(2): 36-42.

曹云, 宋修超, 郭德杰, 等. 2018. 棉隆熏蒸与微生物有机肥联用对西瓜枯萎病的防控研究[J]. 土壤, 50(1): 93-100.

陈芳, 肖同建, 朱震, 等. 2011. 生物有机肥对甜瓜根结线虫病的田间防治效果研究[J]. 植物营养与肥料学报, 17(5): 1262-1267.

陈立华, 常义军, 王长春, 等. 2016. 枯草芽孢杆菌 D9 生物有机肥对连作芦蒿扦插苗枯萎病病害防控研究[J]. 农业资源与环境学报, 33(1): 66-71.

陈谦, 张新雄, 赵海, 等. 2010. 生物有机肥中几种功能微生物的研究及应用概况[J]. 应用与环境生物学报, 16(2): 294-300.

陈希, 赵爽, 姚建军, 等. 2015. 微生物有机肥及杀菌剂对切花菊连作障碍的影响[J]. 应用生态学报, 26(4): 1231-1236.

陈玉婷, 林威鹏, 范雪滢, 等. 2015. 硅介导番茄青枯病抗性的土壤定量蛋白质组学研究[J]. 土壤学报, 52(1): 162-173.

崔仕春, 杨秀芬, 郑兴耘, 等. 2016. 生物有机肥控制小麦全蚀病及作用机理初探[J]. 中国生物防治学报, 32(1): 112-118.

丁传雨, 乔焕英, 沈其荣, 等. 2012. 生物有机肥对茄子青枯病的防治及其机理探讨[J]. 中国农业科学,

45(2): 239-245.

付风云, 相立, 徐少卓, 等. 2016. 多菌灵与微生物有机肥复合对连作平邑甜茶幼苗及土壤的影响[J]. 园艺学报, 43(8): 1452-1462.

高雪莲, 邓开英, 张鹏, 等. 2012. 不同生物有机肥对甜瓜土传枯萎病防治效果及对根际土壤微生物区系的影响[J]. 南京农业大学学报, 35(6): 55-60.

郝玉敏, 戴传超, 戴志东, 等. 2012. 拟茎点霉 B3 与有机肥配施对连作草莓生长的影响[J]. 生态学报, 32(21): 6695-6704.

何凯, 石纹豪, 李振轮. 2014. 生物有机肥防治植物土传病害研究进展[J]. 河南农业科学, 43(6): 1-5.

胡伟, 赵兰凤, 张亮, 等. 2012. 不同种植模式配施生物有机肥对香蕉枯萎病的防治效果研究[J]. 植物营养与肥料学报, 18(3): 742-748.

黄鸿翔, 李书田, 李向林, 等. 2006. 我国有机肥的现状与发展前景分析[J]. 土壤肥料, (1): 3-8.

姬华伟, 郑青松, 董鲜, 等. 2012. 铜、锌元素对香蕉枯萎病的防治效果与机理[J]. 园艺学报, 39(6): 1064-1072.

江春, 黄菁华, 李修强, 等. 2011. 长期施用有机肥对红壤旱地土壤线虫群落的影响[J]. 土壤学报, 48(6): 1235-1241.

蒋岁寒, 刘艳霞, 孟琳, 等. 2016. 生物有机肥对烟草青枯病的田间防效及根际土壤微生物的影响[J]. 南京农业大学学报, 39(5): 784-790.

蒋宇航, 林生, 林伟伟, 等. 2017. 不同肥料对退化茶园根际土壤微生物代谢活性和群落结构的影响[J]. 生态学杂志, 36(10): 2894-2902.

匡石滋, 李春雨, 田世尧, 等. 2013. 药肥两用生物有机肥对香蕉枯萎病的防治及其机理初探[J]. 中国生物防治学报, 29(3): 417-423.

郎娇娇, 王丽丽, 胡江, 等. 2011. 微生物有机肥防治棉花黄萎病机制研究[J]. 土壤学报, 48(6): 1298-1305.

李红丽, 郭夏丽, 李清飞, 等. 2010. 抑制烟草青枯病生物有机肥的研制及其生防效果研究[J]. 土壤学报, 47(4): 798-801.

李俊华, 蔡和森, 尚杰, 等. 2010. 生物有机肥对新疆棉花黄萎病防治的生物效应[J]. 南京农业大学学报, 33(6): 50-54.

李庆康, 张永春, 杨其飞, 等. 2003. 生物有机肥肥效机理及应用前景展望[J]. 中国生态农业学报, 11(2): 78-80.

李胜华, 谷丽萍, 刘可星, 等. 2009. 有机肥配施对番茄土传病害的防治及土壤微生物多样性的调控[J]. 植物营养与肥料学报, 15(4): 965-969.

李双喜, 沈其荣, 郑宪清, 等. 2012. 施用微生物有机肥对连作条件下西瓜的生物效应及土壤生物性状的影响[J]. 中国生态农业学报, 20(2): 169-174.

李想, 刘艳霞, 陆宁, 等. 2017. 综合生物防控烟草青枯病及其对土壤微生物群落结构的影响[J]. 土壤学报, 54(1): 216-226.

李振宙, 王炎, 周良, 等. 2019. 肥料处理对连作苦荞根系分泌有机酸及生长的影响[J]. 分子植物育种, 17(19): 6570-6575.

刘丽英, 刘珂欣, 迟晓丽, 等. 2018. 枯草芽孢杆菌 SNB-86 菌肥对连作平邑甜茶幼苗生长及土壤环境的影响[J]. 园艺学报, 45(10): 2008-2018.

刘秋梅, 陈兴, 孟晓慧, 等. 2017. 新型木霉氨基酸有机肥研制及其对番茄的促生效果[J]. 应用生态学报, 28(10): 3314-3322.

刘星, 张书乐, 刘国锋, 等. 2015. 土壤熏蒸-微生物有机肥联用对连作马铃薯生长和土壤生化性质的影响[J]. 草业学报, 24(3): 122-133.

刘星, 张文明, 张春红, 等. 2016. 土壤灭菌-生物有机肥联用对连作马铃薯及土壤真菌群落结构的影响[J]. 生态学报, 36(20): 6365-6378.

刘艳霞, 李想, 蔡刘体, 等. 2017. 生物有机肥育苗防控烟草青枯病[J]. 植物营养与肥料学报, 23(5): 1303-1313.

刘艳霞, 李想, 曹毅, 等. 2016. 抑制烟草青枯病型生物有机肥的田间防效研究[J]. 植物营养与肥料学报, 20(5): 1203-1211.

柳玲玲, 苟久兰, 何佳芳, 等. 2017. 生物有机肥对连作马铃薯及土壤生化性状的影响[J]. 土壤, 49(4): 706-711.

柳影, 丁文娟, 曹群, 等. 2015. 套种韭菜配施生物有机肥对香蕉枯萎病及土壤微生物的影响[J]. 农业环境科学学报, 34(2): 303-309.

路平, 董海龙, 徐玉梅, 等. 2016. 生物有机肥对西葫芦生长及根结线虫防效的影响[J]. 中国农业大学学报, 21(10): 59-64.

吕娜娜, 沈宗专, 王东升, 等. 2018. 施用氨基酸有机肥对黄瓜产量及土壤生物学性状的影响[J]. 南京农业大学学报, 41(3): 456-464.

马玉琴, 魏偲, 茆振川, 等. 2016. 生防型菌肥对黄瓜生长及根结线虫病的影响[J]. 中国农业科学, 49(15): 2945-2954.

沈宗专, 孙莉, 王东升, 等. 2017. 石灰碳铵熏蒸与施用生物有机肥对连作黄瓜和西瓜枯萎病及生物量的影响[J]. 应用生态学报, 28(10): 3351-3359.

施河丽, 孙立广, 谭军, 等. 2018. 生物有机肥对烟草青枯病的防效及对土壤细菌群落的影响[J]. 中国烟草科学, 39(2): 54-61.

史洪洲, 汪扬媚, 胡庭兴, 等. 2017. 核桃凋落叶分解对小麦生长的影响及施氮的缓解效应[J]. 应用与环境生物学报, 23(5): 818-825.

宋富海, 王森, 张先富, 等. 2015. 球毛壳 ND35 菌肥对苹果连作土壤微生物和平邑甜茶幼苗生物量的影响[J]. 园艺学报, 42(2): 205-213.

宋松, 孙莉, 石俊雄, 等. 2013. 连续施用生物有机肥对烟草青枯病的防治效果[J]. 土壤, 45(3): 451-458.

陶磊, 褚贵新, 刘涛, 等. 2014. 有机肥替代部分化肥对长期连作棉田产量、土壤微生物数量及酶活性的影响[J]. 生态学报, 34(21): 6137-6146.

田给林, 张潞生. 2016. 蚯蚓粪缓解草莓连作土壤障碍的作用[J]. 植物营养与肥料学报, 22(3): 759-767.

王丽丽, 石俊雄, 袁赛飞, 等. 2013. 微生物有机肥结合土壤改良剂防治烟草青枯病[J]. 土壤学报, 50(1): 150-156.

王玫, 姜伟涛, 孙申义, 等. 2017. 添加适宜氮磷对连作平邑甜茶幼苗生长及土壤环境的影响[J]. 植物生理学报, 53(9): 1687-1694.

王玫, 徐少卓, 刘宇松, 等. 2018. 生物炭配施有机肥可改善土壤环境并减轻苹果连作障碍[J]. 植物营养与肥料学报, 24(1): 220-227.

王玫, 尹承苗, 孙萌萌, 等. 2019. 黄腐酸微生物菌剂对连作平邑甜茶光合特性的影响[J]. 植物生理学报, 55(1): 99-106.

王小兵, 骆永明, 李振高, 等. 2011. 长期定位施肥对红壤地区连作花生生物学性状和土传病害发生率的影响[J]. 土壤学报, 48(4): 725-730.

王小慧, 张国漪, 李蕊, 等. 2013. 拮抗菌强化的生物有机肥对西瓜枯萎病的防治作用[J]. 植物营养与肥料学报, 19(1): 223-231.

韦中, 胡洁, 董月, 等. 2015. 基于菜粕有机肥筛选番茄青枯病高效生防菌的研究[J]. 南京农业大学学报, 38(3): 424-430.

吴凤云, 崔秀明, 杨野, 等. 2017. 不同施肥处理调节土壤 pH 值对三七发病率及其生长的影响[J]. 云南大学学报(自然科学版), 39(5): 908-914.

吴洪生, 杨筱楠, 周晓冬, 等. 2013. 磷石膏专用复混肥缓解红壤花生连作障碍效果[J]. 土壤学报, 50(5): 1006-1012.

夏宣宣, 张淑勇, 张光灿, 等. 2016. 连作土壤中施加球毛壳 ND35 菌肥对杨树生理特性的影响[J]. 应用生态学报, 27(7): 2249-2256.

徐少卓, 王晓芳, 陈学森, 等. 2018. 高锰酸钾消毒后增施木霉菌肥对连作土壤微生物环境及再植平邑甜茶幼苗生长的影响[J]. 植物营养与肥料学报, 24(5): 1285-1293.

杨宇虹, 陈冬梅, 晋艳, 等. 2011. 不同肥料种类对连作烟草根际土壤微生物功能多样性的影响[J]. 作物学报, 37(1): 105-111.

袁英英, 李敏清, 胡伟, 等. 2011. 生物有机肥对番茄青枯病的防效及对土壤微生物的影响[J]. 农业环境科学学报, 30(7): 1344-1350.

袁玉娟, 胡江, 凌宁, 等. 2014. 施用不同生物有机肥对连作黄瓜枯萎病防治效果及其机理初探[J]. 植物营养与肥料学报, 20(2): 372-379.

张国漪, 丁传雨, 任丽轩, 等. 2012. 菌根真菌和死谷芽孢杆菌生物有机肥对连作棉花黄萎病的协同抑制[J]. 南京农业大学学报, 35(6): 68-74.

张建军, 刘红, 李霞, 等. 2013. 不同有机肥配施对大棚草莓品质及土传病害发生率的影响[J]. 安徽农业大学学报, 40(1): 65-69.

张静, 杨江舟, 胡伟, 等. 2012. 生物有机肥对大豆红冠腐病及土壤酶活性的影响[J]. 农业环境科学学报, 31(3): 548-554.

张鹏, 王小慧, 李蕊, 等. 2013a. 生物有机肥对田间蔬菜根际土壤中病原菌和功能菌组成的影响[J]. 土壤学报, 50(2): 381-387.

张鹏, 韦中, 朱震, 等. 2013b. 生物有机肥对连作番茄和辣椒根际土壤微生物区系及茄科雷尔氏菌的影响[J]. 南京农业大学学报, 36(4): 77-82.

张平艳, 高荣广, 杨凤娟, 等. 2014. 硅对连作黄瓜幼苗光合特性和抗氧化酶活性的影响[J]. 应用生态学报, 25(6): 1733-1738.

张树生, 杨兴明, 黄启为, 等. 2007. 施用氨基酸肥料对连作条件下黄瓜的生物效应及土壤生物性状的影响[J]. 土壤学报, 44(4): 689-694.

张玥琦, 刘慧, 赵凤艳, 等. 2017. 不同施肥措施对番茄连作土壤酚酸含量和微生物功能多样性的调节[J]. 土壤通报, 48(4): 887-894.

张志红, 冯宏, 肖相政, 等. 2010. 生物肥防治香蕉枯萎病及对土壤微生物多样性的影响[J]. 果树学报, 27(4): 575-579.

张志红, 李华兴, 韦翔华, 等. 2008. 生物肥料对香蕉枯萎病及土壤微生物的影响[J]. 生态环境, 17(6): 2421-2425.

张志红, 彭桂香, 李华兴, 等. 2011. 生物肥与甲壳素和恶霉灵配施对香蕉枯萎病的防治效果[J]. 生态学报, 31(4): 1149-1156.

赵丽娅, 李文庆, 唐龙翔, 等. 2015. 有机肥对黄瓜枯萎病的防治效果及防病机理研究[J]. 土壤学报, 52(6): 1383-1391.

郑新艳, 韦巧婕, 沈标. 2013. 生物有机肥防治马铃薯青枯病的机制研究[J]. 南京农业大学学报, 36(2): 70-76.

钟书堂, 沈宗专, 孙逸飞, 等. 2015. 生物有机肥对连作蕉园香蕉生产和土壤可培养微生物区系的影响[J]. 应用生态学报, 26(2): 481-489.

朱震, 陈芳, 肖同建, 等. 2011. 拮抗菌生物有机肥对番茄根结线虫的防治作用[J]. 应用生态学报, 22(4): 1033-1038.

朱震, 张国漪, 徐阳春, 等. 2012. 产脂肽菌株发酵生物有机肥的生物防治与促生作用研究[J]. 土壤学报, 49(1): 104-109.